Packt>

Python量子计算实践

基于Qiskit和IBM Quantum Experience平台

[美] 哈西 · 诺伦（Hassi Norlén）著
陈梦婷 译

人民邮电出版社
北京

图书在版编目（CIP）数据

Python量子计算实践 : 基于Qiskit和IBM Quantum Experience平台 / (美) 哈西·诺伦著 ; 陈梦婷译. -- 北京 : 人民邮电出版社, 2024.4

书名原文: Quantum Computing in Practice with Qiskit and IBM Quantum Experience

ISBN 978-7-115-60973-1

Ⅰ. ①P… Ⅱ. ①哈… ②陈… Ⅲ. ①量子计算机 Ⅳ. ①TP385

中国国家版本馆CIP数据核字(2023)第012666号

版权声明

Copyright © Packt Publishing 2020. First published in the English language under the title Quantum Computing in Practice with Qiskit and IBM Quantum Experience(ISBN 978-1-83882-844-8). All rights reserved.

本书由英国 Packt Publishing 公司授权人民邮电出版社有限公司出版。未经出版者书面许可，对本书的任何部分不得以任何方式或任何手段复制和传播。

版权所有，侵权必究。

◆ 著　　［美］哈西·诺伦（Hassi Norlén）
译　　陈梦婷
责任编辑　刘雅思
责任印制　王　郁　胡　南

◆ 人民邮电出版社出版发行　　北京市丰台区成寿寺路 11 号
邮编　100164　　电子邮件　315@ptpress.com.cn
网址　https://www.ptpress.com.cn
三河市君旺印务有限公司印刷

◆ 开本：800×1000　1/16
印张：20.25　　2024 年 4 月第 1 版
字数：371 千字　　2024 年 4 月河北第 1 次印刷
著作权合同登记号　图字：01-2021-1423 号

定价：99.80 元

读者服务热线：(010)81055410　印装质量热线：(010)81055316
反盗版热线：(010)81055315
广告经营许可证：京东市监广登字 20170147 号

内容提要

本书使用 Qiskit 开源框架和 IBM Quantum Experience 平台搭建一个量子计算平台，并借助 Python 来介绍实现量子编程的方法。

本书内容由浅入深，从搭建编程环境并编写一个简单的量子程序开始，介绍如何使用 Python 编写简单的脚本，Qiskit 和 IBM Quantum Experience 进行交互的方法，概率计算、叠加和纠缠等基本概念，影响量子程序输出结果的各种物理因素，Qiskit 量子门资源库，使用 Aer 模拟量子计算机，使用 Ignis 清理量子操作，Grover 搜索算法，以及使用 Aqua 运行 Grover 算法和 Shor 算法等重要内容。

本书能够帮助读者学会使用 Qiskit 和 IBM Quantum Experience，同时结合 Python 编程实践来实现量子比特的可视化并深入理解量子门、贝尔态、量子线路等概念，进一步掌握在实践中使用量子算法的方法。

献给我的家人：托娃（Tova）、埃拉（Ella）和诺厄（Noah）。没有你们的耐心与支持，我永远不会开启这次量子计算世界的奇妙探险！还要献给我的父母罗尔夫（Rolf）和英伊娅德（Ingegerd），是你们一直支持我追寻梦想、探索灵感。

关于作者

哈西·诺伦（Hassi Norlén）是瑞典籍美国人。他既是一位教育家、物理学家，也是一名长期致力于计算机编程的软件开发人员，对小型程序、大型程序、新兴程序和经典程序都颇有研究。几年前，他偶然进入了量子计算的“新世界”，并从那时起开始涉足这个令人着迷的领域。研究量子计算既是他的工作，也是他的兴趣爱好。

工作上，他就职于 IBM 公司的 AI 应用部门，负责内容设计。业余生活上，他既是 IBM 公司的量子大使，也是 Qiskit 软件的倡导者。他通过演讲、编程和举办量子计算研讨会，宣传量子计算和 Qiskit 开源软件开发工具包。

致　谢

感谢丹尼斯·拉夫纳（Denise Ruffner）为我提供了撰写本书的机会，感谢安迪·库亚尔（Andi Couilliard）的大力支持！

感谢詹姆斯·韦弗（James Weaver）、罗伯特·洛雷多（Robert Loredo）、查尔斯·鲁宾逊（Charles Robinson）、史蒂文·马戈利斯（Steven Margolis）和加布里埃尔·张（Gabriel Chang）为我提供的建议和支持，与我进行探讨。

感谢杰瑞·周（Jerry Chow）带我去参观 IBM 公司的量子计算机，那是我第一次见到量子计算机。感谢杰伊·甘贝塔（Jay Gambetta）、鲍勃·苏托尔（Bob Sutor）和 IBM 公司量子团队的全体成员，你们让量子计算成为现实！

关于审稿人

詹姆斯·韦弗（James Weaver）既是一位对量子计算充满热情的软件开发人员，也是一名作家兼演说家。他是 Java Champion（Java 冠军程序员），也是 JavaOne Rockstar 演讲者。詹姆斯撰写过 *Inside Java*、*Beginning J2EE*、*Pro JavaFX* 系列和《物联网编程实战：应用 Raspberry Pi 和 Java》（*Raspberry Pi with Java*）等图书。作为 IBM 公司的量子技术推广工程师，詹姆斯在量子计算会议和经典计算会议上就使用 Qiskit 进行量子计算发表过国际演讲。

前言

使用 **IBM Quantum Experience（IBM 量子计算云平台）**和 **Qiskit** 可以搭建一个简单易用又广受青睐的量子计算平台。它们不但可以用于通过云端访问 IBM 的量子计算机硬件并进行编程，也可以用于在本地模拟器和云端模拟器上运行代码。

本书旨在借助简单示例和高级示例来介绍在 Python 环境中实现量子编程的方法。基于 Python 构建的 Qiskit（**Quantum Information Science Toolkit，量子信息科学工具包**）软件可以安装在本地，是当今最容易使用的量子计算学习工具之一。

本书将从最基本的概念（比如安装和升级 Qiskit、查看 Qiskit 的版本号）开始，逐步介绍 Qiskit 的类和方法，然后介绍创建和运行量子程序所需的组件，以及如何将这些 Qiskit 组件集成到混合的量子程序和经典程序中，以利用 Python 强大的编程功能。

本书将使用模拟器和真实的硬件来探索、比较和对比嘈杂中型量子（**Noisy Intermediate-Scale Quantum，NISQ**）计算机和通用容错量子（universal fault-tolerant quantum）计算机。其间会仔细探究嘈杂后端的模拟、在真实硬件上缓解噪声和误差的方法，以及使用 Shor 算法对单个量子比特进行量子纠错。

本书最后将介绍量子算法，并比较量子算法与经典算法的不同之处。本书将仔细研究 Grover 算法的代码实现，然后使用 Qiskit Aqua 运行不同版本的 Grover 算法和 Shor 算法，以展示如何在 Qiskit 代码中直接复用这些已经构建好的算法。本书是对 IBM 公司的量子信息科学工具包 Qiskit 及其组成（Terra、Aer、Ignis 和 Aqua）的一次全面介绍。

本书还将使用在线的 IBM Quantum Experience 用户界面，通过拖放操作进行量子计算。本书中的所有内容和拓展方法都可以在 IBM Quantum Experience 的云端进行编码。

本书每章都包含代码示例，用于解释每个操作配方中相应的原理。

读者对象

本书适合希望了解如何使用 Qiskit 和 IBM Quantum Experience 实现量子解决方案的

开发人员、数据科学家、研究人员以及量子计算爱好者阅读。读者最好具备量子计算的基础知识，并且有一定的Python语言编程基础。

本书内容

本书采用以解决问题为导向、以探索方法为基础的写作方法，借助IBM Quantum Experience、Qiskit和Python来介绍量子计算机编程中的细节。

第1章介绍将Qiskit作为Python 3.5的扩展包安装到本地工作站的方法，以及在IBM Quantum Experience上进行注册、获取API密钥和示例代码的步骤。

第2章展示如何使用Python编写简单的脚本，引导读者了解经典比特和量子比特的概念，以及在没有Qiskit和IBM Quantum Experience的情况下，量子门[①]是如何运行的。

第3章介绍IBM Quantum Experience、IBM Quantum Experience在线版，以及基于云的交互式量子计算机编程工具。在本章中，我们将编写一个简单的程序，并学习在Qiskit和IBM Quantum Experience之间进行交互的方法。

第4章介绍一系列基本的量子程序或量子线路，以深入研究概率计算、叠加和纠缠等基本概念。在本章中，我们将在一台真实的IBM量子计算机上运行我们的第一个量子程序。

第5章着眼于IBM Quantum后端，主要介绍影响量子程序输出结果的各种物理因素。

第6章简单介绍Qiskit以开箱即用的方式提供的量子门，使读者了解量子门对量子比特的作用。本章还介绍了构成其他量子门基础的通用量子门，并从单量子比特门扩展双量子比特门、3 量子比特门以及更多量子比特门（更先进的量子线路中会用到这些量子门）。

第7章帮助读者在一系列本地模拟器或云端模拟器上运行自己的量子线路。读者甚至可以将模拟器设置为模拟IBM Quantum后端的行为，以在自己的本地设备上实地测试自己的量子线路。

第8章介绍如何通过理解量子比特的行为来清理测量结果，并探讨如何使用降噪电路（如Shor码）来纠正噪声。

第9章搭建Grover搜索算法。Grover算法是经典搜索算法的二次加速。本章还将用到一个名为量子相位反冲的独特的量子工具，并搭建几个不同版本的算法，以在模拟器和IBM Quantum后端运行。

① 原文中quantum gate（量子门）是quantum logic gate（量子逻辑门）的简称。——译者注

第 10 章介绍 Grover 搜索算法和 Shor 因子分解算法的 Qiskit Aqua 预制版本，还简要介绍了 Qiskit Aqua 算法库。

如何充分利用本书

为了充分利用本书，读者应该对量子计算的基本概念有一些了解。但本书不会花费过多笔墨证明相关概念，也不会深挖概念中的细节。如果读者还具备 Python 编程技能，则在本书构建一些稍微复杂的混合量子程序和经典程序时，更容易掌握相应内容。读者还需要对线性代数中的向量和矩阵乘法有基本的了解，这对于理解量子门的工作方式大有帮助，不过本书仍将使用 Python 和 NumPy①来完成这项艰巨的工作。

Qiskit 支持 Python 3.5 及以上版本。本书中的代码示例在 Anaconda 1.9.12（Python 3.7.0）上使用 Anaconda 捆绑的 Spyder 编辑器、Qiskit 0.21.0 和在线的 IBM Quantum Experience Code Lab 环境进行了测试。建议读者使用相同版本的软件进行测试。

本书中涉及的软件	操作系统要求
Python 3.7	任意版本的 Windows、macOS、Linux
Qiskit 0.21.0（Python 3.5 及以上）	任意版本的 Windows、macOS、Linux
Anaconda Navigator 1.9	任意版本的 Windows、macOS、Linux

① NumPy 是用于科学计算的 Python 扩展包，底层使用 C 语言编写，可以直接存储数据，而不是存储对象指针。因此，在进行大型矩阵和高维数组的存储、运算时，NumPy 比 Python 自身的嵌套列表更为高效。——译者注

资源与支持

本书由异步社区出品，社区（https://www.epubit.com）为您提供相关资源和后续服务。

配套资源

本书提供如下资源：

- 原书彩图文件；
- 配套源代码；

要获得以上配套资源，您可以扫描下方二维码，根据指引领取；

您也可以在异步社区本书页面中点击 配套资源 ，跳转到下载界面，按提示进行操作即可。注意：为保证购书读者的权益，该操作会给出相关提示，要求输入提取码进行验证。

提交勘误

作者和编辑尽最大努力来确保书中内容的准确性，但难免会存在疏漏。欢迎您将发现的问题反馈给我们，帮助我们提升图书的质量。

当您发现错误时，请登录异步社区，按书名搜索，进入本书页面，点击“发表勘误”，输入勘误信息，点击“提交勘误”按钮即可（见下图）。本书的作者和编辑会对您提交的勘误进行审核，确认并接受后，您将获赠异步社区的 100 积分。积分可用于在异步社区兑换优惠券、样书或奖品。

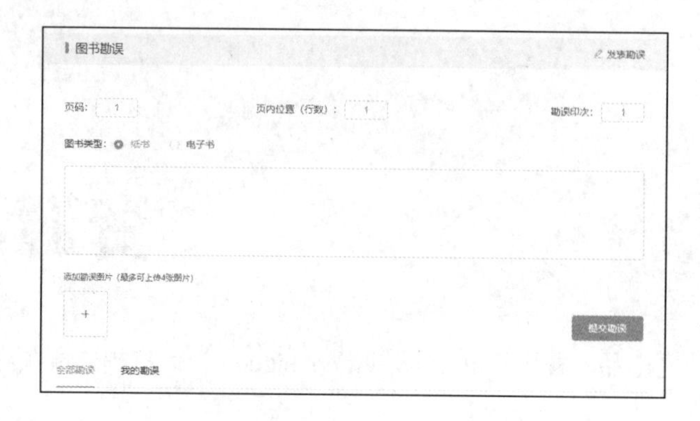

与我们联系

我们的联系邮箱是 contact@epubit.com.cn。

如果您对本书有任何疑问或建议，请您发邮件给我们，并请在邮件标题中注明本书书名，以便我们更高效地做出反馈。

如果您有兴趣出版图书、录制教学视频，或者参与图书技术审校等工作，可以发邮件给本书的责任编辑（liuyasi@ptpress.com.cn）。

如果您来自学校、培训机构或企业，想批量购买本书或异步社区出版的其他图书，也可以发邮件给我们。

如果您在网上发现有针对异步社区出品图书的各种形式的盗版行为，包括对图书全部或部分内容的非授权传播，请您将怀疑有侵权行为的链接通过邮件发给我们。您的这一举动是对作者权益的保护，也是我们持续为您提供有价值的内容的动力之源。

关于异步社区和异步图书

“异步社区”（www.epubit.com）是由人民邮电出版社创办的 IT 专业图书社区。异步社区于 2015 年 8 月上线运营，致力于优质学习内容的出版和分享，为读者提供优质学习内容，为作译者提供优质出版服务，实现作者与读者在线交流互动，实现传统出版与数字出版的融合发展。

“异步图书”是由异步社区编辑团队策划出版的精品 IT 专业图书的品牌，依托于人民邮电出版社 30 余年的计算机图书出版积累和专业编辑团队，相关图书在封面上印有异步图书的 LOGO。异步图书的出版领域包括软件开发、大数据、AI、测试、前端、网络技术等。

目录

第1章 搭建编程环境

在开始进行量子程序开发之前，读者必须有一个Python环境来运行代码。本书中的示例代码既可以通过IBM Quantum团队提供的Qiskit开发者环境在本地设备上运行，也可以通过IBM Quantum Experience在线运行。

本章会介绍这两种编程环境，带领读者注册一个IBM Quantum Experience账号，并安装本地版本的Qiskit。此外，本章还会探讨开源Qiskit快速迭代的环境，以及如何及时更新本地环境。

本章主要包含以下内容：

- 创建IBM Quantum Experience账号；
- 安装Qiskit；
- 下载示例代码；
- 安装API密钥并访问提供服务的量子计算机；
- 及时更新Qiskit环境。

现在，让我们一起开始本章的学习吧！本章的内容十分重要，因为搭建编程环境是使用Qiskit进行编程的基础。花一些时间搭建好编程环境之后，就可以跟随本书中的操作配方，开始在Qiskit上进行量子编程了。读者也可以借鉴并运行本书提供的示例代码，迅速入门。

1.1 技术要求

本章中探讨的操作配方参见本书GitHub仓库中对应第1章的目录。

按照本章中的步骤搭建好编程环境后，读者可以在本地的Qiskit环境中运行本书中的操作配方。本书中的大多数操作配方也可以在IBM Quantum Experience的**量子实验室**（**Quantum Lab**）环境中运行。运行本章的ch1_r1_version.py脚本可以列出在运行操作配方的环境中安装的 Qiskit 版本。

截至本书完稿时，安装 Qiskit 需要 **Python 3.5 及以上版本**的本地环境。更多关于 Qiskit 最新安装要求的详细信息，参见 Qiskit 官方网站。

IBM Quantum 团队建议使用 Anaconda 发行版的 Python，并使用虚拟环境安装 Qiskit，不要将 Qiskit 安装在用户日常使用的 Python 环境中。

> **不了解虚拟环境?**
>
> 虚拟环境可提供独立的 Python 环境，读者可以分别更改每个环境。例如，读者可以创建一个独立的环境来安装 Qiskit。然后，读者可以只在该环境中安装 Qiskit，不涉及主环境中的 Python 框架，不会改动主环境中的 Python 版本。
>
> 随着 Qiskit 新版本的发布，从技术上讲，读者可以为每个版本的 Qiskit 分别创建一个全新的独立环境，保留稳定的旧版 Qiskit 量子编程环境。更多详情参见 1.6 节。

1.2　创建 IBM Quantum Experience 账号

IBM Quantum Experience 账号是开启量子计算机编程大门的“钥匙”，有了账号，就可以与 IBM 公司一起探索量子编程世界。使用该免费账号，即可访问在线的 IBM Quantum Experience 界面以及其中可用的编程工具。从技术上讲，测试 IBM Quantum Experience 软件或安装 Qiskit 软件不需要使用 IBM Quantum Experience 账号，但是在免费提供的 IBM 量子计算机上运行程序需要使用该账号。本书建议读者创建一个 IBM Quantum Experience 账号，因为大部分读者阅读本书可能就是为了在量子计算机上运行程序。

1.2.1　准备工作

既可以使用 IBMid 登录 IBM Quantum Experience，也可以使用如下账号登录：

- 谷歌账号；
- GitHub 账号；
- 领英账号；
- 推特账号；
- 电子邮件地址。

1.2.2 操作步骤

（1）使用浏览器（最好使用谷歌的 Chrome 浏览器）访问 IBM Quantum 官方网站的登录页面。

（2）使用 IBMid 或其他账号登录。

也可以跳过登录步骤。没有登录的用户可以访问 IBM Quantum Experience，但是只能搭建 3 量子比特的量子线路，并且只能使用模拟器后端。

（3）登录后，就有了一个已激活的 IBM Quantum Experience 账号，并可以进入主界面，如图 1-1 所示。

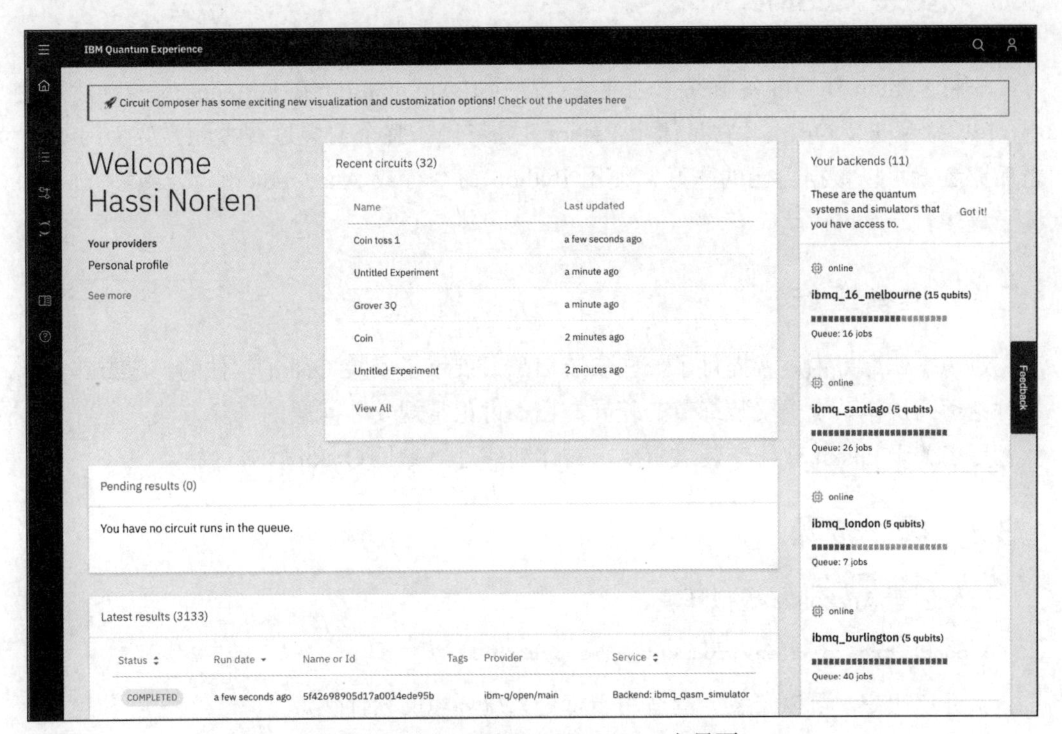

图 1-1 IBM Quantum Experience 主界面

（4）在主界面可以进行许多不同的操作。

点击左侧菜单栏中的“**Circuit Composer**”按钮（），跳转到量子线路创建器页面，开始在图形用户界面搭建自己的量子程序。现在，可以跳到第 3 章继续学习。

如果读者不想先安装本地的 Qiskit 实例，可以跳转到 Qiskit 记事本，开始使用 Jupyter Notebook 在 Python 环境中编写自己的量子程序。先点击左侧菜单栏中的“**Quantum**

Lab”按钮（■），再点击“**New Notebook**”。现在，可以跳到第 4 章继续学习。

如果读者想继续按照本书的章节顺序学习 Qiskit 软件，可以退出 IBM Quantum Experience，在本地计算机上安装 Qiskit 软件。

1.2.3　参考资料

- IBM Quantum Experience is quantum on the cloud.
- Quantum computing: It's time to build a quantum community.

1.3　安装 Qiskit

先将 Python 环境准备就绪，创建好自己的 IBM Quantum Experience 账号，然后使用 pip①命令安装 Qiskit（它是一个 Python 扩展包）。整个安装过程大约需要 10 min，之后读者就可以根据自己的喜好，使用 Python 命令行或 Anaconda②解释器编写自己的量子程序。

1.3.1　准备工作

这一操作配方为读者提供了一些安装信息，展示了安装 Qiskit 软件的一般方法，但不讨论不同操作系统中安装细节的差异，也不讨论常规安装问题的排除方法。

更多关于 Qiskit 软件安装最新要求的详细信息，参见 Qiskit 官方网站。

1.3.2　操作步骤

（1）创建 Anaconda 虚拟环境。

```
$ conda create -n environment_name python=3
```

执行该命令，可以安装一套适用于特定系统环境的软件包。

（2）激活虚拟环境。

```
$ conda activate environment_name
```

（3）验证是否已经进入了搭建好的虚拟环境。

从现在开始，你的命令提示符应该包含了你自己的系统环境的名称。本书使用了类

① pip 是一个 Python 扩展包管理工具，可用于查找、下载、安装、卸载 Python 扩展包。——译者注

② Anaconda 是一个开源的 Python 发行版，包含 Conda、Python 等软件，以及 NumPy、pandas 等 Python 扩展包。——译者注

似于 packt_qiskit[①]的名称来表示自己的系统环境：

```
(packt_qiskit) Hassis-Mac:~ hassi$
```

命名问题

本章将输出完整的命令提示符，如(environment_name) … $，提示读者必须在正确的环境中执行命令。但在其他章节中，我们假设读者确实在已启用了 Qiskit 的环境中，因此只写通用提示符$。

（4）如有需要，可使用 pip 进行更新。

要安装 Qiskit，必须使用 pip 命令，因为 Qiskit 没有发布 Conda[②]安装包。最新版的 Qiskit 需要用 pip 19 版以上的版本安装。

如果读者使用的是旧版本的 pip，需要先使用以下命令更新 pip：

```
(environment_name) … $ pip install -U pip
```

（5）安装 Qiskit 软件。

在完成所有的设置和准备工作之后，本书将开始带领读者进入主体内容的学习。使用以下命令安装 Qiskit：

```
(environment_name) … $ pip install qiskit
```

安装包编译失败

在安装过程中，读者如果遇到报错“安装包编译失败”(the wheel[③] failed to build)，可以忽略该报错。

（6）使用 Python 验证 Qiskit 是否已经安装成功。

打开 Python：

```
(environment_name) … $ python3
```

输入以下代码，导入 Qiskit：

```
>>> import qiskit
```

① Packt 代表 Packt Publishing，读者可以自定义命令提示符的名称。——译者注

② Conda 是为 Python 创建的一个开源的软件包管理系统和环境管理系统，适用于 Windows、macOS 和 Linux 操作系统，可以用于安装同一个软件的不同版本，还可以用于便捷地在不同版本之间切换。——译者注

③ wheel 是 Python 中的一种用于替代 egg 格式的新的工程打包文件的格式。——译者注

完成这一步后，读者可能会因为初次使用 Qiskit 代码而感到兴奋。当然，严格意义上说，这并不算使用量子计算机进行编程。但可以肯定的是，进行到这一步，我们随时都可以开始编写自己的量子程序。

列出详细的版本信息：

```
>>> qiskit.__qiskit_version__
```

这时，系统会显示已安装的 Qiskit 组件的版本信息：

```
{'qiskit-terra': '0.15.2', 'qiskit-aer': '0.6.1',
'qiskit-ignis': '0.4.0', 'qiskit-ibmq-provider': '0.9.0',
'qiskit-aqua': '0.7.5', 'qiskit': '0.21.0'}
```

恭喜，Qiskit 安装已完成，可以开始编写量子程序了！

通过在虚拟环境中使用 `pip install` 命令，读者可以仅在某个独立的系统环境中安装 Qiskit，而不影响自己的其他 Python 环境。

1.3.3　知识拓展

Qiskit 中还有一些可选的与可视化相关的功能，可以在 Qiskit 组件中进行可视化操作。读者可以使用如下命令安装相应组件：

```
(environment_name) … $ pip install qiskit[visualization]
```

注意

如果读者使用的是 zsh[①]，在输入的命令中必须用引号将组件括起来：

```
pip install 'qiskit[visualization]'
```

1.3.4　参考资料

关于 Anaconda 环境的简要介绍，参见 Anaconda 官方网站的文档。

无论从何种意义上说，本书都不算排除 Qiskit 安装问题的指南。读者在安装 Qiskit 时，可能会遇到各种问题，具体会遇到何种问题取决于读者使用的本地操作系统类型、操作系统版本，或其他因素。但是不必担心，可以通过一些优质且友好的渠道获取帮助：

- Slack[②]软件中的 Qiskit 频道；

① shell 是命令解释程序，zsh（Z-shell）是一种交互式的 shell，也可以作为脚本解释器来使用。——译者注

② Slack 是国外流行的一款团队协作软件，可以实现群组聊天、文件分享、搜索等功能。——译者注

- Stack Exchange[①]网站中 Qiskit 相关问题的页面。

1.4 下载示例代码

本书操作配方中包含的示例程序长短不一，这些示例有助于引导读者迈出量子计算机编程的第一步。读者可以按照本书中的指引，亲自动手输入这些程序的代码，但是方便起见，读者也可以从 Packt 出版社的 GitHub 仓库或本书配套资源中直接获取示例代码。

本书中的 Python 示例代码是为使用 3.5 及以上版本的 Python 并在自己的 Python 环境中安装了 Qiskit 的用户编写的。这些 Python 示例代码都保存在以.py 为扩展名的脚本文件中。

1.4.1 准备工作

读者既可以直接在自己的 Python 环境中输入这些操作配方，也可以将其输入 IBM Quantum Experience 或本地 Anaconda 环境中的 Jupyter Notebook[②]中，但直接下载代码或使用 Git 将示例代码克隆到本地环境中更高效。克隆代码的优点是，如果示例代码有任何更新，可以通过远程代码仓库刷新本地文件。

如果读者不打算使用 Git 克隆，而是以压缩文件的方式下载这些示例代码，可以按照 1.4.2 节中相应的操作步骤进行操作。

读者必须先进行以下操作，才能使用 Git 克隆示例代码。

（1）获取一个 GitHub 账号。读者可以在 GitHub 官方网站免费注册一个账号。

（2）在本地环境中安装 Git。更多相关信息，参见 Git 官方网站的帮助文档。

（3）如果读者习惯使用用户界面，可能还需要安装 GitHub 桌面版（GitHub Desktop）。

1.4.2 操作步骤

本书提供了几种可以将操作配方下载到本地设备上的方法。

每种下载方法都需要先打开网页浏览器，然后跳转到名为“Quantum-Computing-in-Practice-with-Qiskit-and-IBM-Quantum-Experience”的 GitHub 仓库。

---

① Stack Exchange 是一个编程领域的问答网站。——译者注

② Jupyter Notebook 是一个共享的 Python 记事本，可以用于编写 Python、R、Julia、JavaScript 等的代码，支持 Markdown 格式。——译者注

1．将 GitHub 仓库下载为压缩文件

获取操作配方的最简单的方式是仅将示例文件作为压缩文件下载，并在本地设备上解压。

（1）在前面提到的 GitHub 仓库中，点击“**Clone or download**”按钮，选择“Download zip”。

（2）下载压缩文件并选择文件存储位置。

（3）将文件解压。

2．使用 Git 克隆 GitHub 仓库

（1）点击“Clone or download”按钮并复制 GitHub 仓库的 URL。

（2）打开命令行窗口，定位到想要保存克隆目录的本地位置。

（3）输入如下命令。

```
$ git clone https://git×××/PacktPublishing/Quantum-Computing-in-Practice-with-Qiskit-and-IBM-Quantum-Experience.git
```

命令的执行结果大概如下所示。

```
Cloning into 'Quantum-Computing-in-Practice-with-Qiskitand-IBM-Quantum-
Experience'...
remote: Enumerating objects: 250, done.
remote: Counting objects: 100% (250/250), done.
remote: Compressing objects: 100% (195/195), done.
remote: Total 365 (delta 106), reused 183 (delta 54), pack-reused 115
Receiving objects: 100% (365/365), 52.70 MiB | 5.42 MiB/s, done.
Resolving deltas: 100% (153/153), done.
```

3．使用 GitHub 桌面版克隆 GitHub 仓库

（1）点击“Clone or download”按钮，选择“Open in desktop”。

（2）在 GitHub 桌面版的对话框中选择一个下载位置，将 GitHub 仓库克隆到该位置，并点击“OK”按钮。

读者现在可以浏览本书中的操作配方。每章都包含一个或多个操作配方。如有需要，读者可以将操作配方代码直接复制并粘贴到自己的 Python 环境中，也可以复制并粘贴到 IBM Quantum Experience 或本地 Anaconda 环境中的 Jupyter Notebook 中。

4．打开一个操作配方文件

到目前为止，读者已经使用命令行完成了所有操作。下面，本书将带领读者获取下文所示的 Python 程序，并在自己喜欢的 Python 解释器（如 **Anaconda Spyder** 或 **Jupyter**

Notebook）中运行它。

如果读者已经下载了本书的示例文件，可以在本地保存的下载文件中对应第 1 章的目录中找到操作配方文件 ch1_r1_version.py，其代码如下所示，运行后可以列出刚才安装的 Qiskit 组件的版本信息。

```
# Import Qiskit
import qiskit

# Set versions variable to the current Qiskit versions
versions=qiskit.__qiskit_version__

# Print the version number for the Qiskit components

print("Qiskit components and versions:")
print("================================")

for i in versions:
    print (i, versions[i])
```

运行该代码，系统会显示类似图 1-2 这样的输出结果。

```
Qiskit components and versions:
================================
qiskit-terra 0.15.2
qiskit-aer 0.6.1
qiskit-ignis 0.4.0
qiskit-ibmq-provider 0.9.0
qiskit-aqua 0.7.5
qiskit 0.21.0
```

图 1-2 Qiskit 组件及其版本信息

接下来介绍如何在读者现有的环境中运行脚本。

5. 在 Spyder 中运行 Python 脚本

在本地环境中，读者现在可以在自己选择的 Python 解释器中运行 Python 脚本。下面以在 Anaconda 的 Spyder 中运行 Python 脚本为例。

> **重要提示**
>
> 确保是在安装了 Qiskit 的虚拟环境中运行解释器。否则，解释器找不到 Qiskit，无法正常运行脚本。

（1）打开 Anaconda 的用户界面。

（2）选择虚拟环境。

（3）点击 **Spyder** 图标。如果读者的虚拟环境中还没有安装 Spyder，系统会自动安装。安装 Spyder 可能需要一些时间。

（4）在 Spyder 中，打开本章的示例 Python 脚本 chl_rl_version.py。

（5）点击“**Run**”。该脚本会读取已安装的 Qiskit 组件的版本信息。读者也可以在 Jupyter Notebook 中打开 Python 脚本，例如在在线的 IBM Quantum Experience 的 Jupyter Notebook 中打开，但是需要一些额外的操作。

6．在 Anaconda 的 Jupyter Notebook 中运行 Python 脚本

（1）打开 Anaconda 的用户界面。

（2）选择虚拟环境。

（3）点击 Jupyter Notebook 图标。如果读者的虚拟环境中还没有安装 Jupyter Notebook，系统会自动安装。

（4）在根目录中打开的默认浏览器中会打开 Jupyter Notebook 的界面。找到并点击示例 Python 脚本 chl_rl_version.py。

（5）示例脚本在 Jupyter Notebook 文本编辑器中被打开。读者现在可以看到代码，但是无法运行。

（6）返回到 Jupyter Notebook 浏览器，点击“**New Notebook**”。

（7）将 Python 脚本中的代码复制并粘贴到新建的记事本中，此时可以点击“**Run**”，观察代码的运行过程。

7．在 IBM Quantum Experience 的 Jupyter Notebook 中运行 Python 脚本

（1）为了在在线的 IBM Quantum Experience 的 Notebook 中运行 Python 脚本，读者需要登录 IBM Quantum Experience。

（2）在 IBM Quantum Experience 的主页面中，点击左侧菜单栏中的“**Quantum Lab**”按钮（■），然后点击“**New Notebook**”，再按照上一部分的步骤 7 进行操作。

1.4.3　运行原理

本书后续章节中介绍的基于 Qiskit 的 Python 代码可以在任何满足 Qiskit 要求的 Python 环境中运行。读者可以自由选择适合自己的系统环境，还可以在自己选择的系统环境中选择自己喜欢的工具来运行程序。

本书中的代码已经在 **Anaconda** 中默认的 **Spyder 编辑器**、IBM Quantum Experience 和 Anaconda 中的 **Jupyter Notebook** 环境里测试运行过。

1.5 安装 API 密钥并访问提供服务的量子计算机

在安装好 Qiskit 之后，读者即可开始创建自己的量子程序，并在本地模拟器中运行这些程序。如果读者有时想在 IBM Quantum 的实体硬件上运行自己的量子程序，必须在本地环境中安装自己的 API 密钥，每个 API 密钥都是独一无二的。

> **IBM Quantum Experience 的 API 密钥**
>
> 如果读者在 IBM Quantum Experience 的 Notebook 环境中运行自己的 Qiskit 程序，系统会自动注册一个 API 密钥。

1.5.1 准备工作

在安装 API 密钥之前，读者必须先创建一个 IBM Quantum Experience 的账号。如果读者还没有创建账号，可以回到 1.2 节，按照操作步骤进行创建。

1.5.2 操作步骤

下面，本书将介绍如何在本地环境中安装 API 密钥。

（1）通过 IBM Quantum 官方网站的登录页面登录到 IBM Quantum Experience。

（2）在 IBM Quantum Experience 主页面的右上角，找到用户图标，点击该图标，选择"**My account**"。

（3）在账号页面中找到"**Qiskit in local environment**"选项，点击"**Copy token**"。

（4）读者可以将复制的令牌粘贴到一个临时的位置，或者将其保留在剪切板中。

（5）在本地设备上访问自己的 Qiskit 环境。之前的步骤中已经包含这一步，但是如果读者使用的是 Anaconda，需要再次进行本操作。

（6）激活虚拟环境。

```
$ conda activate environment_name
```

（7）打开 Python。

```
$(environment_name) … $ python3
```

检查屏幕上显示的 Python 版本信息，确保正在运行的 Python 版本是正确的：

```
Python 3.7.6 (default, Jan 8 2020, 13:42:34)
[Clang 4.0.1 (tags/RELEASE_401/final)] :: Anaconda, Inc. on darwin
```

```
Type "help", "copyright", "credits" or "license" for more information.
>>>
```

（8）获取所需的 IBMQ 类型。

```
>>> from qiskit import IBMQ
```

（9）在本地环境中安装 API 令牌。

```
>>> IBMQ.save_account('MY_API_TOKEN')
```

在这一步中，读者需要将刚才从 IBM Quantum Experience 里复制的 API 令牌粘贴到该命令中 MY_API_TOKEN 的位置。要保留单引号，因为该命令需要使用单引号。

（10）登录自己的账号。

API 令牌就位后，读者需要验证 API 密钥是否都设置好了，自己的账号权限是否正常：

```
>>> IBMQ.load_account()
```

执行上述命令后，系统会显示如下输出结果：

```
<AccountProvider for IBMQ(hub='ibm-q', group='open', project='main')>
```

这就是为账号提供服务的量子计算机的信息，其中包含 hub（集线器）、group（群组）和 project（项目）信息。

1.5.3 运行原理

在上述示例中，读者导入的主要的类是 IBMQ，它是一种用于使用 IBM 在云上提供的量子硬件和软件的工具箱。

本章使用 save_account()在本地存储账号。随着学习的深入，在将要访问 IBM Quantum 机器的操作配方中，本书将在量子程序中使用 IBMQ.load_account()和 IBMQ.get_provider()类，以确保读者能够获取正确的访问权限。

更新 API 密钥

如果出于某些原因，读者需要在 IBM Quantum Experience 中创建一个新的 API 令牌，并更新本地保存的 API 令牌，可以使用如下命令：

```
>>> IBMQ.save_account('NEW_API_TOKEN', overwrite=True)
```

1.5.4 知识拓展

在本书后续操作配方的代码中，会使用如下命令设置一个 provider 变量，以保存为读者账号提供服务的量子计算机的信息：

```
>>> provider = IBMQ.get_provider()
```

之后，读者就可以使用 `provider` 信息选择 IBM Quantum 计算机或后端来运行自己的量子程序。在后续示例中，本书将选择一个名为“**IBM Q 5 Yorktown**”（内部名称为 `ibmqx2`）的量子计算机作为后端：

```
>>> backend = provider.get_backend('ibmqx2')
```

1.6　及时更新 Qiskit 环境

Qiskit 是一个不断更新的开源编程环境。在撰写本书的过程中，我经历了 Qiskit 软件次版本和主版本的多次更新。

通常，及时更新并使用最新版本的 Qiskit 是明智之举，但有时进行更新后，一些代码组件的行为可能会发生变化。建议读者仔细阅读每个新版本的发布说明。有时，版本更新引入的变更会改变用户代码的行为方式。在这种情况下，读者可以推迟更新，直到验证自己的代码仍然按预期工作。

如果读者使用的是 Anaconda 环境，则可以为不同版本的 Qiskit 启用多个编程环境，这样，即使某次 Qiskit 版本更新破坏了代码，还有一个备用环境可以使用。

> **Qiskit 更新得很快**
>
> IBM Quantum Experience 的 Notebook 环境总是会运行最新版本的 Qiskit，建议读者在更新本地环境之前，在 Notebook 环境中测试自己的代码。

读者也可以按照以下步骤订阅 Qiskit 的更新通知，获取新版本发布的时间。

（1）通过 IBM Quantum 官方网站的登录页面登录 IBM Quantum Experience。

（2）在 IBM Quantum Experience 主页面的右上角找到用户图标，点击该图标，选择“**My account**”。

（3）在账号页面的“**Notification**”设置中，将“**Updates and new feature announcements**”设置为“On”。

1.6.1　准备工作

如果读者有不止一个环境，则在开始更新 Qiskit 环境之前，需要在每个环境中验证自己所运行的 Qiskit 的版本。

在每个环境中，都可以从命令行、IDE（如 Spyder）或 Jupyter Notebook 中启动 Python，然后运行以下代码：

```
>>> import qiskit
>>> qiskit.__qiskit_version__
```

如果读者安装了旧版本的 Qiskit，运行上述代码可能会输出以下结果：

```
{'qiskit-terra': '0.9.0', 'qiskit-aer': '0.3.0', 'qiskit-ibmqprovider':
'0.3.0', 'qiskit-aqua': '0.6.0', 'qiskit': '0.12.0'}
```

之后，读者就可以跳转到 Qiskit 的“Release Notes”页面，查看是否有更新的版本可供下载。

这些步骤的作用都是验证 Qiskit 版本是否正确。整个过程都可以在 Python 中自动进行。顺着这个思路，本书将带领读者进行下一部分内容的学习。

1.6.2　操作步骤

（1）激活虚拟环境。

```
$ conda activate environment_name
```

（2）执行如下命令，以检查虚拟环境的 pip 包是否已过时。

```
(environment_name) … $ pip list -outdated
```

（3）该命令会返回如下列表，列表中包含用户目前所有已过时的 pip 包，并列出可用的版本。

```
Example:
Package                      Version     Latest      Type
---------------------------  ----------  ----------  -------
…
qiskit                       0.19.6      0.21.0      sdist
qiskit-aer                   0.5.2       0.6.1       wheel
qiskit-aqua                  0.7.3       0.7.5       wheel
qiskit-ibmq-provider         0.7.2       0.9.0       wheel
qiskit-ignis                 0.3.3       0.4.0       wheel
qiskit-terra                 0.14.2      0.15.1      wheel
…
```

（4）使用 pip 命令更新 Qiskit。

```
(environment_name) … $ pip install qiskit -upgrade
```

（5）在命令行中验证 Qiskit 是否安装成功。

```
(environment_name)… $ pip show qiskit
```

该操作的返回结果类似如下所示：

```
Name: qiskit
Version: 0.21.0
Summary: Software for developing quantum computing programs
Home-page: https://git×××/Qiskit/qiskit
Author: Qiskit Development Team
Author-email: qiskit@us.ibm.com
License: Apache 2.0
Location: /Users/hassi/opt/anaconda3/envs/packt_qiskit/lib/python3.7/site-packages
Requires: qiskit-aer, qiskit-terra, qiskit-aqua, qiskit-ignis, qiskit-ibmq-provider
Required-by:
…
```

（6）验证 Qiskit 是否已集成到了自己的独立环境中的 Python 上。

①打开 Python：

```
(environment_name)… $ python3
```

②导入 Qiskit：

```
>>> import qiskit
```

③列出详细的版本信息：

```
>>> qiskit.__qiskit_version__
```

④执行该命令后，会显示已安装的 Qiskit 组件的版本：

```
{'qiskit-terra': '0.15.2', 'qiskit-aer': '0.6.1', 'qiskit-ignis': '0.4.0',
'qiskit-ibmq-provider': '0.9.0', 'qiskit-aqua': '0.7.5', 'qiskit': '0.21.0'}
```

恭喜，Qiskit 已经成功更新了，读者现在运行的是最新版本！

1.6.3　运行原理

不同读者使用本书的方式不同，部分读者可能初次阅读关于 Qiskit 的教程时就读到了这个更新过程，刚刚安装了 Qiskit，并不需要更新。这种情况的读者可以标注一下 1.6 节，然后继续往后阅读，以后在进行 Qiskit 更新时再翻回来看这一部分。

pip 工具可以管理用户的每个虚拟环境的软件包的更新。正如本书之前所提到的，如果读者有多个虚拟环境，建议对其分阶段进行更新。

读者可以更新某一个虚拟环境，并试着在该环境中运行自己的量子程序，以确保该新版本不会对自己的代码造成任何不利的影响。

好的，到这里为止，读者应该已经跟随本书的指引，正确地设置了一个或多个可以运行量子程序的 Qiskit 环境。如果读者觉得已经准备就绪，现在就可以跳转到第 4 章，开始使用 Qiskit 在 Python 中进行量子编程，开启量子计算世界的奇妙探险。如果读者准备学习一些预备内容，大致了解量子计算机编程，可以从第 2 章开始学习，了解什么是量子比特和量子门；也可以翻到第 3 章，使用 IBM Quantum Experience 的交互式编程界面，直观地感受量子编程。

无论读者选择哪条学习路径，都不必过分担心，因为本书会引导读者使用 Python 完成复杂的工作。再次祝读者能够体会到学习量子编程的快乐！

第 2 章 基于 Python 的量子计算和量子比特

尽管量子计算是一个新兴领域，但它也有着一段相对较长的历史。大约一个世纪之前，人们就提出了用于实现量子计算的想法和概念（如量子力学中的量子叠加和量子纠缠）；而量子信息科学创立于大约 40 年前。Peter Shor 和 Lov Grover 等早期的研究人员提出了一些量子算法（Shor 算法和 Grover 算法），这些算法现在开始与 $E=mc^2$ 这样的基础物理概念一样广为人知。更多相关信息，参见 2.4.5 节。

与此同时，研究人员近些年才搭建出用于实现量子效应的实体量子计算机。20 世纪 90 年代，DiVincenzo 提出了搭建量子计算机需满足的若干条件；2016 年，IBM 公司开放了 IBM Quantum Experience 和 Qiskit，第一次使得量子计算工具有效地“飞入寻常百姓家”，让我们即使不在相关研究实验室，也能真正地开始探索这个新兴领域。

那么，读者可能会好奇，量子计算和经典计算之间有何区别？要探索它们之间的区别，读者可以从每种算法的基本计算单元入手，简单了解经典比特（classical bit）和量子比特（quantum qubit 或 qubit）。

本章将比较经典比特和量子比特，使用一些基本的线性代数知识来让读者更加深入地了解它们，并比较经典（确定性）计算和量子（概率）计算之间的相同点和不同点。本章还会简要介绍 Qiskit 的一些基本的可视化方法，形象地向读者演示量子比特。

本章主要包含以下内容：

- 比较经典比特和量子比特；
- 使用 Python 将量子比特可视化；
- 量子门简介。

2.1 技术要求

本章中探讨的示例代码参见本书 GitHub 仓库中对应第 2 章的目录。

下载示例代码的详细方法，参见 1.4 节。

2.2 比较经典比特和量子比特

本书将从大多数正在阅读本书的读者已经了解的一个概念——“比特”开始讲解，可能还有一些读者不太了解这个概念。

直观来说，比特是一个要么是 0，要么是 1 的东西。把多个比特放到一起，用户可以创建字节（byte）和任意大小的二进制数，以此搭建出出色的计算机程序、进行数字图像编码、加密文件（如情书）或重要信息（如银行交易信息）等。

经典计算机中有由晶体管组成的逻辑电路板，晶体管可以通过高电平和低电平（通常是 5 V 和 0 V）来表示一个比特。而硬盘驱动器通过对某些区域进行不同方式的磁化来表示 0 和 1。

量子计算相关的图书都会着重强调比特只能是 0 或 1，不能是其他任何东西。以计算机为例，读者可以想象有一个用于表示自己正在运行的程序的盒子，它只有一个输入和一个输出。在经典计算机（有别于量子计算机的二进制计算机）中，输入是一个位串（a string of bits），输出是另一个位串，盒子是一系列被操控、修改和组织的比特，使用某种算法生成输出。需要再次强调的是，在这个盒子中，比特仍然是比特，只能是 0 或 1，不能是其他东西。

本章中将要介绍的量子比特与经典比特截然不同。跟随本书的介绍，一起来了解量子比特吧！

2.2.1 准备工作

尽管示例的难度逐渐增加，但本节中的示例实际上一点也不困难。它只是一个使用 Python 和 NumPy 的快速实现，将一个比特定义为一个 2×1 矩阵，或一个表示 0 或 1 的矢量。本书还引入了狄拉克符号（Dirac notation）$|0\rangle$、$|1\rangle$、$a|0\rangle+b|1\rangle$ 来表示本书中提到的量子比特。之后，本书将带领读者计算测量经典比特和量子比特时，获得不同输出结果的概率。

可以从本书 GitHub 仓库中对应第 2 章的目录中下载本节操作配方的 Python 文件 ch2_r1_bits_qubits.py。

2.2.2 操作步骤

（1）导入用于进行计算的 `numpy` 和 `math`。

```
import numpy as np
from math import sqrt, pow
```

（2）创建并输出经典比特和量子比特矢量，分别用[1,0]、[0,1]、[1,0]、[0,1]和[a,b]表示 0、1、$|0\rangle$、$|1\rangle$ 和 $a|0\rangle+b|1\rangle$。

```
# Define the qubit parameters for superposition
a = sqrt(1/2)
b = sqrt(1/2)
if round(pow(a,2)+pow(b,2),0)!=1:
    print("Your qubit parameters are not normalized.
        \nResetting to basic superposition")
    a = sqrt(1/2)
    b = sqrt(1/2)
bits = {"bit = 0":np.array([1,0]),
    "bit = 1":np.array([0,1]),
    "|0\u27E9":np.array([1,0]),
    "|1\u27E9":np.array([0,1]),
    "a|0\u27E9+b|1\u27E9":np.array([a,b])}
# Print the vectors
for b in bits:
  print(b, ": ", bits[b].round(3))
print ("\n")
```

注意这里的统一码（unicode）条目\u27E9。本书使用该统一码条目来表示输出结果中的$|0\rangle$，以创建一个美观的狄拉克量子比特，而不是仅用〉。

> **必须提供正确的参数 a 和 b**
>
> 注意，参数验证码检查 a 和 b 的值是否已经归一化（normalized）。如果没有归一化，可以将 a 和 b 都设置为 $\frac{1}{\sqrt{2}}$，进而将 a 和 b 重新设置成一个简单的 50∶50 叠加态。

（3）通过创建一个测量字典来测量量子比特，然后计算通过所创建的比特矢量得到 0 和 1 的概率。

```
print("'Measuring' our bits and qubits")
print("-------------------------------")
prob={}
for b in bits:
    print(b)
    print("Probability of getting:")
    for dig in range(len(bits[b])):
        prob[b]=pow(bits[b][dig],2)
        print(dig, " = ", '%.2f'%(prob[b]*100), percent")
    print ("\n")
```

上面的代码应输出图 2-1 所示的结果。

```
Ch 2: Bits and qubits
---------------------
bit = 0 :  [1 0]
bit = 1 :  [0 1]
|0⟩ :  [1 0]
|1⟩ :  [0 1]
a|0⟩+b|1⟩ :  [0.707 0.707]


'Measuring' our bits and qubits
-------------------------------
bit = 0
Probability of getting:
0  =  100.00 percent
1  =  0.00 percent


bit = 1
Probability of getting:
0  =  0.00 percent
1  =  100.00 percent


|0⟩
Probability of getting:
0  =  100.00 percent
1  =  0.00 percent


|1⟩
Probability of getting:
0  =  0.00 percent
1  =  100.00 percent


a|0⟩+b|1⟩
Probability of getting:
0  =  50.00 percent
1  =  50.00 percent
```

图 2-1　用 NumPy 模拟经典比特和量子比特

现在，读者应该知道了测量经典比特和量子比特时获得 0 值和 1 值的概率。其中一些结果（如 0、1、$|0\rangle$ 和 $|1\rangle$ ）是意料之内的，即概率为 0 或 100%：经典比特或量子比特要么是 0，要么是 1，不会是其他数值。而另一个输出结果（ $a|0\rangle+b|1\rangle$ ）表示一个处于 0 和 1 叠加态的量子比特，得到 0 和 1 的概率都是 50%。经典比特永远不会出现这样的输出结果，只有量子比特才存在这样的情况。2.2.3 节将解释出现该情况的原因。

2.2.3　运行原理

读者可以在这个示例中发现，读取一个经典比特会得到一个确定的结果，即要么是 0，要么是 1，概率总会是 100%，不会出现其他情况。但是对可以表示为 $a|0\rangle+b|1\rangle$ 的量

子比特而言，得到 0 或 1 的概率与$|a|^2+|b|^2=1$成正比。对于纯态的$|0\rangle$和$|1\rangle$，a 或 b 总是取 1，测量结果出现的概率都是 100%。但是对于 a 和 b 都取$\frac{1}{\sqrt{2}}$的$a|0\rangle+b|1\rangle$量子比特，输出结果为 0 或 1 的概率均为 50%（$\left|\frac{1}{\sqrt{2}}\right|^2+\left|\frac{1}{\sqrt{2}}\right|^2=0.5+0.5=1$）。

测量经典比特和测量量子比特

"测量"（measure）一词在经典计算和量子计算中的含义稍有不同。在经典计算中，用户可以随时测量自己的比特，不会对用户正在运行的计算造成严重影响。而在量子计算中，测量是一种更为明确的作用，会导致用户的量子比特从一个表现出量子力学行为的比特，转变为一个表现出经典力学行为的比特。用户对量子比特进行一次测量后，用户的操作就结束了。用户无法再在该量子比特上进行其他量子作用。

由于量子比特具有量子力学特性，读者可以用一个与表示经典比特时所使用的矢量相似的矢量来表示一个量子比特。为了避免混淆，本书使用狄拉克右矢符号（Dirac ket notation）$|\rangle$来表示量子比特$|0\rangle$和$|1\rangle$，以表明它们是矢量空间中的态矢量（state vector），而不是仅用 0 和 1 作为标签。

用于表示量子比特的态矢量可以写作$|\psi\rangle$：

- $|\psi\rangle=|0\rangle$指的是一个处于基态（ground state）的量子比特，表示 0；
- $|\psi\rangle=|1\rangle$指的是一个处于激发态（excited state）的量子比特，表示 1。

本书使用基态和激发态对量子比特进行分类。因为 IBM Quantum 的量子比特所使用的约瑟夫森结（Josephson junction）是一个双能级的量子体系，所以这些量子比特适合用基态和激发态进行分类。选用什么样的分类方法取决于底层物理体系，因为基于其他的双能级量子体系，如电子自旋（自旋向上或自旋向下）或光子偏振（平行光轴偏振态或垂直光轴偏振态），也可以构建出量子比特。

到目前为止，量子比特和经典比特从直观上看没有太大差别，都只能表示 0 值和 1 值。现在，我们增加一点复杂度：一个量子比特也可以是$|0\rangle$和$|1\rangle$两个状态的量子叠加——$|\psi\rangle=a|0\rangle+b|1\rangle$，其中，$a$和$b$取复数。将$a$和$b$归一化，使得$|a|^2+|b|^2=1$，这在几何上意味着结果矢量的长度为 1。这十分重要！

回到上面最简单的情况，这些量子比特可以描述为：

- $|\psi\rangle=|0\rangle=a|0\rangle+b|1\rangle=1|0\rangle+0|1\rangle$，表示一个基态的量子比特，此时$a=1$且$b=0$；
- $|\psi\rangle=|1\rangle=a|0\rangle+b|1\rangle=0|0\rangle+1|1\rangle$，表示一个激发态的量子比特，此时$a=0$且$b=1$。

至此，量子比特的描述看起来都非常正常，但是接下来，我们要在描述中加入一种量子扭曲（quantum twist）——量子叠加（quantum superposition）。以下这个量子比特的态矢量也是受支持的：

$$|\psi\rangle = \frac{1}{\sqrt{2}}|0\rangle + \frac{1}{\sqrt{2}}|1\rangle$$

先检查一下是否已经归一化，这里有

$$|a|^2 + |b|^2 = \left|\frac{1}{\sqrt{2}}\right|^2 + \left|\frac{1}{\sqrt{2}}\right|^2 = \frac{1}{2} + \frac{1}{2} = 1$$

读者可能会好奇，这个态矢量有何含义？

这个量子比特被设置成一种刚好处于 $|0\rangle$ 状态和 $|1\rangle$ 状态之间的状态，即处于两个基态的量子叠加态。它表现出了量子特性。

重要提示

只有在量子计算机上进行计算时，量子比特才能维持在量子叠加态。该规律也适用于自然界中真实存在的粒子，如量子力学的光子。光子的偏振可以描述为平行于光轴方向的偏振态和垂直于光轴方向的偏振态的叠加，但如果在光路中增加一个偏振器，就将测量为平行光轴偏振态或垂直光轴偏振态，而不是其他方向。

回到计算机即盒子的例子中，读者可以用量子计算机类比经典计算机，输入是一个位串，输出是另一个位串。与经典计算机的不同之处在于，在量子计算机上进行计算时，盒子中的量子比特可以以叠加态存在。

要获取输出的位串，需要进行测量，然而一旦进行了测量，从量子力学的角度而言，量子比特就必须决定自己是处于 $|0\rangle$ 状态，还是处于 $|1\rangle$ 状态，此时就需要用到参数 a 和参数 b。

公式 $|a|^2 + |b|^2 = 1$ 不仅表示单位矢量（矢量长度被归一化到 1）对应的状态，还描述得到结果 $|0\rangle$ 和 $|1\rangle$ 的概率。结果是 $|0\rangle$ 的概率为 $|a|^2$，结果是 $|1\rangle$ 的概率为 $|b|^2$。这就是量子计算机和经典计算机的核心差别。量子计算机是具有概率性的——我们无法提前获知最终的结果，只能知道得到某一结果的概率；而经典计算机是具有确定性的——至少在理论上，我们可以预测结果是多少。

关于“概率计算”

大家通常不太理解量子计算机和基于概率的结果，常常将整个量子编程的概念想象成量子比特同时在所有不同状态下随机且不受控制地旋转。这样的理解并不正确。事实上，每个量子比特都被初始化到一个特定的已知状态$|\psi\rangle$，然后使用量子门操控作用于量子比特。每个操控都是严格确定性的，在这个过程中，所有东西都不是随机的。在量子态演化过程的每个阶段，我们都明确知晓量子比特的行为，并将其表示为$a|0\rangle+b|1\rangle$的量子叠加态。只有在最后一步测量时，强行令量子比特要么取 0，要么取 1。设置参数 a 和参数 b 的数值且令其满足$|a|^2+|b|^2=1$，可以控制测量出 0 或 1 的概率，而通过测出 0 或 1 的概率可以展现出量子比特的概率特性。

2.2.4　参考资料

更多有关量子比特及其原理的信息，请参阅以下内容。

- Robert S. Sutor 撰写的 *Dancing with Qubits: How quantum computing works and how it can change the world* 的第 7 章，该书由 Packt 出版社于 2019 年出版。
- Michael A. Nielsen 和 Isaac L. Chuang 撰写的 *Quantum Computation and Quantum Information* 的 1.2 节，该书由剑桥大学出版社于 2010 年出版。
- Leonard Susskind 和 Art Friedman 撰写的 *Quantum Mechanics: The theoretical minimum* 的第 1 讲，该书由 Basic Books 于 2014 年出版。
- Scott Aaronson 的博客“Shor, I'll do it”。
- 朗讯科技贝尔实验室的 Lov Grover 撰写的“What's a Quantum Phone Book?”。
- IBM 公司的 David P. DiVincenzo 撰写的“The Physical Implementation of Quantum Computation”。

2.3　使用 Python 将量子比特可视化

在本示例中，我们将使用带有 NumPy 的通用 Python 来创建一个经典比特的矢量和可视化表示，向读者展示经典比特为什么只能处于 0 和 1 两种状态。我们还会简单介绍 Qiskit 的世界，通过第一次小规模的尝试，向读者展示量子比特不仅可以处于独特的 0 和 1 状态，也可以处于这些状态的量子叠加态。展示的方法是使用 Qiskit 方法，采用量子比特的矢量形式，并将其投影到所谓的布洛赫球（Bloch sphere）上。让我们开始吧！

2.2 节借助两个复数参数——a 和 b，来定义本书中使用的量子比特。这意味着量子比特不仅可以取经典比特的 0 值和 1 值，还可以取其他的数值。可是，即使知道了 a 和 b 的取值，也很难将 0 和 1 之间的某个量子比特可视化。

但使用一些数学技巧就可以解决这个问题。可以使用两个角——θ（theta）和 φ（phi），来描述一个量子比特，并将这个量子比特可视化在一个布洛赫球面上。读者可以把 θ 和 φ 想象成地球的纬度和经度。该量子比特能取的所有值都可以投影到布洛赫球面上，如图 2-2 所示。

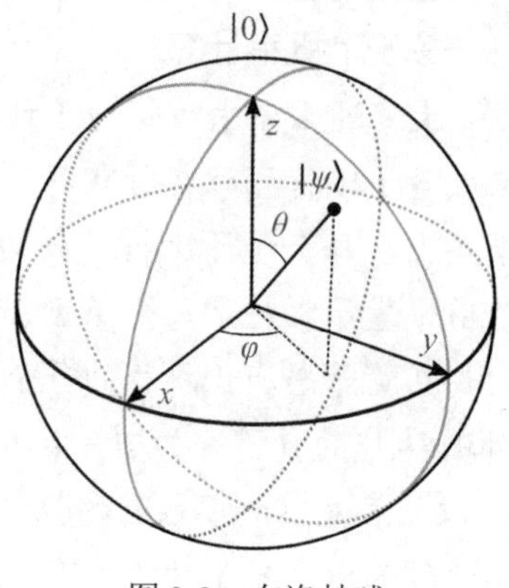

图 2-2　布洛赫球

转换公式如下：

$$|\psi\rangle = \cos\frac{\theta}{2}|0\rangle + e^{i\varphi}\sin\frac{\theta}{2}|1\rangle$$

结合之前介绍过的公式：

$$|\psi\rangle = a|0\rangle + b|1\rangle$$

可以得出，a 和 b 分别为

$$a = \cos\frac{\theta}{2}$$

$$b = e^{i\varphi}\sin\frac{\theta}{2}$$

读者可以进一步探究其中更深入的细节和数学知识。

经典比特在布洛赫球上没有太多表现，只能用布洛赫球的“北极”和“南极”表示二进制值 0 和 1。我们把经典比特包括在内，只是为了与量子比特进行比较。

0 指向上、1 指向下，这有特殊的历史原因。$|0\rangle$ 表示的量子比特矢量是 $\begin{bmatrix}1\\0\end{bmatrix}$ 或“向上”（up），$|1\rangle$ 表示的量子比特矢量是 $\begin{bmatrix}0\\1\end{bmatrix}$ 或“向下”（down），这在直觉上可能与读者的预想相反。读者可能会认为 1 更像激发态的量子比特，应该是一个指向上的矢量，但事实并非如此，1 对应的矢量指向下。因此，我们也会对经典比特做同样的处理，即 0 指向上、1 指向下。

布洛赫球面上某一点的纬度是指这一点的法线与“极点到球心的连线”之间的夹角 θ，如果对应到 a、b 的数值上，$\theta = 0$ 时，矢量指向上，表示 $|0\rangle$（$a = 1$，$b = 0$）；$\theta = \pi$

时，矢量指向下，表示$|1\rangle$（$a=0$，$b=1$）；$\theta=\frac{\pi}{2}$时，矢量指向赤道方向，表示基本量子叠加（$a=b=\frac{1}{\sqrt{2}}$）。

前述的转换公式中还加入了量子比特的相位（phase）φ。φ 无法直接测量，对初始量子线路的结果也没有影响。之后，第 9 章将带领读者使用相位，展示相位在某些特定算法中的优势。现在讨论相位为时过早。

2.3.1 准备工作

可以从本书 GitHub 仓库中对应第 2 章的目录中下载本节示例的 Python 文件 ch2_r2_visualize_bits_qubits.py。

2.3.2 操作步骤

在本示例中，我们使用 θ 和 φ 作为布洛赫球面上点的纬度和经度。我们将用相应的角度对 0、1、$|0\rangle$、$|1\rangle$ 和 $\frac{|0\rangle+|1\rangle}{\sqrt{2}}$ 状态编写代码。读者可以通过设置角度，得到任何想要的经度和纬度，进而将量子比特的态矢量放到布洛赫球上的任意位置。

（1）导入所需的类（class）和方法（method），包括 `numpy` 和 Qiskit 中的 `plot_bloch_vector`。我们还需要使用 `cmath` 进行虚数计算。

```
import numpy as np
import cmath
from math import pi, sin, cos
from qiskit.visualization import plot_bloch_vector
```

（2）创建量子比特。

```
# Superposition with zero phase
angles={"theta": pi/2, "phi":0}
# Self defined qubit
#angles["theta"]=float(input("Theta:\n"))
#angles["phi"]=float(input("Phi:\n"))
# Set up the bit and qubit vectors
bits = {"bit = 0":{"theta": 0, "phi":0},
     "bit = 1":{"theta": pi, "phi":0},
     "|0\u27E9":{"theta": 0, "phi":0},
     "|1\u27E9":{"theta": pi, "phi":0},
     "a|0\u27E9+b|1\u27E9":angles}
```

从示例代码中，读者可以发现我们只使用了 θ。对经典比特 0、1 和量子比特$|0\rangle$和$|1\rangle$

而言，$\theta=0$ 表示矢量指向上方，$\theta=\pi$ 表示矢量指向下方。$\theta=\frac{\pi}{2}$ 表示沿“赤道”方向的量子叠加态的量子比特 $a|0\rangle+b|1\rangle$。

（3）将经典比特和量子比特显示在布洛赫球上。

布洛赫球方法需要三维矢量作为输入，所以必须先构建矢量。我们可以使用以下公式来计算参数 X、Y 和 Z，并使用 plot_bloch_vector 将经典比特和量子比特用布洛赫球表示显示出来：

$$\text{bloch}=\left(\cos\varphi\sin\theta,\sin\varphi\sin\theta,\cos\theta\right)$$

其矢量表示如下：

$$\text{bloch}=\begin{bmatrix}\cos\varphi\sin\theta\\ \sin\varphi\sin\theta\\ \cos\theta\end{bmatrix}$$

在 Python 中，以如下形式设置这个矢量：

```
bloch=[cos(bits[bit]["phi"])*sin(bits[bit]["theta"]),sin(bits[bit]
        ["phi"])*sin(bits[bit]["theta"]),cos(bits[bit]["theta"])]
```

然后使用循环，将比特字典中的经典比特、量子比特及其对应的如下态矢量都显示在布洛赫球上：

$$\left|\psi\right\rangle=a\left|0\right\rangle+b\left|1\right\rangle=\begin{bmatrix}a\\ b\end{bmatrix}$$

使用前述转换公式计算态矢量：

$$\left|\psi\right\rangle=\cos\frac{\theta}{2}\left|0\right\rangle+\mathrm{e}^{\mathrm{i}\varphi}\sin\frac{\theta}{2}\left|1\right\rangle$$

可以看到，a 和 b 确实按照定义被转化为了复数。

代码如下：

```
for bit in bits:
      bloch=[cos(bits[bit]["phi"])*sin(bits[bit]
         ["theta"]),sin(bits[bit]["phi"])*sin(bits[bit]
         ["theta"]),cos(bits[bit]["theta"])]
     display(plot_bloch_vector(bloch, title=bit))
     # Build the state vector
     a = cos(bits[bit]["theta"]/2)
     b = cmath.exp(bits[bit]["phi"]*1j)*sin(bits[bit]["theta"]/2)
     state_vector = [a * complex(1, 0), b * complex(1, 0)]
     print("State vector:", np.around(state_vector,decimals = 3))
```

（4）运行该示例代码，得到输出结果。

屏幕会显示经典比特 0 和 1 的布洛赫球表示（见图 2-3）。

（5）显示量子比特$|0\rangle$和$|1\rangle$（见图 2-4）。

```
Ch 2: Bloch sphere visualization of bits and qubits
----------------------------------------------------
```

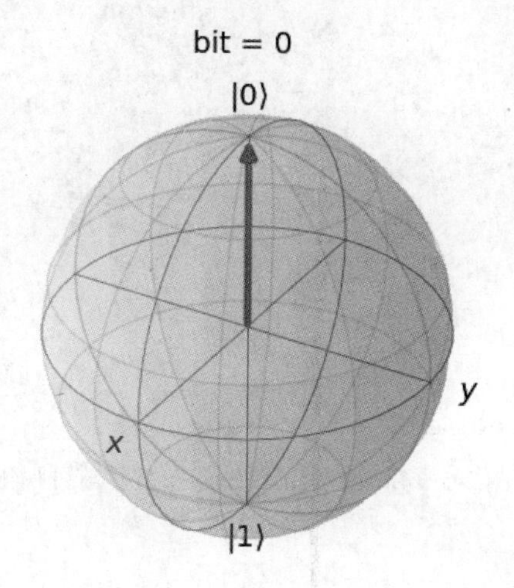


```
State vector: [1.+0.j 0.+0.j]
```

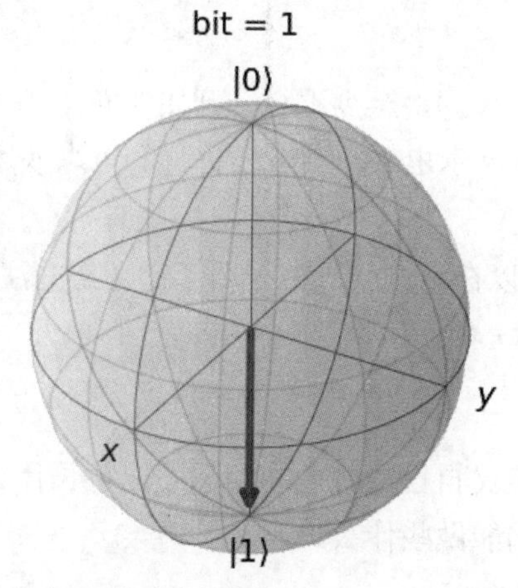


```
State vector: [0.+0.j 1.+0.j]
```

图 2-3　经典比特的布洛赫球可视化

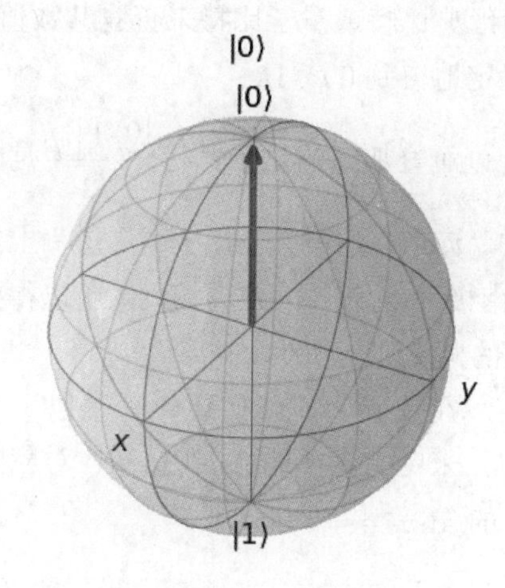


```
State vector: [1.+0.j 0.+0.j]
```

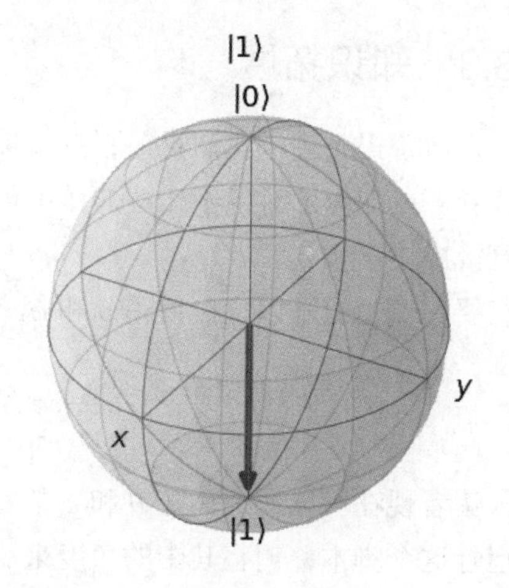


```
State vector: [0.+0.j 1.+0.j]
```

图 2-4　量子比特的布洛赫球可视化

（6）显示一个叠加态的量子比特，即$|0\rangle$和$|1\rangle$的混合（见图 2-5）。

可以看到，对于简单的 0、1、$|0\rangle$ 和 $|1\rangle$ 可以轻松地可视化。$|0\rangle$ 对应的矢量向上指向布洛赫球的“北极”，$|1\rangle$ 对应的矢量向下指向布洛赫球的“南极”。如果读者通过测量经典比特或量子比特来查看其数值，可以确定地得到 0 或 1。

而叠加态的量子比特 $\frac{|0\rangle+|1\rangle}{\sqrt{2}}$ 是一个指向“赤道”的矢量。由于“赤道”上的点到“南极”“北极”的距离相同，所以得到 0 或 1 的概率都是 50%。

在代码中，我们还包含了以下几行代码，来定义量子比特 $a|0\rangle+b|1\rangle$ 对应的 θ 和 φ 的 angles 变量：

```
# Superposition with zero phase
angles={"theta": pi/2, "phi":0}
```

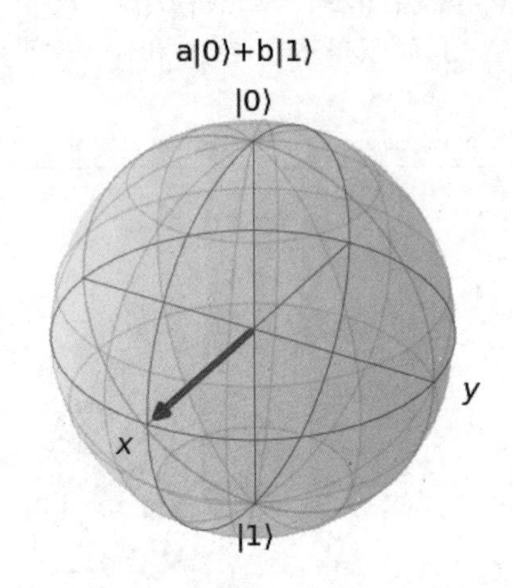

图 2-5　叠加态量子比特的布洛赫球可视化

2.3.3　知识拓展

之前曾提到过，我们目前不打算接触相位（φ），至少不会一开始就介绍相位角。但是读者可以把相位对量子比特的作用可视化地展示出来。读者要记得，可以使用 θ 和 φ 来直接描述 a 和 b。

要测试是否可以直接使用 θ 和 φ，读者可以在示例代码中把用于定义角的注释取消：

```
# Self-defined qubit
angles["theta"]=float(input("Theta:\n"))
angles["phi"]=float(input("Phi:\n"))
```

读者现在可以通过操控 θ 和 φ 的数值来定义自己的叠加态的量子比特长什么样。再次运行这个脚本并调整其中的角度来测试我们能做些什么。

例如，尝试使用以下数值：

$$\theta=\frac{\pi}{2}\approx 1.571$$

$$\varphi=\frac{\pi}{8}\approx 0.393$$

可以看到，这组数值最后会对应如图 2-6 的布洛赫球上的矢量。

注意，旋转后的态矢量仍然在的 $\theta=\frac{\pi}{2}$ 的“赤道”平面上，但是与 x 轴的夹角为 $\frac{\pi}{8}$。读者也可以查看一下态矢量[0.707+0j 0.653 + 0.271j]。

现在，我们已经离开布洛赫球的“本初子午线”，进入了复平面，并加入了一个由沿 y 轴的虚态矢量分量 $|\psi\rangle = 0.707|0\rangle + (0.653+ 0.271i)|1\rangle$ 所表示的相位。

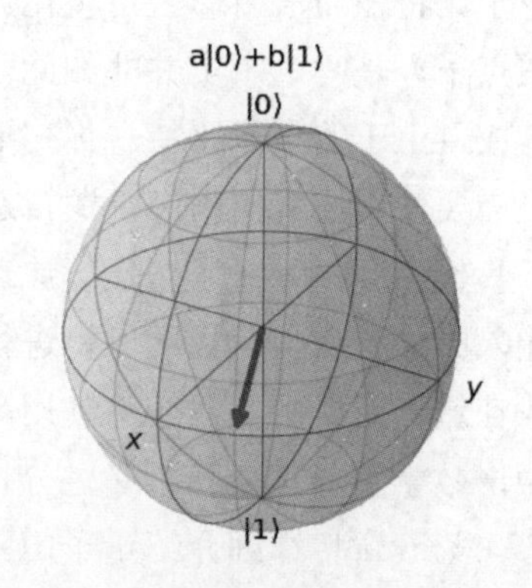

图 2-6　旋转了 $\frac{\pi}{8}$ 的量子比特的态矢量

让我们开始探险

可以继续尝试不同的 θ 和 φ，得到 a 和 b 的其他输入值，观察输出结果。此处只是粗略估计，无须使用十几位有效位数的小数，只要两三位有效位数的小数就够了。试着在布洛赫球上画出你的家乡。记住，该脚本的输入值必须是弧度，而且 θ 是从“北极”开始算起的，并非从“赤道”平面开始算起。例如，英国格林尼治天文台的经纬度坐标是 51.4779°N，0.0015°W，转化成布洛赫球表示的角就是 $\theta=0.6723$，$\varphi=0.0003$。

Qiskit 可以在布洛赫球中表示格林尼治天文台的坐标，如图 2-7 所示。

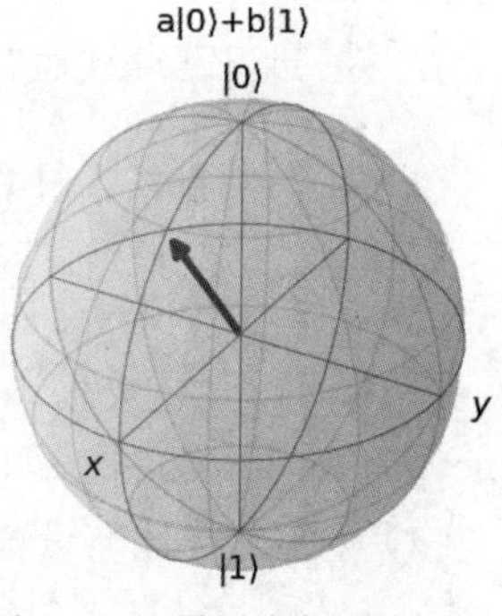

图 2-7　用量子态矢量表示的格林尼治天文台的坐标

2.3.4　参考资料

Michael A. Nielsen 和 Isaac L. Chuang 撰写的 *Quantum Computation and Quantum Information* 的 1.2 节和 4.2 节，该书由剑桥大学出版社于 2010 年出版。

2.4　量子门简介

现在，读者应该已经厘清了经典比特和量子比特之间的差别，并且已经理解了如何将量子比特在布洛赫球上可视化。读者可能认为这就是了解量子比特所需要知道的全部知识点了，是吗？事实并非如此。搭建一台量子计算机并非仅需要一个量子比特，或者说，成百上千的量子比特。你需要使用量子比特并在量子比特上进行逻辑运算。经典计算机需要使用逻辑门来进行逻辑运算，量子计算机也类似。

我们不会探讨量子门运行原理中的细节，只是想向读者介绍量子门的作用其实就是对输入的一个或多个量子比特进行操作，并输出结果。

在这一示例中，我们将使用单量子门或多量子门的矩阵乘法，尽可能地对几种量子门做出数学解释。读者不必过分担心，我们不会讲得很深，而只是简单地介绍一下相关内容。第 6 章将详细介绍量子门。

同样，我们也不会在这个示例中实地搭建 Qiskit 量子线路，而是仅仅使用一些基础的 Python 知识和一些 NumPy 矩阵操控来演示本书中的知识点。

2.4.1　准备工作

可以从本书 GitHub 仓库中对应第 2 章的目录中下载本节示例的 Python 文件 ch2_r3_qubit_gates.py。

2.4.2　操作步骤

本示例将创建矢量以表示量子比特、创建矩阵来表示量子门，并使用简单的代数知识来解释量子门作用到量子比特上时量子比特的行为。

（1）在 Python 环境中运行 ch2_r3_qubit_gates.py，出现 **"Press return to continue"** 提示后，按回车键继续运行程序。

（2）我们会看到 3 种量子比特（$|0\rangle$、$|1\rangle$ 和 $\frac{|0\rangle+|1\rangle}{\sqrt{2}}$）的矢量表示，如图 2-8 所示。

（3）显示一些量子门的矩阵表示。

本示例使用了 ID 门（不执行任何操作）、X 门（翻转量子比特）和 H 门（创建一个量子叠加），其矩阵表示如图 2-9 所示。

（4）对单量子比特设置的最后一步是观察每个量子门是如何对量子比特进行操控的。

这一步是通过量子门矩阵与量子比特的矢量相乘实现的，如图 2-10 所示。

（5）进行完单量子比特的设置后，我们将继续学习双量子比特（$|00\rangle$、$|01\rangle$、$|10\rangle$ 和 $|11\rangle$）的组合，其状态表示如图 2-11 所示。

（6）像对单量子比特的设置一样，我们将展示双量子比特的量子门的矩阵表示，如

图 2-12 所示。

```
Ch 2: Quantum gates
-------------------
Vector representations of our qubits:
-------------------------------------
|0⟩
 [1 0]
|1⟩
 [0 1]
(|0⟩+|1⟩)/√2
 [0.707 0.707]

Press return to continue...
```

图 2-8 单量子比特的矢量表示

```
Matrix representations of our quantum gates:
--------------------------------------------
id
 [[1 0]
 [0 1]]
x
 [[0 1]
 [1 0]]
h
 [[ 0.707  0.707]
 [ 0.707 -0.707]]
```

图 2-9 单量子比特的量子门的矩阵表示

```
Gate manipulations of our qubits:
---------------------------------
Gate: id
|0⟩
 [1 0] -> [1 0]
|1⟩
 [0 1] -> [0 1]
(|0⟩+|1⟩)/√2
 [0.707 0.707] -> [0.707 0.707]


Gate: x
|0⟩
 [1 0] -> [0 1]
|1⟩
 [0 1] -> [1 0]
(|0⟩+|1⟩)/√2
 [0.707 0.707] -> [0.707 0.707]


Gate: h
|0⟩
 [1 0] -> [0.707 0.707]
|1⟩
 [0 1] -> [ 0.707 -0.707]
(|0⟩+|1⟩)/√2
 [0.707 0.707] -> [1. 0.]
```

图 2-10 作用在量子比特上的量子门

```
Vector representations of our two qubits:
-----------------------------------------
|00⟩
 [1 0 0 0]
|01⟩
 [0 1 0 0]
|10⟩
 [0 0 1 0]
|11⟩
 [0 0 0 1]
|PH⟩
 [ 0.5 -0.5  0.5 -0.5]
```

图 2-11 双量子比特的矢量表示

```
Matrix representations of our quantum gates:
--------------------------------------------
cx
 [[1 0 0 0]
 [0 1 0 0]
 [0 0 0 1]
 [0 0 1 0]]
swap
 [[1 0 0 0]
 [0 0 1 0]
 [0 1 0 0]
 [0 0 0 1]]
```

图 2-12 双量子比特的量子门的矩阵表示

我们使用 CX 门（controlled NOT gate，受控非门，如果一个量子比特输入是 1，则将另一个量子比特的状态翻转）和 swap 门（交换两个量子比特的取值）:

（7）观察一下多量子比特的量子门操控，如图 2-13 所示。

同样，这一步也使用了量子比特的矢量与量子门矩阵的矩阵乘法:

就是这样……现在读者已经看到了 Python 生成的线性代数描述了量子比特是如何定义的，也看到了当量子门作用在量子比特上时，量子比特的行为。

```
Gate manipulations of our qubits:
-----------------------------------
Gate: cx
|00⟩
 [1 0 0 0] -> [1 0 0 0]
|01⟩
 [0 1 0 0] -> [0 1 0 0]
|10⟩
 [0 0 1 0] -> [0 0 0 1]
|11⟩
 [0 0 0 1] -> [0 0 1 0]
|PH⟩
 [ 0.5 -0.5  0.5 -0.5] -> [ 0.5 -0.5 -0.5  0.5]


Gate: swap
|00⟩
 [1 0 0 0] -> [1 0 0 0]
|01⟩
 [0 1 0 0] -> [0 0 1 0]
|10⟩
 [0 0 1 0] -> [0 1 0 0]
|11⟩
 [0 0 0 1] -> [0 0 0 1]
|PH⟩
 [ 0.5 -0.5  0.5 -0.5] -> [ 0.5  0.5 -0.5 -0.5]
```

图 2-13　作用在双量子比特上的多量子比特的量子门

2.4.3　运行原理

在 2.4.2 节中包含了很多打印出的结果信息，但基本上没解释这些结果是怎样获得的。我们将深入挖掘示例代码，理解这些输出结果是如何生成的。

> **小技巧**
>
> 以下步骤的编号和 2.4.2 节中的各个步骤的编号是相互对应的。读者可以翻看前面的步骤，查看示例代码的结果。

（1）导入所需的数学工具。

```
import numpy as np
from math import sqrt
```

（2）设置量子比特的基矢。

值设置为 0 的量子比特在狄拉克右矢符号体系中可以标记为$|0\rangle$，在数学上用$\begin{bmatrix}1\\0\end{bmatrix}$表示；而值设置为 1 的量子比特可以标记为$|1\rangle$，在数学上用$\begin{bmatrix}0\\1\end{bmatrix}$表示。到目前为止，还算不错，仍然只有 0 和 1。正如读者之前所看到的，当一个量子比特被设置为量子叠加值时，会发生神奇的事情。量子叠加值可以用指向布洛赫球除极点以外的其他任何地方的

矢量表示——例如，可以用以下矢量表示$\frac{|0\rangle+|1\rangle}{\sqrt{2}}$：

$$\begin{bmatrix} \frac{1}{\sqrt{2}} \\ \frac{1}{\sqrt{2}} \end{bmatrix}$$

> **量子比特的通用表示方式**
>
> 记住，处于量子叠加态的量子比特的通用表示方式为$|\psi\rangle=a|0\rangle+b|1\rangle$，其中 a 和 b 是复数，且$|a|^2+|b|^2=1$。

使用以下命令可以通过 NumPy 创建量子比特$|0\rangle$的矢量：

```
np.array([1,0])
```

在本示例中，可以通过如下方式创建一个量子比特字典：

```
qubits = {"|0\u27E9":np.array([1,0]),
    "|1\u27E9":np.array([0,1]),
    "(|0\u27E9+|1\u27E9)/\u221a2":1/sqrt(2)*np.
    array([1,1])}
for q in qubits:
  print(q, "\n", qubits[q].round(3))
```

（3）设置量子门的基矩阵。

对量子比特而言，任何单量子比特的量子门都可以用类似以下这样的 2×2 矩阵表示：

$$\begin{bmatrix} a & b \\ c & d \end{bmatrix}$$

对于单量子比特，我们实现的数学运算是一个矩阵运算，对应于 ID 和 NOT（作为量子门时也被称作 X 门）两种运算的真值表：

$$\mathrm{ID}:\begin{bmatrix} 1 & 0 \\ 0 & 1 \end{bmatrix}$$

$$\mathrm{X}:\begin{bmatrix} 0 & 1 \\ 1 & 0 \end{bmatrix}$$

但在这里，我们还添加了另一个例子，H 门（Hadamard gate，即阿达马门），它做了一些全新的事情：

$$\mathrm{H}:\frac{1}{\sqrt{2}}\begin{bmatrix} 1 & 1 \\ 1 & -1 \end{bmatrix}$$

当对$|0\rangle$作用 H 门时，可以得到量子叠加的结果：

$$0.707|0\rangle + 0.707|1\rangle$$

同理，当对$|1\rangle$作用 H 门时，会得到类似的结果，但$|1\rangle$分量的符号是相反的：

$$0.707|0\rangle - 0.707|1\rangle$$

如果对一个处于一般的 50/50 量子叠加态（$|\psi\rangle = 0.707|0\rangle + 0.707|1\rangle$）的量子比特作用 H 门，程序会返回基本量子比特$|0\rangle$或$|1\rangle$。

这是我们第一次对 2.4.4 节中将要讨论的量子门与经典逻辑门的不同之处进行形象化的展示。量子门是可逆的。这意味着在量子比特上作用量子门时，不会丢失信息。你总是可以通过反向门的作用倒着运行量子门，最终回到量子比特的初始状态。

可以使用以下命令通过 NumPy 创建 X 门的矩阵：

```
np.array([[0, 1], [1, 0]])
```

在本示例中，可以通过如下方式创建量子门字典：

```
gates ={"id":np.array([[1, 0], [0, 1]]),
     "x":np.array([[0, 1], [1, 0]]),
     "h":1/sqrt(2)*np.array([[1, 1], [1, -1]])}
for g in gates:
  print(g, "\n", gates[g].round(3))
```

（4）使用 NumPy 将定义好的量子门作用在量子比特上。

量子门作用在量子比特上可以被表示为量子比特矢量与量子门矩阵的矩阵乘法。可以使用以下 NumPy 的矩阵点乘运算表示 X 门作用在量子比特$|0\rangle$上：

```
np.dot(np.array([[0, 1], [1, 0]]), np.array([1,0]))
```

循环遍历我们创建的量子门和量子比特两个字典，将矩阵乘法应用到每个量子门和量子比特的组合：

```
for g in gates:
     print("Gate:",g)
     for q in qubits:
          print(q,"\n",qubits[q].round(3),"->",
               np.dot(gates[g],qubits[q]).round(3))
```

此处，读者可以观察到预期的量子门作用在量子比特上的行为：ID 门对量子比特没有作用，X 门将量子比特翻转，而 H 门创建或取消一个量子叠加。

如果读者想尝试一下，可以参考第 6 章提到的各种量子门的矩阵表示，并试着将这些量子门添加到量子门字典中。

在这个示例中，我们简要介绍了如何以矢量和矩阵的形式分别搭建单量子比特和单量子比特的量子门，以及如何使用矩阵乘法使量子门作用于量子比特。现在，让我们将其拓展到两个量子比特的情况。

（5）设置双量子比特的矢量。

首先，扩充用狄拉克符号表示的量子比特组合：$|00\rangle$、$|01\rangle$、$|10\rangle$ 和 $|11\rangle$。这些符号分别表示两个量子比特都是 0、第一个量子比特是 1 且第二个量子比特是 0、第一个量子比特是 0 且第二个量子比特是 1、两个量子比特都是 1。此处我们使用的是反向表示法来表示量子比特，在形如 $|q_1q_0\rangle$ 的矢量表示法中，第一个量子比特（q_0）作为**最低有效位（least significant bit，LSB）**。

双量子比特的矢量表示分别为

$$\begin{bmatrix}1\\0\\0\\0\end{bmatrix},\begin{bmatrix}0\\1\\0\\0\end{bmatrix},\begin{bmatrix}0\\0\\1\\0\end{bmatrix}\text{和}\begin{bmatrix}0\\0\\0\\1\end{bmatrix}$$

我们已经知道了如何以 NumPy 2×1 矩阵的形式搭建量子比特，下面，我们将其拓展到 4×1 矩阵的情况。例如，使用 NumPy 创建的 $|00\rangle$ 量子比特的矢量如下：

```
np.array([1,0,0,0])
```

在该示例代码中，创建一个双量子比特矢量的字典：

```
twoqubits = {"|00\u27E9":np.array([1,0,0,0]),
    "|01\u27E9":np.array([0,1,0,0]),
    "|10\u27E9":np.array([0,0,1,0]),
    "|11\u27E9":np.array([0,0,0,1]),
    "|PH\u27E9":np.array([0.5,-0.5,0.5,-0.5])}
for b in twoqubits:
    print(b, "\n", twoqubits[b])
```

（6）设置双量子比特的量子门矩阵。

双量子比特的量子门可以用 4×4 矩阵表示，例如，受控非门（CX 门）可以在其控制的第二个量子比特（q_1）被设置为 1 时，将第一个量子比特（q_0）翻转，其矩阵为

$$\text{CX:}\begin{bmatrix}1&0&0&0\\0&1&0&0\\0&0&0&1\\0&0&1&0\end{bmatrix}$$

在这样的量子门矩阵中，一个量子比特充当控制位，另一个量子比特充当受控位。像这样的量子门之间的具体差别取决于选择哪个量子比特充当控制位。如果 CX 门指向另一

个方向，以第一个量子比特（q_0）充当控制位，则对应的矩阵会变成如下形式：

$$\text{CX:}\begin{bmatrix}1&0&0&0\\0&0&0&1\\0&0&1&0\\0&1&0&0\end{bmatrix}$$

通过如下方式可以搭建量子门：

```
twogates ={"cx":np.array([[1, 0, 0, 0], [0, 1, 0, 0], [0, 0, 0, 1],
    [0, 0, 1, 0]]),
    "swap":np.array([[1, 0, 0, 0], [0, 0, 1, 0], [0, 1, 0, 0], [0, 0, 0, 1]])}
```

使用以下 NumPy 的矩阵点乘运算表示 CX 门作用在 $|11\rangle$ 量子比特上：

```
np.dot(np.array([[1, 0, 0, 0], [0, 1, 0, 0], [0, 0, 0, 1], [0, 0, 1, 0]]),
    np.array([0,0,0,1]))
```

创建量子门字典的示例代码如下：

```
twogates ={"cx":np.array([[1, 0, 0, 0], [0, 1, 0, 0], [0, 0, 0, 1], [0, 0, 1, 0]]),
    "swap":np.array([[1, 0, 0, 0], [0, 0, 1, 0], [0, 1, 0, 0], [0, 0, 0, 1]])}
for g in twogates:
  print(g, "\n", twogates[g].round())
print("\n")
```

（7）将这些量子门作用到设置好的量子比特上，并查看结果。

```
for g in twogates:
    print("Gate:",g)
    for b in twoqubits:
        print(b,"\n",twoqubits[b],"->",
            np.dot(twogates[g],twoqubits[b]))
    print("\n")
```

进行多量子比特的矩阵操控主要是为了说明结果和输入的矢量维度相同；进行量子门操控不会丢失信息。

2.4.4　知识拓展

量子门与经典逻辑门的另一个不同之处在于量子门是可逆的。如果反向运行量子门，最终会回到量子比特的输入状态，不会丢失信息。以下示例说明了这一点。

1. 示例代码

可以从本书 GitHub 仓库中对应第 2 章的目录中下载本书示例的 Python 文件 ch2_

r4_reversible_gates.py。

（1）导入所需的模块。

```
import numpy as np
from math import sqrt
```

（2）设置量子比特基矢量和量子门矩阵。输出量子门时，比较量子门矩阵和它对应的复共轭矩阵。如果量子门矩阵与其复共轭矩阵相同，则该量子门与它的反向门完全相同。

```
qubits = {"|0\u232A":np.array([1,0]),"|1\u232A":np.array([0,1]),
    "(|0\u232A+|1\u232A)/\u221a2":1/sqrt(2)*np.array([1,1])}
for q in qubits:
  print(q, "\n", qubits[q])
print("\n")
gates ={"id":np.array([[1, 0], [0, 1]]),
     "x":np.array([[0, 1], [1, 0]]),
     "y":np.array([[0, -1.j], [1.j, 0]]),
     "z":np.array([[1, 0], [0, -1]]),
     "h":1/sqrt(2)*np.array([[1, 1], [1, -1]]),
     "s":np.array([[1, 0], [0, 1j]])}
diff=""
for g in gates:
  print(g, "\n", gates[g].round(3))
  if gates[g].all==np.matrix.conjugate(gates[g]).all:
      diff="(Same as original)"
  else:
      diff="(Complex numbers conjugated)"
  print("Inverted",g, diff, "\n",
    np.matrix.conjugate(gates[g]).round(3))
print("\n")
```

（3）为了证明基本量子门是可逆的，先将量子门作用在量子比特上，然后作用量子门的复共轭矩阵，再比较输出结果和输入信息。对可逆的量子逻辑门而言，这一系列操作使量子比特回到起始状态。

```
for g in gates:
    input("Press enter...")
    print("Gate:",g)
    print("-------")
    for q in qubits:
        print ("\nOriginal qubit: ",q,"\n",
            qubits[q].round(3))
        print ("Qubit after",g,"gate: \n",
            np.dot(gates[g],qubits[q]).round(3))
        print ("Qubit after inverted",g,"gate.","\n",
            np.dot(np.dot(gates[g],qubits[q]),
            np.matrix.conjugate(gates[g])).round(3))
    print("\n")
```

2．运行示例代码

当读者运行 ch2_r4_reversible_gates.py 脚本时，程序会执行以下操作。

（1）创建并输出量子比特的矢量表示和量子门的矩阵表示。

此处添加了 3 种新的量子门：

$$Y:\begin{bmatrix} 0 & -i \\ i & 0 \end{bmatrix}$$

$$Z:\begin{bmatrix} 1 & 0 \\ 0 & -1 \end{bmatrix}$$

$$S:\begin{bmatrix} 1 & 0 \\ 0 & i \end{bmatrix}$$

这里的 Y 门和 Z 门的作用是将量子比特绕对应的轴旋转 π，这在本质上是充当沿着布洛赫球的 y 轴和 z 轴的非门（NOT gate，即 X 门）。S 门为量子门添加了一种新功能，即绕 z 轴旋转 π/2。第 6 章会进一步探讨这些量子门（见图 2-14）。

因为复数求复共轭值的方式是实部不变、虚部符号取反，所以对只有实数的量子门矩阵而言，其复共轭矩阵等于其本身，且该量子门与其反向门完全相同。

（2）将每个量子门及其反向门作用在设置好的每个量子比特上。根据结果可知，最终得到的量子比特与起始的量子比特完全相同。

X 门和 X 门的反向门的输出结果示例如图 2-15 所示。

X 门的反向门就是它本身，而将 X 门作用到一个量子比特上两次可以将该量子比特变回初始状态。

S 门的反向门被称为 $S^{\dagger}$门，$S^{\dagger}$是 S 的复共轭门。在量子比特上先作用 S 门，再作用

```
Ch 2: Reversible quantum gates
------------------------------
|0⟩
 [1 0]
|1⟩
 [0 1]
(|0⟩+|1⟩)/√2
 [0.707 0.707]

Matrix representations of our gates:
------------------------------------

 id
 [[1 0]
 [0 1]]
Reversed id = id (Same as original)
 [[1 0]
 [0 1]]

 x
 [[0 1]
 [1 0]]
Reversed x = x (Same as original)
 [[0 1]
 [1 0]]

 y
 [[ 0.+0.j -0.-1.j]
 [ 0.+1.j  0.+0.j]]
Reversed y = y† (Complex numbers conjugated)
 [[ 0.-0.j -0.+1.j]
 [ 0.-1.j  0.-0.j]]

 z
 [[ 1  0]
 [ 0 -1]]
Reversed z = z (Same as original)
 [[ 1  0]
 [ 0 -1]]

 h
 [[ 0.707  0.707]
 [ 0.707 -0.707]]
Reversed h = h (Same as original)
 [[ 0.707  0.707]
 [ 0.707 -0.707]]

 s
 [[1.+0.j 0.+0.j]
 [0.+0.j 0.+1.j]]
Reversed s = s† (Complex numbers conjugated)
 [[1.-0.j 0.-0.j]
 [0.-0.j 0.-1.j]]
```

图 2-14　量子门及其逆矩阵

S†门，可以将量子比特变回初始状态，如图 2-16 所示。

```
Gate: x
-------

Original qubit:  |0⟩
 [1 0]
Qubit after x gate:
 [0 1]
Qubit after reversed x gate.
 [1 0]

Original qubit:  |1⟩
 [0 1]
Qubit after x gate:
 [1 0]
Qubit after reversed x gate.
 [0 1]

Original qubit:  (|0⟩+|1⟩)/√2
 [0.707 0.707]
Qubit after x gate:
 [0.707 0.707]
Qubit after reversed x gate.
 [0.707 0.707]
```

图 2-15　X 门和 X 门的反向门在 3 个量子比特上的作用结果

```
Gate: s
-------

Original qubit:  |0⟩
 [1 0]
Qubit after s gate:
 [1.+0.j 0.+0.j]
Qubit after reversed s gate.
 [1.+0.j 0.+0.j]

Original qubit:  |1⟩
 [0 1]
Qubit after s gate:
 [0.+0.j 0.+1.j]
Qubit after reversed s gate.
 [0.+0.j 1.+0.j]

Original qubit:  (|0⟩+|1⟩)/√2
 [0.707 0.707]
Qubit after s gate:
 [0.707+0.j    0.   +0.707j]
Qubit after reversed s gate.
 [0.707+0.j 0.707+0.j]
```

图 2-16　S 门和 S 门的反向门（S†）在 3 个量子比特上的作用结果

2.4.5　参考资料

- Michael A. Nielsen 和 Isaac L. Chuang 撰写的 *Quantum Computation and Quantum Information* 的 4.2 节和 4.3 节，该书由剑桥大学出版社于 2010 年出版。
- Richard P. Feynman、Robert B. Leighton 和 Matthew Sands 撰写的 *The Feynman Lectures on Physics*，由 Addison-Wesley 出版社出版。读者可以在 The Feynman Lectures on Physics 网站的“The Hamiltonian Matrix”页面中在线阅读此书，了解关于幅度、矢量和狄拉克符号表示法的知识。
- 如果读者想更直观地了解单量子比特的布洛赫球表示，可以访问 GitHub 官方网站中的 grok-bloch 项目，以获得交互式的体验。Qiskit 软件的倡导者 James Weaver 提供了 grok-bloch（一个理解布洛赫球的应用程序），读者可以下载该程序，并在自己的 Python 环境中安装和运行，也可以在线运行。该应用程序不仅支持本书到目前为止使用过的简单 X 门和 H 门，也支持后续章节涉及的其他量子门，如 Y 门、Z 门、Rx 门、Ry 门和 Rz 门等。使用 Qiskit 软件，读者可以更加深入地探究量子门，详情参见第 6 章。

第3章 IBM Quantum Experience ——拖放式量子编程

2016年初，云端技术有了突破性的进展：一种名为可编程量子计算机的新型计算机诞生了，向世界敞开怀抱。

本章将简要介绍 IBM Quantum Experience 的早期历史和如何访问该软件，还将带领读者了解 IBM 量子计算机编程的拖放式用户界面——Circuit Composer。此外，本章还会简单介绍如何使用底层的 OpenQASM 编程，在 IBM Quantum Experience 和 Qiskit 之间进行交互。

本章主要包含以下内容：

- IBM Quantum Experience 简介；
- 使用 Circuit Composer 搭建量子乐谱；
- 量子抛硬币实验；
- 不同软件之间的交互。

本章不会花费过多的笔墨，只是用很短的篇幅触及一些皮毛，目的是向读者展示第4章中将用到的量子线路，并且让读者体会可用的量子门的多样性。

3.1 技术要求

本章中探讨的示例代码参见本书 GitHub 仓库中对应第3章的目录。

如果你尚未准备好，请先注册一个 IBM Quantum Experience 账号，详细步骤参见1.2节。

3.2 IBM Quantum Experience 简介

IBM Quantum Experience 是一个开放的平台，任何人都可以使用该平台开启量子计算之旅。通过该平台，用户可以免费使用多台配置不同的 IBM 量子计算机，这些量子计算机从单量子比特到 15 量子比特都有（在本书撰写时），还有一个运行在 IBM POWER9™ 硬件上的 32 量子比特的模拟器。该平台为用户提供了很多资源可供调配。

IBM Quantum Experience 于 2016 年 5 月正式上线，它是世界首个对公众开放的、可通过云端远程访问实际的量子计算机的平台。在该平台上线后，其他几家公司也实施了类似的举措，陆续对公众开放了量子计算模拟器和量子云计算资源。值得注意的是，谷歌、微软、Rigetti、QuTech 等公司也加入了开放行列。在本书撰写时，IBM 公司已经通过 IBM Quantum Experience 免费开放了硬件和软件量子计算，本书将使用该平台作为示例。

在浏览器中打开 IBM Quantum 官方网站，并使用自己的 IBM Quantum Experience 账号登录。登录后，你会看到 IBM Quantum Experience 的主页面（如图 3-1 所示），可以在这个页面中访问所有量子体验工具。

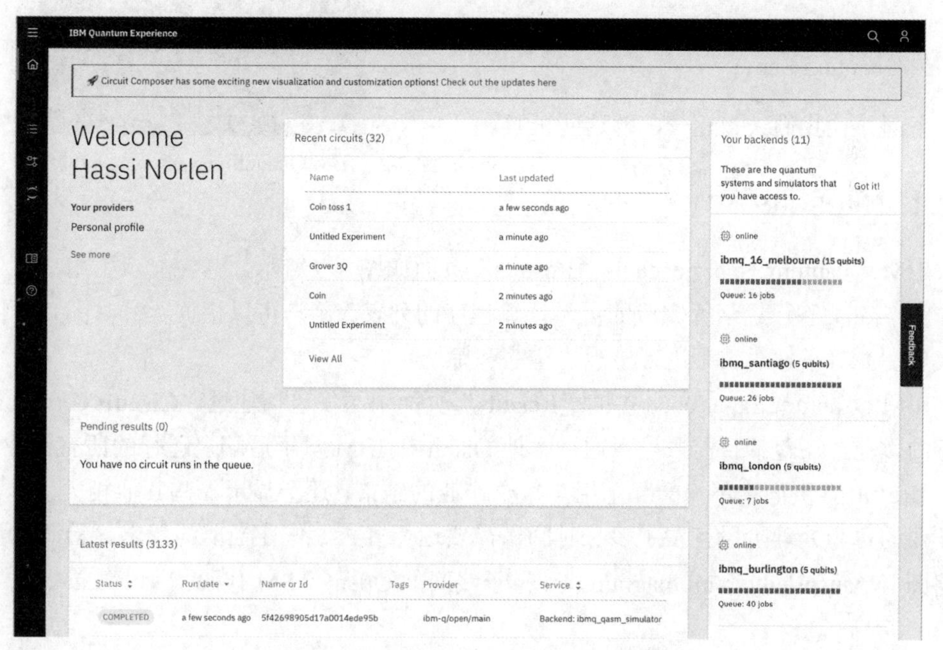

图 3-1　IBM Quantum Experience 主页面

主页面中包含以下内容。

右侧窗格中列出了用户可用的后端。点击每个后端，都会显示一个包含访问状态（access status）、提供服务的量子计算机（provider access）、芯片结构（chip structure）和错误率数据（error rate data）、量子比特数、基本量子门列表等信息的数据页面。

主页面的中间区域显示了工作台，其中包括最近使用的量子线路列表、当前运行的实验和之前的实验结果。首次登录平台时，该区域可能会相对比较空。在该区域中，还可以管理用户配置文件、了解配置变更通知、获取 API 密钥等。

左侧菜单栏中包含一些常用工具和帮助资源。在本章后续几节的“操作步骤”中，我们将详细介绍该菜单栏。

现在，你已经成功登录并观察了主页面上的各个板块。接下来，我们将了解可用的量子计算机编程工具（见图 3-2）。通过主页面左侧的菜单栏可以访问以下工具。

- Results；
- Circuit Composer；
- Quantum Lab。

下面，让我们一起逐一了解这些工具。

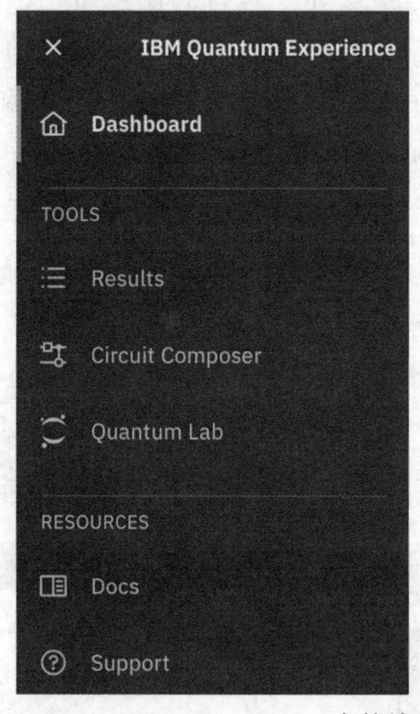

图 3-2　IBM Quantum Experience 中的编程工具

3.2.1　Results

IBM Quantum Experience 的“Results”页面如图 3-3 所示，其中显示了用户待处理的作业（job）和已经运行完成的量子计算程序的列表。用户可以根据运行时间或所用服务（后端）等条件对结果进行检索、排序和筛选。

IBM Quantum Experience 中的“Results”页面中不仅包括通过“**Circuit Composer**”运行的作业，还包括目前账号下通过本地 Qiskit 在 IBM 量子后端上运行的所有作业。

“Results”页面中不仅会显示用户每个作业的结果，还会显示一些其他相关信息，如该作业的每个处理阶段花费了多长时间、需要运行多久、作业当前的状态、**转译后**量子线路图（**transpiled** circuit diagram）和量子线路的 OpenQASM 代码。

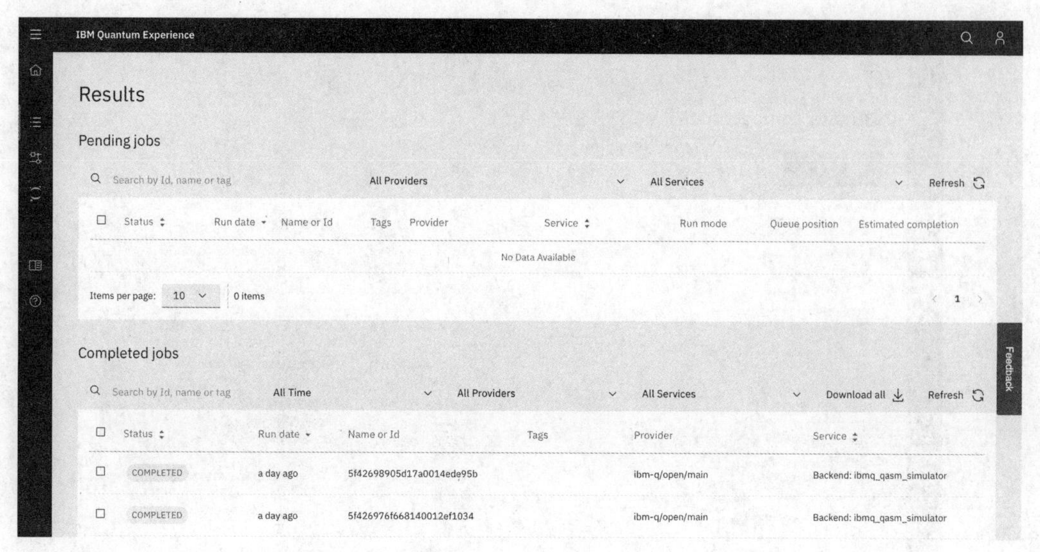

图 3-3 “Results”页面

3.2.2 Circuit Composer

IBM Quantum Experience 将使用“Circuit Composer”工具搭建的量子程序称为量子乐谱（quantum score），而用户处理量子总谱时主要用到的工具是“Circuit Composer”。在本章的示例中，我们将详细介绍，但在此，我们先对“Circuit Composer files”的组成部分做简要介绍。“Circuit Composer files”页面如图 3-4 所示。

与“Results”页面中的作业列表相似，“Circuit Composer files”页面包括了用户的量子线路列表。在这里，用户可以打开并运行所有使用“Circuit Composer”创建的量子线路。

用户也可以点击“**New Circuit**”，在“Circuit Composer”中打开一个未命名的量子线路模板，并从头开始创建一个量子线路，如图 3-5 所示。

> **列表中没有 Qiskit 中的量子线路**
>
> 与“Results”页面不同的是，“Circuit Composer”页面中不包含任何通过本地 Qiskit 环境运行过的量子线路。该页面中只有用户在 IBM Quantum Experience 中创建的量子乐谱。如果用户想在该页面中看到自己的 Qiskit 量子线路，必须以 OpenQASM 代码的形式导入所需的量子线路，具体方法参见 3.5 节。

打开或新建了一个量子线路后，页面中会出现一系列新的工具，可以用于帮助用户搭建自己的量子乐谱。3.3 节将介绍这些工具的用法。

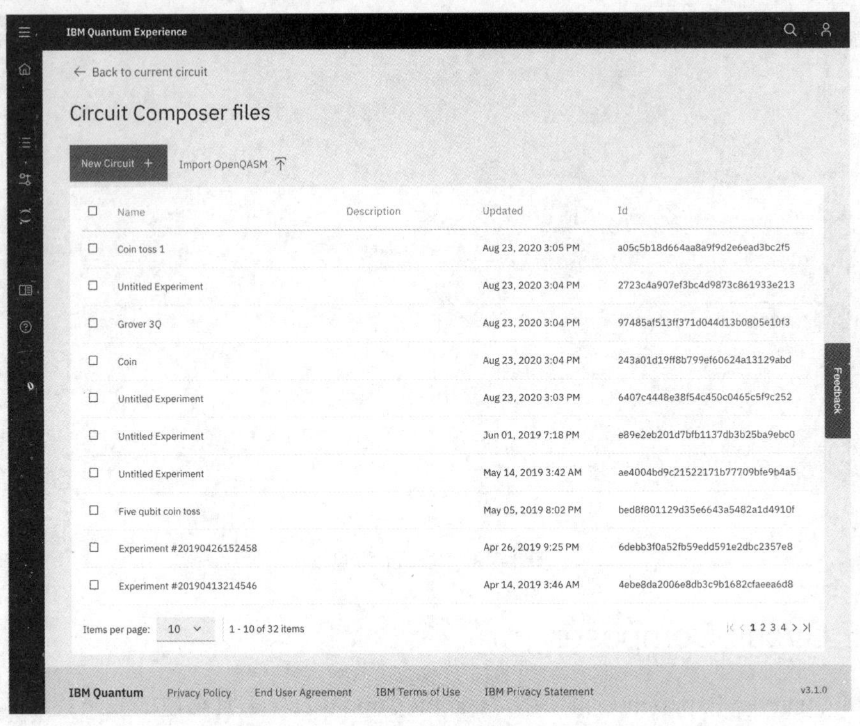

图 3-4　“Circuit Composer files”页面

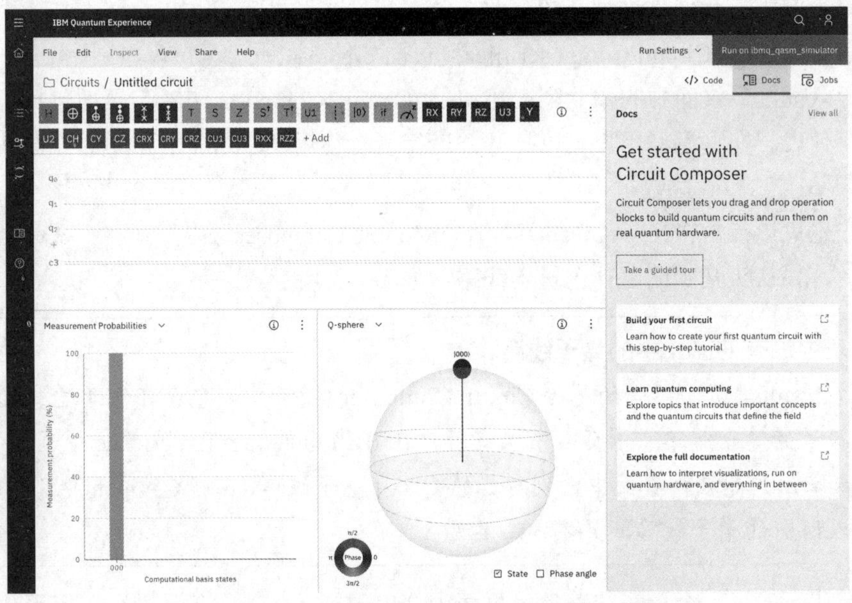

图 3-5　“Circuit Composer”中的一个空的量子线路模板

3.2.3 Quantum Lab

点击左侧菜单栏中的第三个按钮“Quantum Lab”可打开 Qiskit 研发团队整理的 Jupyter Notebook 形式的教程合集，如图 3-6 所示。用户可以在“Qiskit tutorials”窗口中访问所有教程。用户也可以在该页面中创建自己的 Jupyter Notebook，这些 Jupyter Notebook 的显示方式与“Circuit Composer files”页面中的量子线路的显示方式非常类似。

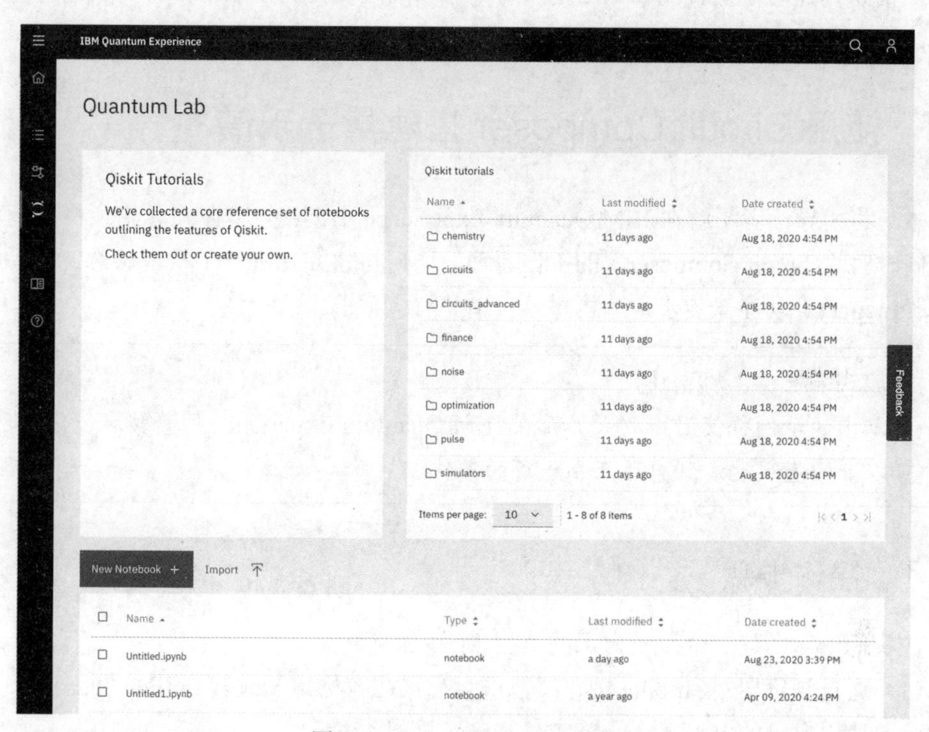

图 3-6 “Quantum Lab”页面

> **在 Jupyter Notebook 中运行 Python 程序**
>
> 用户可以使用 Jupyter Notebook 环境运行本书中所涉及的量子计算 Python 示例脚本，可以翻到 1.4 节简单回顾一下。

除了用于编写量子程序的工具，IBM Quantum Experience 还在另外两个页面中提供了一些其他的扩展帮助。

- **“Docs”**：该页面包含一系列入门教程和关于“Circuit Composer”、算法等主题的内容丰富的指令集。入门教程特别适合读者在按照自己的方式学习完了本书中的内容之后，开始探索 IBM Quantum Experience 时使用。

- “**Support**”：因为 IBM Quantum Experience 是基于 Qiskit 的，所以其中的资源也是直接针对这种运行环境而整理的，这些资源位于 Slack 软件的工作区和 Stack Exchange 问答网站，检索关键词或 Stack 标签是“IBM Quantum Experience”（ibm-q-experience）和“Qiskit”（qiskit）。这两个社交平台中的用户非常活跃，提问很快就能收到回复，用户可以围绕提问和想法等内容与其他用户相互交流、切磋。网站的版主和会员大都学识渊博，有问必答。

3.3　使用 Circuit Composer 搭建量子乐谱

本节将引导读者了解在 IBM Quantum Experience 中创建一个量子乐谱所需的基本步骤，同时对“Circuit Composer”的工作原理、如何搭建并完善一个量子乐谱、最后如何使用“**Inspect**”功能一步步地分析量子乐谱等有大致的了解。

> **拖放式编程**
>
> 本章中的示例将使用拖放式界面在 IBM Quantum Experience 网页端环境中实现，用户可以非常直观地看到自己正在进行的操作。

3.3.1　操作步骤

让我们一起搭建一个属于自己的小型量子乐谱吧！

（1）通过浏览器（Chrome 浏览器似乎运行得比较稳定）跳转到 IBM Quantum 官方网站，并使用自己的 IBM Quantum Experience 账号登录。

（2）在左侧菜单栏中点击“**Circuit Composer**”。该操作会打开“Circuit Composer files”页面，点击“New Circuit”，打开一个空的未命名量子线路。

（3）可选操作：设置需要使用的量子比特的数目。

在默认设置下，用户可以看到 5 条直线，很像乐谱的谱线（因此该软件中用户搭建的量子线路工程文件叫作量子乐谱）。每条直线代表一个所使用的量子比特，而默认乐谱是为 5 量子比特的计算机设计的。5.4 节的示例会向读者介绍，该默认设置其实是免费 IBM 量子计算机最常用的设置。

但是本示例为了清晰，只使用一个量子比特。如果使用 5 量子比特，程序最终显示的结果中会混杂另外 4 个没有用到的量子比特的输出结果，可能会给读者造成困扰。

因此，在刚刚打开的未命名量子线路中，将鼠标指针悬停在量子比特标签 q_0 上，然后该标签会变成一个垃圾桶图标。使用垃圾桶图标移除一些量子比特，只留下一个。此时，界面上的量子乐谱只剩下一根直线，该直线前面的标签 q_0 就是本示例将用到的量子比特的名称，如图 3-7 所示。

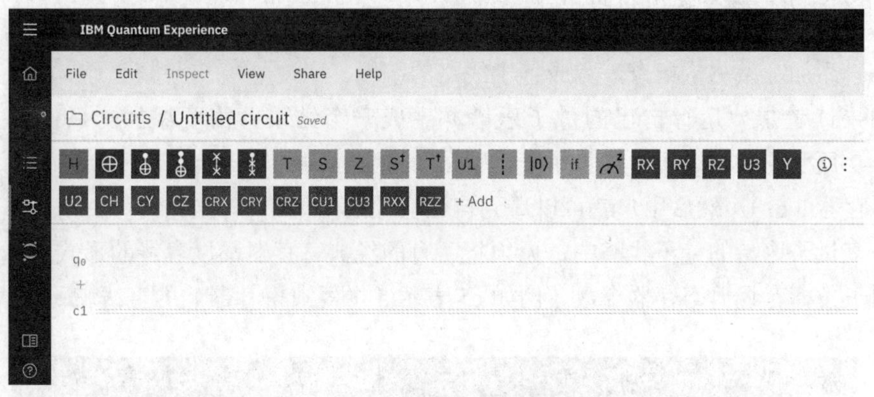

图 3-7　一个空的单量子比特的量子乐谱

（4）在量子乐谱中添加一个⊕门（X 门）。

（5）选中该⊕门，将其拖到量子乐谱的 q_0 直线上。

> **小提示**
>
> X 门在 Qiskit 中表示非门，读者将在第 4 章中再次见到⊕符号。

到这一步，读者已经添加了一个 X 门，也就是非门（见图 3-8），非门可以将量子比特的初始设置值 0 翻转为 1。

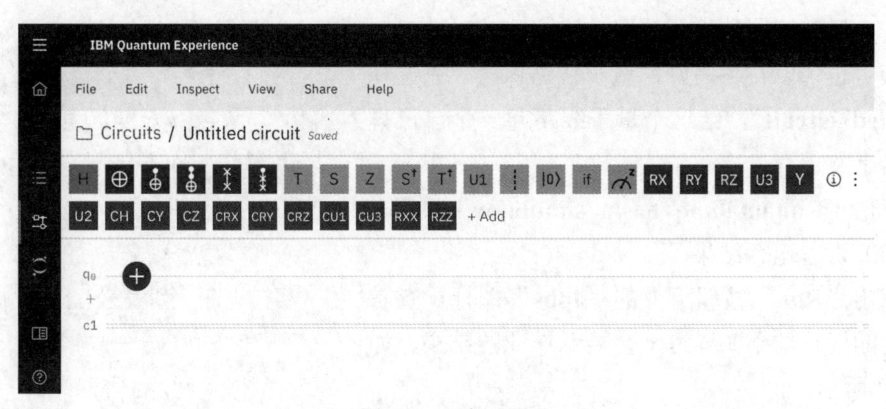

图 3-8　添加非门

指令名称列表

点击“Circuit Composer”右上角的“ⓘ”按钮，并选择“Operations glossary”，可以获取更多关于可用指令的信息。该帮助列表中包含用户可用的所有指令（门指令、测量指令等）的详尽使用指南。

（6）添加一条测量指令，完成量子线路的编辑。

如果读者想要运行自己的量子乐谱并生成一个结果，需要添加一条测量指令，如图 3-9 所示。该指令用于测量量子比特 q_0 的状态，并将测量结果（0 或 1）写入一个经典寄存器（c1），然后用户就可以看到自己实验的结果了。

在多量子比特的量子线路中，无须将所有的经典寄存器都以直线的形式显示出来。只需用一条标有经典寄存器个数（例如 c5 表示 5 个经典寄存器）的直线就可以表示。

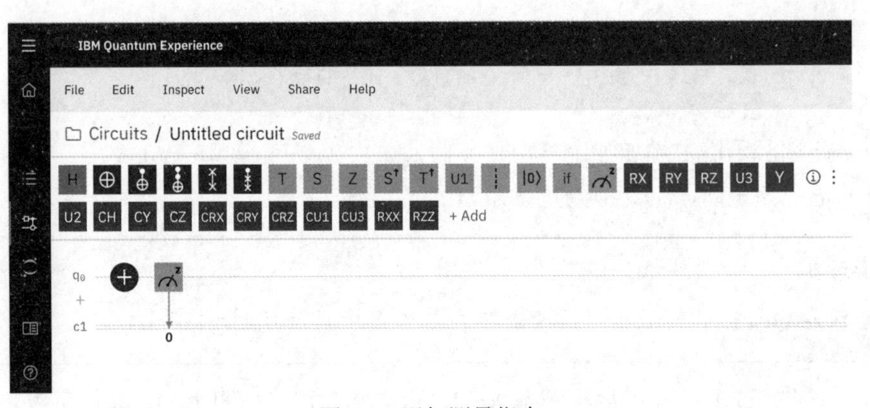

图 3-9　添加测量指令

（7）运行编写的量子线路。

读者也可以将编写好的量子线路保存。先选择“**Untitled circuit**”，给这个量子线路起一个自己喜欢的名字并保存。

点击“**Run on ibmq_qasm_simulator**”按钮。

（8）查看运行结果。

点击“**Run**”按钮下方的“**Jobs**”图标，查看该作业的运行结果。屏幕上会显示作业的结果，如图 3-10 所示。

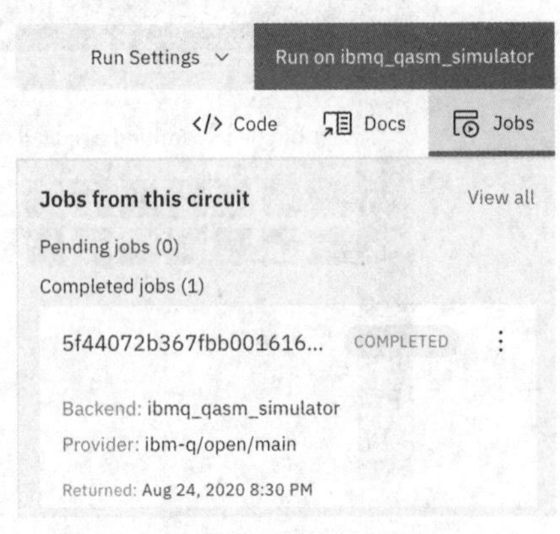

图 3-10　作业结果框

点击作业结果框，打开“**Result**”页面，会显示刚才运行的作业的最终结果。在本示例中，所得的结果是 1，确定性为 100%（见图 3-11）。

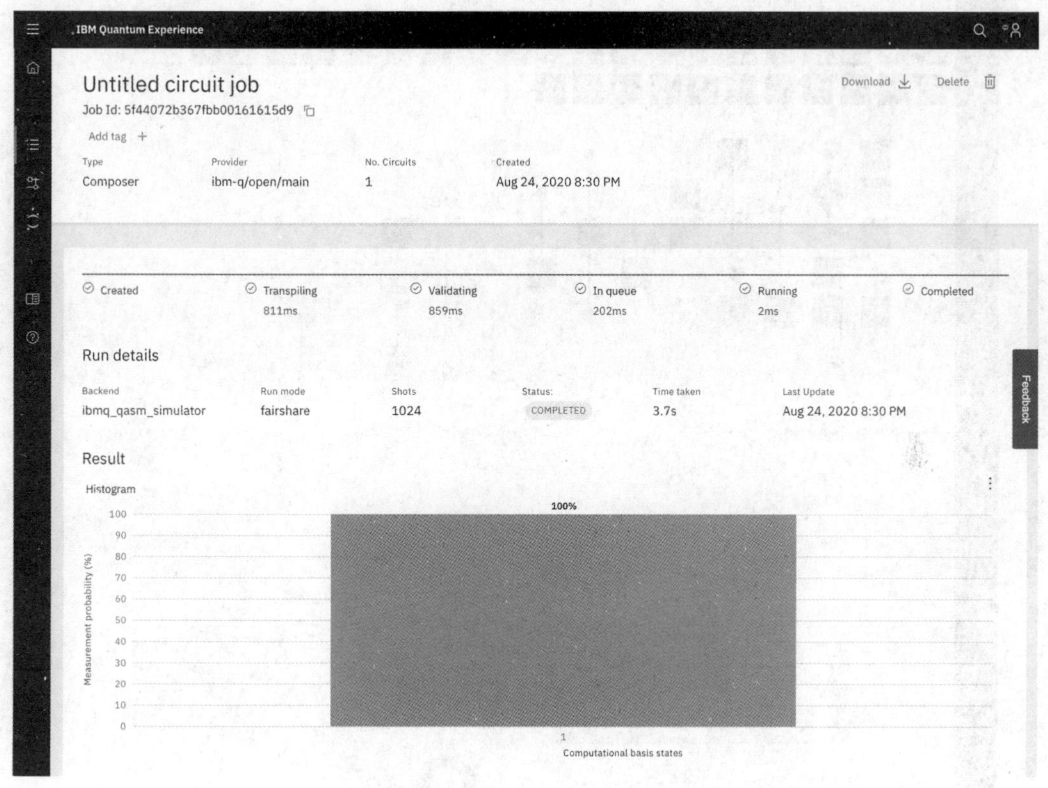

图 3-11　作业结果为 1，确定性为 100%

（9）可以继续探索。

随意将一些量子指令拖入自己的量子乐谱中，并增减量子比特的个数。这一步其实是在搭建复杂的量子线路，但读者无须运行量子程序或量子算法。这有点像在自己的经典计算机上随意“焊接”逻辑门，抑或是随便加点配料到锅里炒菜，读者会得到一些可能没什么用处的结果，做出不能吃的菜，但这个过程是十分有趣的。

图 3-12 展示了一个示例线路，读者可以尝试模仿该线路，然后检查它是否有输出结果、结果如何。

观察该量子线路的复杂结果，不进行其他操作。读者可能会好奇，该量子线路进行了怎样的运算？还要注意页面底部的两个图形框：“Measurement Probabilities”和“Q-sphere”。之前一直没有对它们进行讨论，下面，我们简单了解一下它们的含义。

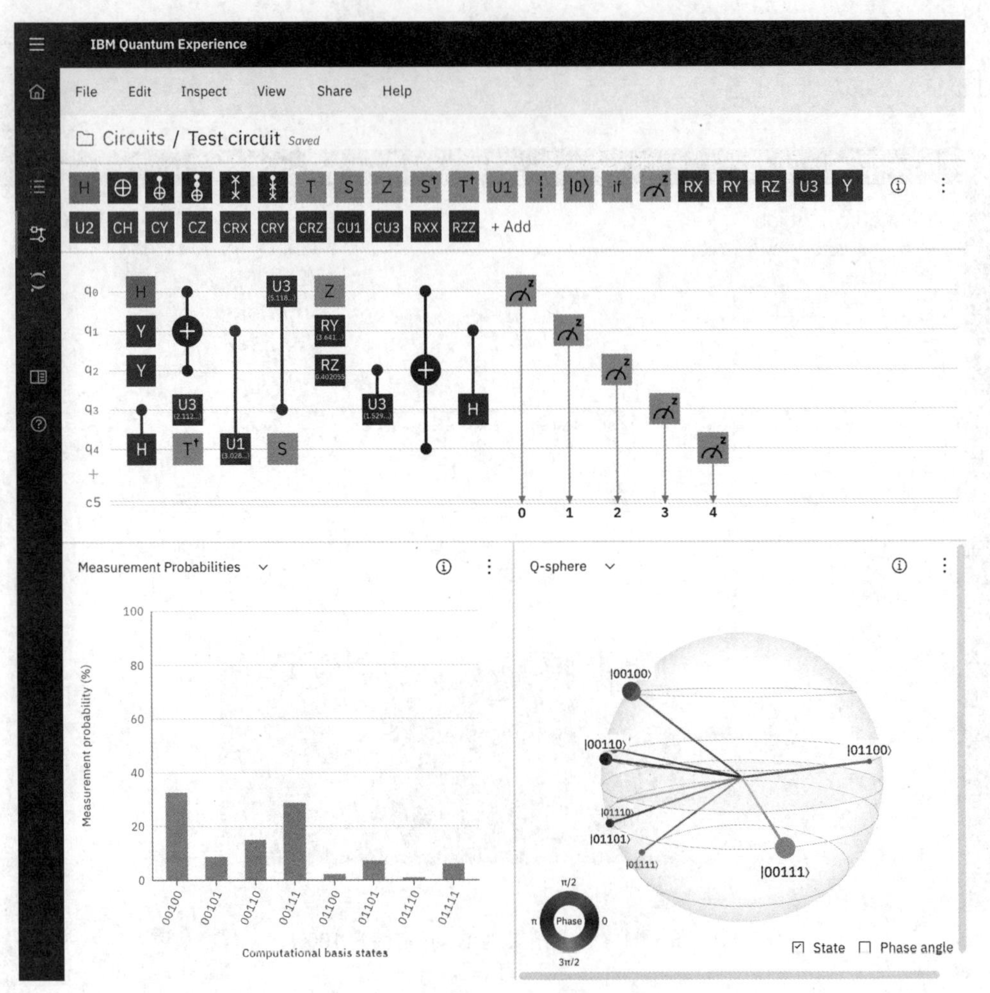

图 3-12　随意拖放得到的量子线路

3.3.2　知识拓展

就像音乐乐谱一样，量子乐谱也是从左到右按顺序读取的。也就是说，量子门是从量子乐谱的左侧到右侧依次运行的。用户可以使用“Circuit Composer”中的“**Inspect**”功能检查量子线路的运行方式。

（1）在 IBM Quantum Experience 中打开之前创建的只有一个量子比特、一个非门和一个测量指令的量子线路。

（2）在顶部菜单中选择“**Inspect**”。

在打开的“**Inspector**”窗口中，点击“>”，一步一步地运行自己的量子乐谱。观察量子门作用在量子比特上时，代表量子比特的态矢量是如何变化的。还可以看到所谓的 Q 球（Q-sphere），它是量子线路可能的输出结果的图形表示。第 2 章介绍过态矢量的概念，第 6 章将进一步介绍 Q 球。

本示例只涉及一个 X 门。将量子比特的初始值设置为 0，即态矢量为$1|0\rangle+0|1\rangle$，当这个 X 门作用在量子比特上时，相应的态矢量变为$0|0\rangle+1|1\rangle$，如图 3-13 所示。

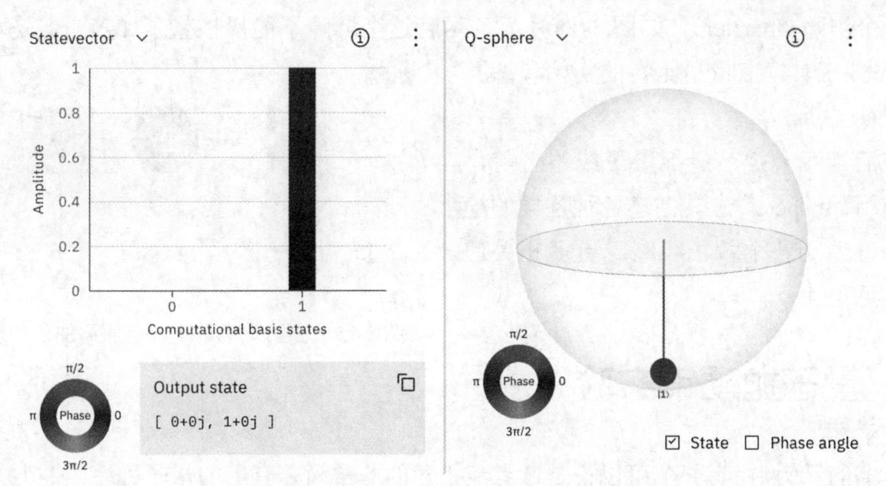

图 3-13 X 门作用在量子比特上时的态矢量表示和 Q 球表示的可视化

图 3-13 中的 Q 球表示该量子线路只会产生一种输出结果，结果一定是$|1\rangle$。如果用户将“Statevector”切换到“Measurement Probabilities”选项，可以验证之前提到的现象，即量子线路确实 100%会产生这样的结果，如图 3-14 所示。

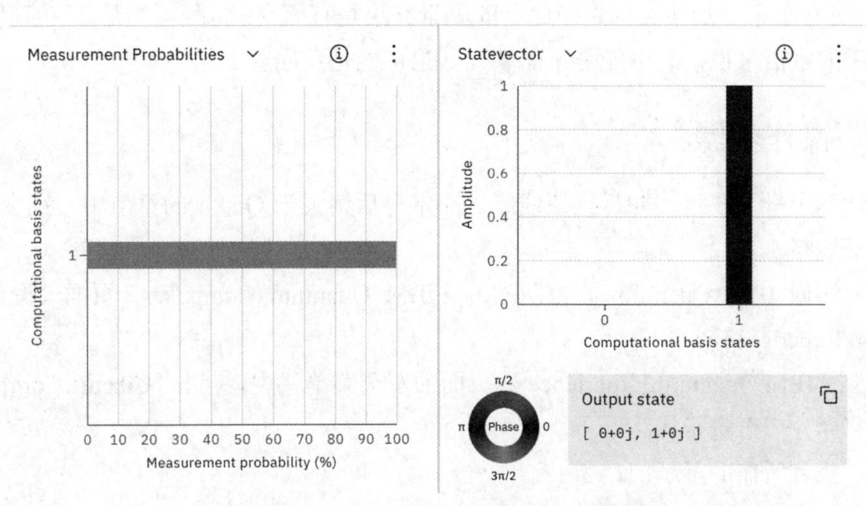

图 3-14 结果为$|1\rangle$的概率为 100%

用户可以使用“**Inspect**”工具在任意量子门节点检查自己的量子线路。在实体量子计算机上运行程序时不能进行检查，因为对量子比特进行测试相当于对量子比特进行了测量，而量子比特被测量后就会失去量子特性，表现出经典比特的特性。这里的检查是指使用态矢量模拟器快速地将量子线路运行到这个门节点。

如果读者在检查时想要用到初始的$|0\rangle$状态，则需要在量子线路的第一个量子门前面添加一个屏障（barrier），如图 3-15 所示。尽管这个屏障不能操控量子比特，但是可以使“**Inspect**”工具读取量子比特的初始状态并对其进行显示。

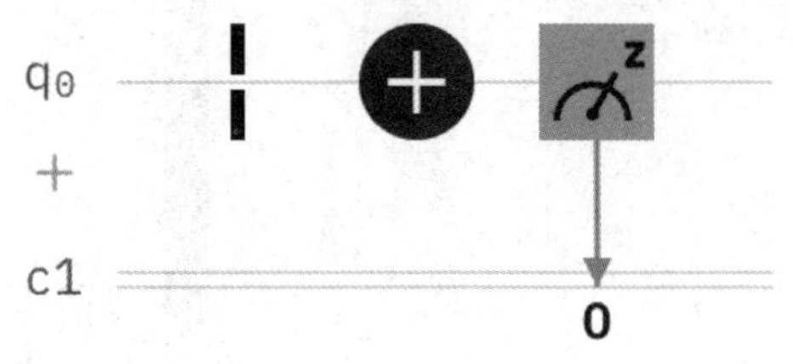

图 3-15　在第一个量子门前面添加一个屏障

在后续章节中，运行量子线路之前，都将使用“Inspect”工具创建各种各样的检查任务，遍历整个量子线路。更多相关信息，参见第 4 章。

3.4　量子抛硬币实验

本书的示例中，有一个可以说是读者能搭建的非常简单有用的量子程序：模拟抛硬币。

在本节以量子抛硬币程序作为示例，而第 4 章将更加详细地介绍该示例。这是一个非常简单的示例，读者不会因为程序太过复杂而难以理解。

正如我们在第 2 章中简要介绍过的那样，与经典计算机相比，量子计算机提供了概率性的，或者说是随机的计算。本示例将量子比特设置为一个量子叠加，而在测量量子比特时，处于量子叠加状态的量子比特的测量结果是有概率的，既可能是 0，也可能是 1；用抛硬币的术语来说，既可能是正面朝上，也可能是反面朝上。

3.4.1　操作步骤

搭建一个量子线路，并运行该线路。在本书后续关于 Qiskit 的章节中，还会再次探讨该量子线路。

（1）访问 IBM Quantum 官方网站的“IBM Quantum Composer”页面，登录 IBM Quantum Experience。

（2）在 IBM Quantum Experience 主页面的左侧菜单栏中，点击“**Circuit Composer**”。

（3）新建一个量子线路。

（4）找到所需的量子门。

本示例仅需使用两条量子指令，其中一条指令是在第 2 章的示例中简要介绍过的 H 门。记住，H 门用于读取输入的量子比特并创建一个量子叠加。

另一条指令是测量指令，用于测量量子比特并将测量结果写入量子乐谱底端的经典比特直线。

（5）将量子线路创建器的“**Gate**”版块中的 H 门拖到第一个量子比特直线上，搭建一个量子线路。然后将“Measurement”指令也拖到该直线上，放在 H 门图标的右侧。这样，量子乐谱就创建完成了。量子线路看起来如图 3-16 所示。

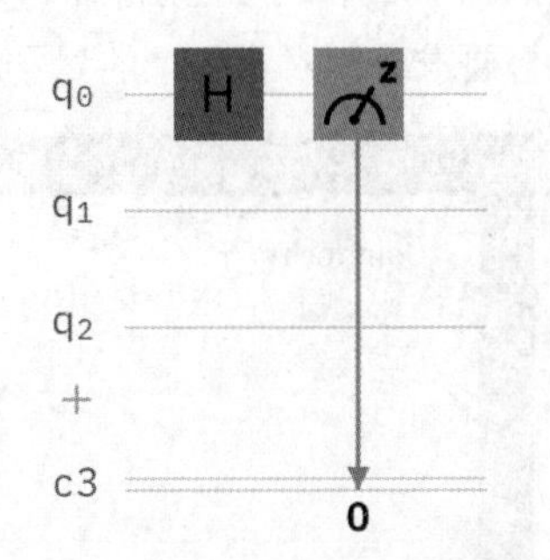

图 3-16　简单的抛硬币量子线路

为什么界面中有很多没有用到的量子比特？

量子线路创建器的默认设置是 5 量子比特。读者可以随意将自己的 H 门放在任意一个量子比特上，只要将“**Measurement**”指令也放在同一个量子比特上就可以。

如果读者喜欢，也可以在每个量子比特上都放一个 H 门，H 门后面再放一个“Measurement”指令。这样其实是同时抛 5 个硬币的实验。

读者可以点击最下面一个量子比特下面的“+”图标，直接增加量子比特；也可以将鼠标指针悬停在一个量子比特上，并点击出现的垃圾桶图标，移除量子比特。

（6）保存该量子线路。先点击“**Untitled circuit**”，然后给这个量子线路起一个合适的名字（如“Coin toss”），并保存。量子线路已经准备就绪，随时可以运行。

（7）点击“**Run on ibmq_qasm_simulator**”按钮。

（8）查看运行结果。

点击“**Run**”**按钮**下方的“**Jobs**”图标，查看该作业的运行结果。等作业显示已完成的结果后，再点击作业结果框，打开“**Result**”页面。页面上会显示同一个量子线路运行 1024 次的结果统计，可能的输出结果为 0 和 1，概率为 50%∶50%。这与 2.4 节的示例预计的一样。结果看起来大概是图 3-17 这样的。

在该实验中，得到输出结果 0 和 1 的概率大致相等，就像实际抛硬币一样，出现正面朝上和反面朝上的概率大致相等。

（9）在一台实体量子计算机上运行量子乐谱。

事实上，读者可能会不满足于仅在模拟器上运行量子乐谱。但不要因为这一点而停止探索量子计算世界。不必担心，读者可以使用更真实的后端。

再次运行该量子乐谱，这次不再选择模拟器后端。对这个简单的量子乐谱而言，无论选择哪个后端，抛单量子比特硬币实验的结果都是大致相同的，除非读者选择的后端确实不符合要求。而对更复杂的量子程序而言，模拟器和实体量子计算机的结果会有所不同。

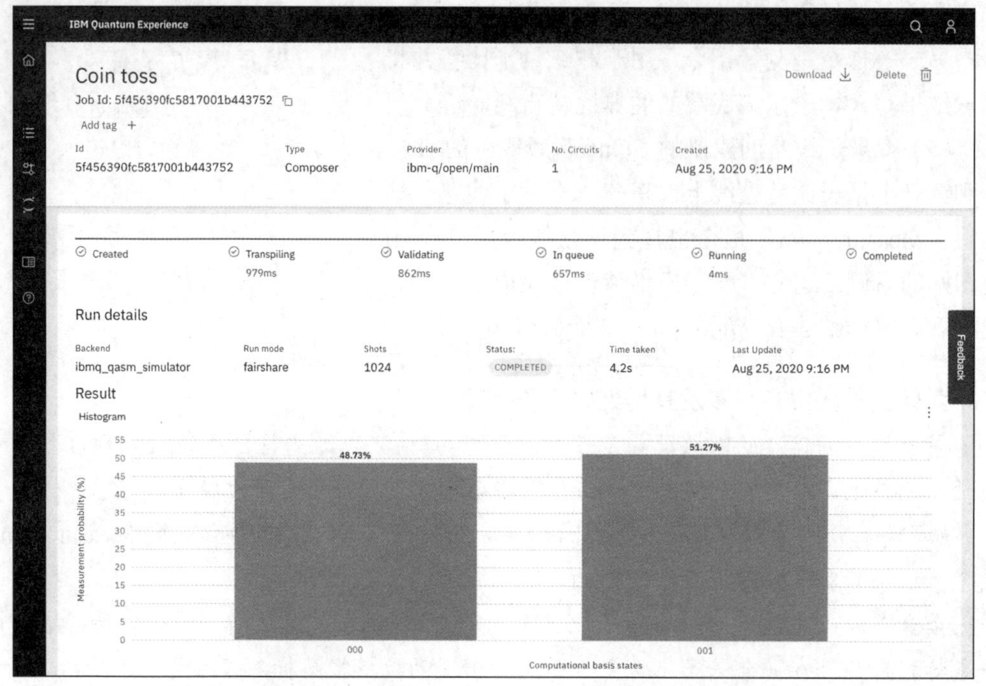

图 3-17　量子抛硬币实验的结果为 50%∶50%，一半是正面朝上的，另一半是反面朝上的

（10）在“Circuit Comoposer”页面中点击“**Run settings**”按钮，并选择一个除“**ibmq_qasm_simulator**”之外的后端。

要了解每个后端所需的排队时间，可以跳转到 IBM Quantum Experience 的主页面，查看每个后端的作业队列。

（11）等待结果。

点击“**Run**”按钮下方的“**Jobs**”图标，查看该作业的运行结果。等作业显示已完成的结果后，再点击作业结果框，打开“**Result**”页面。

排队

在默认设置下，用户的量子乐谱会在 IBM 量子模拟器上运行，该模拟器可以模拟通用的 32 量子比特的量子计算机。该模拟器可以有效地帮助用户测试并调整自己的量子乐谱，确保程序可以按照使用者的预期正常运行。使用模拟器运行通常非常快，而在实体量子计算机上运行所需的时间更长，因为读者需要与其他用户共享计算资源。

（12）运行结果可能看起来类似图 3-18 所示的那样。

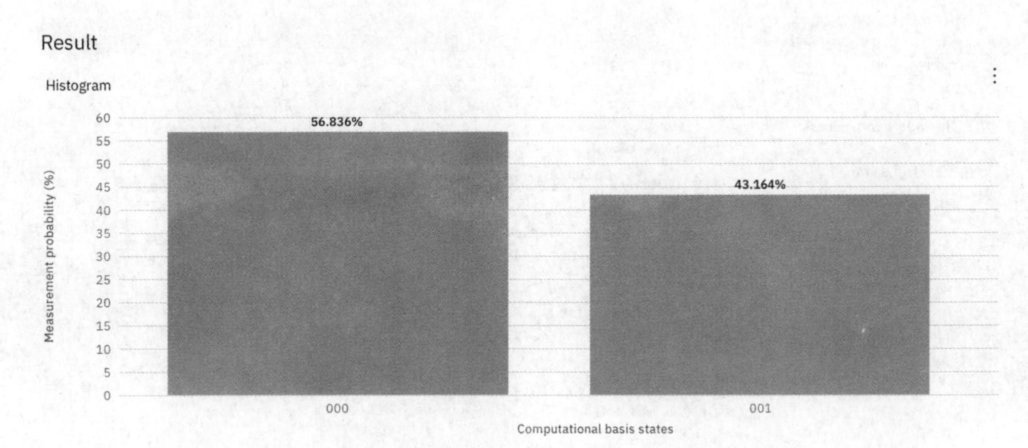

图 3-18 实体量子计算机上的量子抛硬币实验的结果

注意，该结果与使用模拟器运行得到的结果非常相近。通常来讲，在实体量子计算机上运行的结果与在模拟器上运行的结果都非常相近，除非运行量子乐谱的实体量子计算机中的物理量子比特出现失衡，更倾向于某一个结果，而另一个结果出现的概率较低。记住，实际的量子比特是物理的东西，不是完美的数学抽象。在第 5 章中，我们将简要介绍单个量子比特的行为，以及在实际的量子比特上运行量子线路时可能遇到的情况。

3.4.2 知识拓展

除模拟器外的其他后端只能运行一组设置好的基础量子门，其他的量子门都是由这些基础量子门组合而成的。当量子程序运行时，编程软件会解释量子程序，程序中相对复杂的高级量子门会被转译为一个仅包含一组基础量子门（U1 门、U2 门、U3 门、ID 门和 CX 门）的基础量子程序。结果表明，在 Qiskit 上编写的所有量子程序都可以仅用这些基础量子门表示（见图 3-19）。

读者可以在 IBM Quantum Experience 主页面的“**Your backends**”窗格中点击自己感兴趣的后端，查看该量子计算机用到的基础量子门。

为什么量子基础门很重要？其实，将量子乐谱中的量子门翻译为可以在后端上运行的基础量子门的过程被称为转译（transpiling）。在用户运行程序之前，系统会完成转译。转译器读取用户输入的量子乐谱，并将其中的量子门转译为之后在后端上运行的基础量子门。

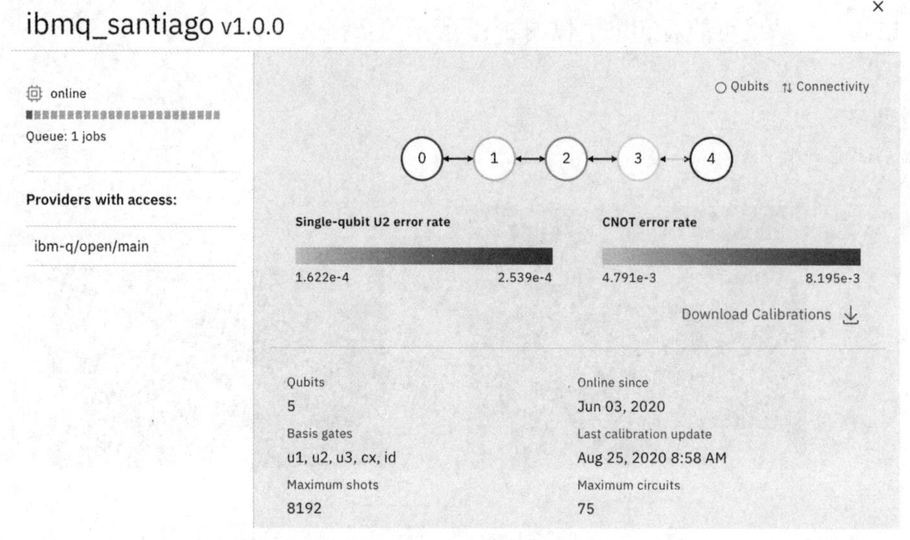

图 3-19　后端 ibmq_santiago 的基础量子门是 U1 门、U2 门、U3 门、CX 门和 ID 门

如今，事实证明，用户所使用的常规量子门并非总是能被直接转译为单个的基础量子门。有时，转译器必须进行一些额外的工作，用一组其他量子门来替代用户的量子门，改写用户的量子线路。

例如，图 3-20 展示的是在一台 IBM 5 量子比特计算机上运行的简单量子抛硬币实验的原版量子乐谱和转译版量子乐谱。

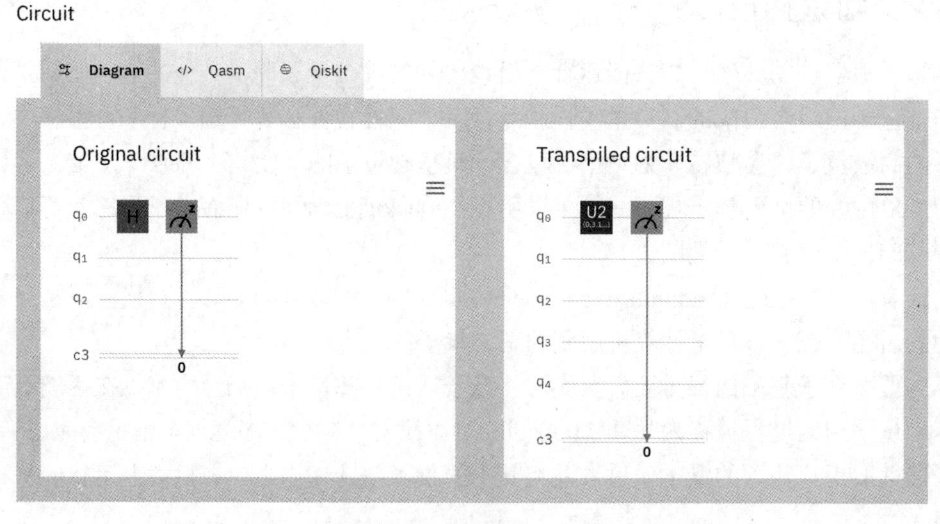

图 3-20　量子抛硬币实验的原版量子乐谱和转译版量子乐谱

正如读者所看到的，转译版量子乐谱并没有发生太多变化。原版中的 H 门现在成为一个 U2 门，输入是 0 和 π，而原版中 3 量子比特的量子乐谱被替换为了后端的实际的 5 量子比特的量子乐谱，但量子门的深度一直是两个量子门那么长，没有发生变化。

对更复杂的量子线路而言，情况会变得更加复杂，这主要是因为体系中多了一些其他的量子门。在第 9 章中的 Grover 搜索算法示例中，除了 X 门和 H 门，还有更多结构复杂的量子门，例如具有两个输入和一个输出的双重受控非门（controlled-controlled NOT gate，CCX gate）。原版量子乐谱的深度是 22 级量子门，如图 3-21 所示。

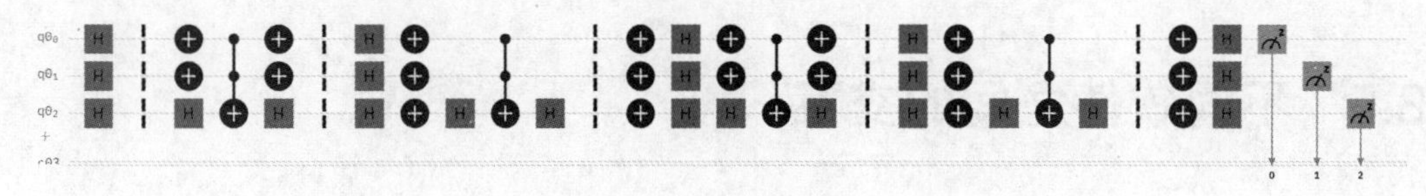

图 3-21　3 量子比特的 Grover 搜索算法的原版量子乐谱

因为量子计算机后端无法直接使用 X 门、H 门和 CCX 门，所以转译器会将这些复杂的量子门转译为 U 门和 CX 门。转译后的量子乐谱的深度为 49 级量子门，如图 3-22 所示。

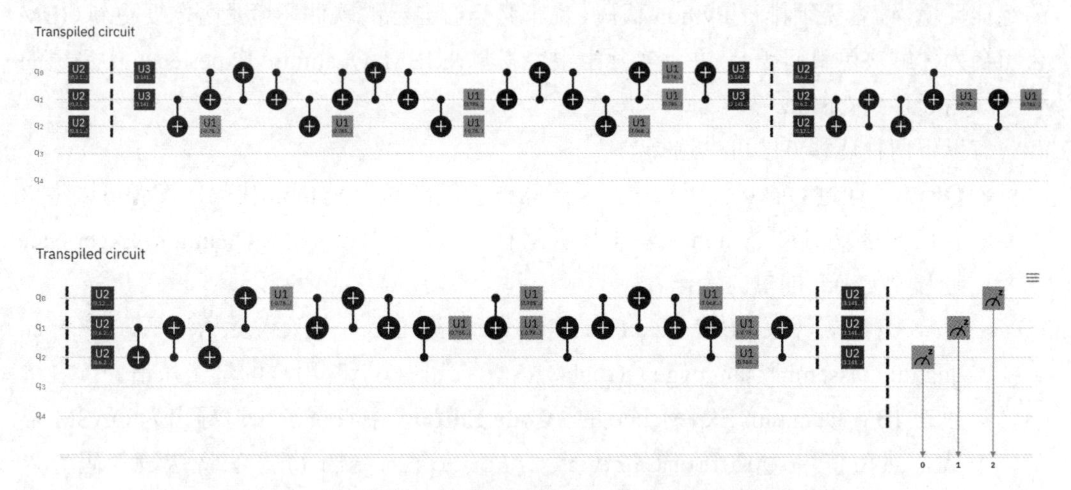

图 3-22　转译后的 3 量子比特的 Grover 搜索算法的量子乐谱

> **屏障的重要性**
>
> 如果仔细观察原版的 Grover 量子乐谱，你会注意到有些位置上的两个相同类型的量子门是紧挨着的。回顾第 2 章中提到的，量子门是可逆的，两个相同的量子门相互

跟随可能会相互抵消。转译器只会移除重复的量子门，以简化量子线路。但移除通常并非最佳解决方案，因为重复的量子门可能是一个更大的量子线路结构中的一部分，而这个量子线路结构需要保持完整。

此时，量子乐谱中就需要用到屏障组件，即垂直的间隔条。屏障用于告知转译器不要将这里简化掉，如果两个完全相同的量子门被一道屏障隔开，转译器就不会移除它们，而是将它们分别转译为正确的量子门类型。如果你仍然不太理解屏障的作用，可以观察转译器转译后的 Grover 量子乐谱。

3.5　不同软件之间的交互

到这里，读者已经学会了如何在“Circuit Composer”中创建量子乐谱，以及如何在模拟器和实体的 IBM 量子计算机上运行量子线路。本书的其余章节将主要在 Qiskit 中使用程序。读者可能会好奇，难道之后都不再使用 IBM Quantum Experience 了吗？

本书中内容的跨度没有那么大。IBM Quantum Experience 是学习如何搭建量子乐谱的绝佳环境，读者无须排查 Python 代码，也不必担心自己的软件环境是否需要更新（IBM 公司会为你解决更新问题），并且实际上很容易将在 IBM Quantum Experience 中创建的量子线路迁移到 Qiskit。

有以下两种迁移方法可供选择。

- **Qiskit**：通过 Qiskit 代码导出，量子乐谱会被翻译为 Python 代码，读者可以将该代码直接复制到 Python 解释器中并运行。这是一种从 IBM Quantum Experience 迁移到 Qiskit 的单向操作。
- **QASM**：底层转换，IBM Quantum Experience 通过运行开放式量子汇编语言（open quantum assembly language）OpenQASM，代码来追踪用户的量子乐谱。读者可以在 IBM Quantum Experience 的“**Code Editor**”中将量子乐谱导出为 QASM 形式，然后使用 `QuantumCircuit.from_qasm_str()` 方法将这段代码导入 Qiskit。反之，如果需要将项目从 Qiskit 迁移到 IBM Quantum Experience，则需使用`<circuit>.qasm()`从 Qiskit 中导出，然后将其复制并粘贴到“Code Editor”中。

3.5.1　准备工作

可以从本书 GitHub 仓库中对应第 3 章的目录中下载本节示例的 Python 文件。

3.5.2　操作步骤

先导入抛硬币实验的 QASM 代码。

（1）通过浏览器跳转到 IBM Quantum 官方网站，并使用 IBM Quantum Experience 账号登录。

（2）点击“**Circuit Composer**”，在面包屑导航中点击“**Circuits**”。

（3）在“**Circuit Composer files**”页面中，点击“**Coin toss**”量子线路。

（4）在“Circuit Composer”页面右侧的窗格中，选择“<\>**Code**”编辑器。

（5）为了将量子乐谱导出为 Qiskit 代码，在“Code Editor”的下拉菜单中选择“**Qiskit**”，然后将编辑器中显示的 Python 代码复制到 Python 解释器中。这一步操作会在用户自己的环境中创建一个名为“**circuit**”的量子线路，读者之后可以继续对该量子线路进行操作，如添加 `print(circuit)` 命令行并运行该代码，输出结果类似于图 3-23 所示。

```
In [1]: from qiskit import QuantumRegister, ClassicalRegister, QuantumCircuit
   ...: from numpy import pi
   ...:
   ...: qreg_q = QuantumRegister(1, 'q')
   ...: creg_c = ClassicalRegister(1, 'c')
   ...: circuit = QuantumCircuit(qreg_q, creg_c)
   ...:
   ...: circuit.h(qreg_q[0])
   ...: circuit.measure(qreg_q[0], creg_c[0])
Out[1]: <qiskit.circuit.instructionset.InstructionSet at 0x7fb3bc16fd90>

In [2]: print(circuit)
        ┌───┐┌─┐
q_0: ┤ H ├┤M├
        └───┘└╥┘
c: 1/═══════╩═
              0
```

图 3-23　导出的抛硬币 Python 代码及其输出结果

（6）为了将量子乐谱导出为 QASM 代码，在“Code Editor”的下拉菜单中选择“QASM”，然后复制编辑器中显示的 QASM 代码。QASM 代码应该如下所示。

```
OPENQASM 2.0;
include "qelib1.inc";

qreg q[1];
creg c[1];

h q[0];
measure q[0] -> c[0];
```

读者也可以点击“Export”，将代码保存为.qasm 文件，然后将该文件导入 Qiskit。

（7）切换到 Qiskit 环境并运行 ch3_r1_import_qasm.py 脚本。如果忘记如何运行脚本，可查阅 1.4.2 节。

（8）本示例比较简单，只需用到 QuantumCircuit 方法。通过以下代码导入该方法。

```
from qiskit import QuantumCircuit
```

（9）使用以下代码从 IBM Quantum Experience 中导入 QASM 代码，可以选择粘贴代码的方式，也可以选择导入已保存的.qasm 文件的方式。

```
qasm_string=input("Paste in a QASM string from IBM Quantum Experience (or enter
    the full path and file name of a .qasm file to import):\n")
if qasm_string[-5:] == ".qasm":
    circ=QuantumCircuit.from_qasm_file(qasm_string)
else:
    circ=QuantumCircuit.from_qasm_str(qasm_string)
```

（10）如果在命令提示符位置后粘贴 QASM 代码，界面上将显示以下内容。

```
Ch 3: Moving between worlds 1
----------------------------
```

如果输入一个文件名，文件将被导入，显示的结果大致相同。

（11）粘贴 IBM Quantum Experience 中如下的 QASM 代码（或者输入.qasm 文件的完整路径和文件名导入）。

```
OPENQASM 2.0;
include "qelib1.inc";

qreg q[1];
creg c[1];

h q[0];
measure q[0] -> c[0];
```

（12）按回车键，量子线路被导入 Qiskit，然后就可以用于量子计算了。代码末尾添加的 print(circuit) 用于显示图 3-24 所示的内容。

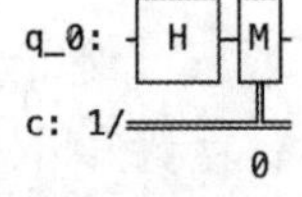

图 3-24　导入的抛硬币量子线路

（13）到这一步，已经将 QASM 代码导入 Qiskit，并创建了一个名为 circ 的量子线路对象。

接着，我们将尝试在 Qiskit 中创建并导出 OpenQASM 代码。

但是我还不知道如何在 Qiskit 中编程

到这里为止，读者还没有在 Qiskit 中创建过任何量子线路。但不必担心，本示例将使用 random_circuit()方法创建一个随机量子线路，读者可以将其导出，然后导入 IBM Quantum Experience 中查看。

（1）在 Qiskit 环境中打开 ch3_r2_export_qasm.py 文件。

（2）用以下命令导入创建随机量子线路的方法。

```
from qiskit.circuit.random.utils import random_circuit
```

（3）创建一个随机量子线路并将其输出。

```
circ=random_circuit(2,2,measure=True)
```

在本示例中，将随机量子线路的深度设置为 2，表示所创建的量子线路中最多有 2 级量子门。清晰起见，将量子比特的数目也设置为 2。读者也可以自行改变量子线路的深度和量子比特的数目，并观察屏幕上显示的内容。

随机量子线路大概如图 3-25 所示。

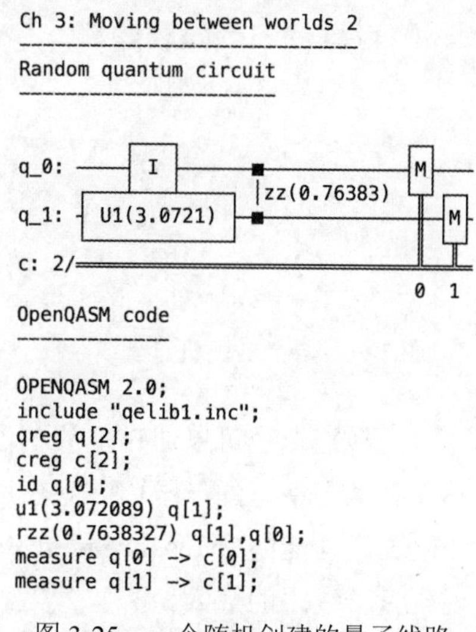

图 3-25　一个随机创建的量子线路

（4）将该量子线路以 QASM 代码的形式导出。

```
circ.qasm(formatted=True, filename="Circuit.qasm")
```

此时屏幕上会显示所保存的 QASM 代码，如下所示。Qiskit 也会使用指定的文件名将这段 QASM 代码以文件的格式保存到用户的本地环境中。

```
OPENQASM 2.0;
include "qelib1.inc";
qreg q[2];
creg c[2];
id q[0];
u1(3.072089) q[1];
```

```
rzz(0.7638327) q[1],q[0];measure q[0] -> c[0];
measure q[1] -> c[1];
```

（5）切换回 IBM Quantum Experience，读者现在可以跳转到“**Circuit Composer**”窗口的电路编辑器（circuit editor）。点击“**New**”，打开一个空白的“**Circuit Composer**”，然后选择“<\> **Code**”编辑器，并将随机量子线路的 QASM 代码复制并粘贴到这里。读者也可以点击“**Import Code**”导入刚才创建的 Circuit.qasm 文件。

（6）可以看到，导入的量子线路立刻出现在了“Circuit Composer”中，如图 3-26 所示。

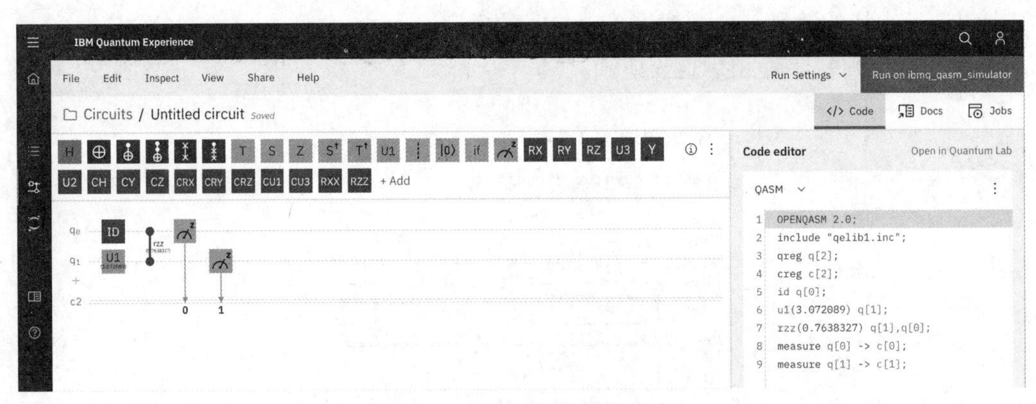

图 3-26　导入的随机量子线路

（7）读者现在可以运行该量子线路，也可以通过拖放图标的方式在该量子线路中添加新的量子门，还可以通过移动并调整现有的量子门来观察这些改动是如何影响量子线路的行为的。不要忘记使用“Inspect”功能的“**Measurement Probabilities**”和“**Q-sphere**”显示方式来检查量子线路，观察量子线路的行为。

3.5.3　运行原理

使用 `circ=QuantumCircuit.from_qasm_file()`方法导入量子乐谱时，为其分配的 `circ` 对象是 `QuantumCircuit()`对象。后续章节中还将使用该方法创建量子线路。

使用 Qiskit 可以进行量子线路展示、向线路中添加量子门等操作。

在本章中，我们不详细解释量子线路，只介绍软件的使用方法。读者可以为本章创建一个书签，当学习到第 4 章，开始创建自己的量子线路时，可以翻回本章查看这些软件使用技巧。

3.5.4 知识拓展

在本书的学习过程中，读者将主要在 Qiskit 环境中运行实验。有些读者可能更喜欢图形拖放式环境，以及快速而不假思索地编辑自己的量子乐谱。如果读者愿意，可以将在 IBM Quantum Experience 中搭建的量子线路提取出来，并在 Qiskit 中运行这些量子线路。

在后续的 Qiskit 的 Python 示例中，本书会创建名为 `qc`、`circ` 或是 `circuit` 等的 `QuantumCircuit` 对象。读者可以将这些对象导出为 QASM 代码，再使用类似 `circ.qasm(formatted=True, filename="Circuit.qasm")` 的命令将其导入 IBM Quantum Experience。

如有需要，可以使用 `print(circ)` 或 `circ.draw()` 函数将量子线路输出，然后在"Circuit Composer"中手动重新创建该量子线路。

本书中的示例代码通过在 IBM Quantum Experience 中搭建量子乐谱得到

读者是否还记得，在 3.4 节中展示过一个相当复杂的、随机生成的量子线路。以下代码是该量子线路的 QASM 代码。读者可以继续使用它，并将其导入 Qiskit 中，观察输出结果是否与 3.4 节得到的结果相同：

```
OPENQASM 2.0;
include "qelib1.inc";
qreg q[5];
creg c[5];
h q[0];
y q[1];
y q[2];
ch q[3],q[4];
ccx q[2],q[0],q[1];
u3(2.1128893,1.9882648,5.5897911) q[3];
tdg q[4];
cu1(3.0287577) q[1],q[4];
cu3(5.1184948,2.0719417,1.8609727) q[3],q[0];
s q[4];
z q[0];
ry(3.6419028) q[1];
rz(0.402055) q[2];
cu3(1.5290482,3.844241,4.4343541) q[2],q[3];
ccx q[4],q[0],q[2];
ch q[1],q[3];
measure q[0] -> c[0];
measure q[1] -> c[1];
measure q[2] -> c[2];
measure q[3] -> c[3];
measure q[4] -> c[4];
```

3.5.5　参考资料

更多关于 OpenQASM 的相关信息参见以下内容。

- Andrew W. Cross、Lev S. Bishop、John A. Smolin 和 Jay M. Gambetta 撰写的“Open Quantum Assembly Language”。
- 关于 OpenQASM 的 GitHub 项目 openqasm。

第4章 从Terra入门

前文简要介绍了 IBM Quantum Experience 中的“Circuit Composer”，我们也安装了 IBM Qiskit，本章将开始使用 Qiskit 编写量子程序。我们将放弃用户界面，转而使用世界上最流行、使用最广泛的科学编程语言之一——Python 继续量子计算之旅。

本章内容涵盖使用 Qiskit 创建量子线路的基本要求。我们将编写几个可以在本地的 Qiskit Aer 模拟器上运行的简单的量子程序，这些程序的结果以数字和图表的形式显示。然后，我们将迈出一步，在实体 IBM Quantum 硬件上运行这些程序。

本章的主题是*量子抛硬币*，主要基于我们在 IBM Quantum Experience 上创建的初级量子程序。这些程序可以说是读者目前所能编写的有意义的量子程序中最简单的几个，因为它们只用了一些基础量子门，但也反映出了概率性的量子计算与确定性的经典计算之间的区别。

本章也将通过加入更多量子门拓展这些简单程序，并多次运行程序以收集输出结果的统计信息。在第 5 章中将应用到本章所学内容。

本章主要包含以下内容：

- 创建一个 Qiskit 量子程序；
- 再谈量子抛硬币；
- 获取统计数据——连续多次抛硬币；
- 交换所抛硬币的正反面；
- 同时抛两枚硬币；
- 抛硬币中的量子欺诈——贝尔态简介；
- 其他量子欺诈方法——调整赔率；
- 用更多硬币做实验——直接方法和欺诈方法；
- 抛实体硬币。

4.1　技术要求

本章中探讨的示例代码参见本书 GitHub 仓库中对应第 4 章的目录。

读者可以在按照第 1 章设置的本地的 Qiskit 环境中运行本章中的示例代码，也可以在 IBM Quantum Experience 的 Notebook 环境中运行它们。

如果在本地环境中运行这些示例代码，建议使用 Anaconda 安装时内置的 Spyder IPython 编辑器，因为本书中的示例代码是使用该编辑器创建并运行的。

在本书的示例代码中，有时会看到如下代码语句：

```
from IPython.core.display import display
```

由于运行环境不同，IPython 编辑器可能不会在输出中直接显示图形输出。如果遇到这种情况，可以使用 `display()` 方法强制输出：

```
display(qc.draw('mpl'))
```

这行语句可以将量子线路 `qc` 输出到 IPython 控制台。

4.2　创建一个 Qiskit 量子程序

通常来讲，使用 Qiskit 创建一个量子程序仅需要几个必需的构建单元。先要建立所需的基础设施并创建一个量子线路（在 IBM Quantum Experience 中被称为量子乐谱）。然后要配置一个后端以运行量子程序，并最终执行命令并检索计算结果。

4.2.1 节总结了构成量子程序所需的 Python 构建单元。

4.2.1　所需的类、模块和函数

Qiskit 包含大量 Python 类，但对于我们最初的尝试，只需要基本的类。以下这些基础的类、模块和函数用于配置每个组件。

- `QuantumCircuit`：用于创建将要运行的量子线路（程序）。可以在量子线路中添加量子门和其他组件。
- `QuantumRegister`：表示可用于搭建量子程序的量子比特。
- `ClassicalRegister`：表示用于存储量子程序输出的经典比特。
- `Aer`：Qiskit 模拟层，更多详细介绍参见第 7 章。
- `IBMQ`：该模块用于在实体 IBM 量子硬件上运行量子程序。它包含与实体 IBM 量子硬件交互所需的工具。

- `execute`：用户提供量子线路、一个后端和重复运行量子程序的次数（shot），使用该组件运行程序。

4.2.2 使用量子寄存器和经典寄存器

要搭建量子程序，先要确定需要使用多少位量子比特来工作，需要使用多少位经典比特来存储自己的输出结果。既可以直接设置所需的位数，也可以使用 `QuantumCircuit` 类来自动创建寄存器。

根据所存储的比特的类型，可将寄存器分为两种：

- 用于存储量子比特的量子寄存器；
- 用于存储经典比特的经典寄存器。

我们将用到测量门来读取量子比特，并将测量所得的经典比特写入经典寄存器。

本书的大部分示例使用的量子寄存器和经典寄存器数量相同，但二者的数量也可以不同。

4.2.3 理解量子线路

我们将创建包含量子比特和经典比特的量子线路实例（instance）。读者可以通过添加量子门来操控每个实例。

一个量子程序中可以通过组合多个量子线路来组装。例如，读者可以创建一个包含量子门的量子线路和一个包含测量门的量子线路，然后将这些量子线路整合到一起，创建一个构成量子程序的主量子线路。

4.2.4 选择运行所需的后端

必须定义一个用于运行量子程序的后端。本地模拟器、云端的 IBM Quantum 模拟器和可通过云端访问的实体 IBM Quantum 硬件都可用作后端。

我们将先使用 Qiskit Aer 中包含的 `qasm_simulator` 后端，然后在一些免费提供的实体 IBM Quantum 后端上运行编写好的量子程序。

4.2.5 以作业形式运行量子线路

输入需要运行的量子线路、一个后端和重复运行量子程序的次数，以作业的形式运行量子线路。如果选择在 IBM Quantum 硬件上运行量子程序，还可以加入一个作业监视器，以追踪作业在后端的作业队列中的位置。

4.2.6　接收作业的结果

作业运行后，将返回结果。在这些使用 qasm_simulator 后端或 IBM Quantum 硬件的入门级的示例中，返回结果是 Python 字典的形式。

单量子比特量子线路的结果可能如下所示：

```
{'1': 1}
```

这是程序运行 1 次的返回结果，表示一个处于状态 $|1\rangle$ 的量子比特。

结果也可能是这样的：

```
{'0': 495, '1': 505}
```

这是程序运行 1000 次的返回结果，其中 495 次运行导致该量子比特处于 $|0\rangle$ 状态，其余 505 次运行导致其处于 $|1\rangle$ 状态。

返回结果可以更复杂。以下示例是一个 3 量子比特的量子程序运行 1000 次的可能结果：

```
{'100': 113, '111': 139, '001': 112, '101': 114, '010': 121,
'011': 133, '000': 134, '110': 134}
```

这表示结果 $|100\rangle$ 出现了 113 次，结果 $|111\rangle$ 出现了 139 次，以此类推。

4.3　再谈量子抛硬币

本节将详细介绍曾在 IBM Quantum Experience 中创建的第一个量子程序——量子抛硬币。该程序也可以说是仍然能够发挥量子计算实际价值的简单量子程序。它证明了量子计算具有概率特性。有关内容参见第 3 章。

在 IBM Quantum Experience 中，“Circuit Composer”中的简易抛硬币程序的量子线路如图 4-1 所示。

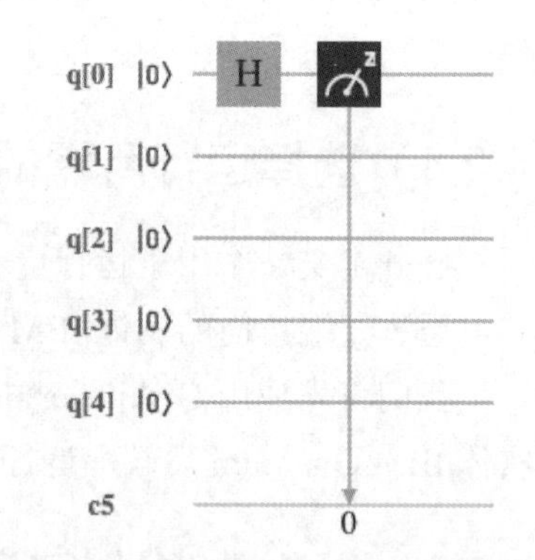

图 4-1　IBM Quantum Experience 的“Circuit Composer”中的简易抛硬币程序的量子线路

在“量子抛硬币”量子线路中，我们将再次使用阿达马门创建一个量子叠加，并使用测量门迫使量子叠加坍缩到两个量子比特状态（$|0\rangle$ 或 $|1\rangle$，表示正面朝上或反面朝上）之一。然而，这一次，我们将使用 Qiskit 在 Python 中创建量子线路，这意味着我们需要

使用 Python 命令定义并创建量子线路和经典逻辑电路来建立逻辑门和测量的框架。

这个量子线路模拟了单量子比特在叠加态中的概率特性。单量子比特的量子线路先将量子比特初始化为基态（$|0\rangle$），然后使用阿达马门将量子比特置于叠加态。

在计算过程中，该量子比特的态矢量可以表示为

$$|\psi\rangle = \frac{|0\rangle + |1\rangle}{\sqrt{2}}$$

也可以将其写为向量形式：

$$|\psi\rangle = \begin{bmatrix} \frac{1}{\sqrt{2}} \\ \frac{1}{\sqrt{2}} \end{bmatrix}$$

在示例中，读者会看到的另一种向量表示，即 Qiskit 态矢量：

```
[0.70710678+0.j 0.70710678+0.j]
```

对量子比特进行测量将导致其坍缩到 $|0\rangle$ 或 $|1\rangle$ 状态，结果为 $|0\rangle$ 或 $|1\rangle$ 的概率均为 50%，这就是抛硬币。测量结果将以数字、条形图和布洛赫球的形式展现。

4.3.1 准备工作

可以从本书 GitHub 仓库中对应第 4 章的目录中下载本节示例的 Python 文件 ch4_r1_coin_toss.py。

有关如何运行示例程序，参见 1.4 节。

准备好了吗？接下来我们将开始编写第一个量子程序。

4.3.2 操作步骤

以下这些步骤将在本书中反复出现，这些步骤基于 Qiskit 的基础操作所需的类和步骤。在后续章节中，“操作步骤”这一部分内容将更加简短。

然而，在运行不同程序、使用不同 Qiskit 组件时，操作步骤会略有不同。让我们开始编程吧！

（1）导入所需的 Qiskit 类。

导入用于创建寄存器和量子线路、设置后端等所需的 Python 类（参见 4.2.1 节）。

```
from qiskit import QuantumRegister, ClassicalRegister
```

```
from qiskit import QuantumCircuit, Aer, execute
from qiskit.tools.visualization import plot_histogram
from IPython.core.display import display
```

此外，还需从 IPython.core.display 中导入 display() 方法。该方法用于修正 Anaconda Spyder IPython 环境中图形输出结果的显示，你的编程环境中也可能不需要导入该方法。

（2）创建所需的寄存器和量子线路。

创建两个寄存器，一个用于存储量子比特，另一个用于存储经典比特。

我们还会创建一个由量子寄存器和经典寄存器组成的量子线路，其中，量子寄存器初始化为基态（$|0\rangle$），经典寄存器设置为 0：

```
q = QuantumRegister(1)
c = ClassicalRegister(1)
qc = QuantumCircuit(q, c)
```

（3）在量子线路中添加量子门。

为了使量子程序能够实现一些功能，我们在该量子线路中添加一个阿达马门和一个测量门。阿达马门用于将量子比特置于叠加态，而测量门用于读取程序运行结束时量子比特的值。阿达马门是基本门之一，在第 6 章中，我们将进一步讨论阿达马门。

```
qc.h(q[0])
qc.measure(q, c)
display(qc.draw('mpl'))
```

使用 qc.draw('mpl') 命令将该量子线路可视化，就像在 IBM Quantum Experience 的“Circuit Composer”中一样，你会发现，使用示例代码创建的量子线路包含一个量子比特、一个经典比特、一个作用在量子比特上的阿达马门，以及一个将量子比特 q0 的状态（$|0\rangle$ 或 $|1\rangle$）写入经典比特 c0（记为 0 或 1）的测量门，如图 4-2 所示。

在一个严格基于文本的 Python 环境中，还可以使用 print(qc) 命令或 qc.draw('text') 命令输出量子线路，两种命令输出的结果都是 ASCII 文本形式，如图 4-3 所示。

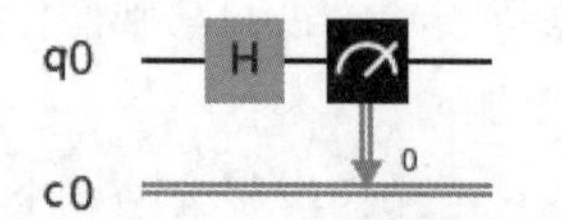

图 4-2　一个简单的量子抛硬币量子线路

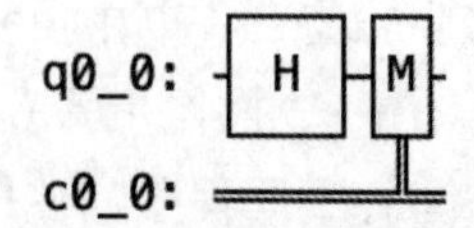

图 4-3　显示为 ASCII 文本的量子线路

（4）设置在哪个后端上运行。

对于这个示例，我们将使用内置的 qasm_simulator 后端。

创建一个后端变量并调用 Aer 组件来获取所需的后端信息：

```
backend = Aer.get_backend('qasm_simulator')
```

（5）运行作业。

为该量子线路和选定的后端创建一个量子作业，只运行一次来模拟抛硬币。运行该作业并显示返回的结果；结果要么是表示正面朝上的$|0\rangle$，要么是表示反面朝上的$|1\rangle$。结果将以 Python 字典的形式返回：

```
job = execute(qc, backend, shots=1)
result = job.result()
counts = result.get_counts(qc)
```

（6）将结果输出并将其可视化。

```
print(counts)
display(plot_histogram(counts))
```

首先，你将看到输出的结果：

```
{'0': 1}
```

然后，你将看到结果的直方图表示，如图 4-4 所示。

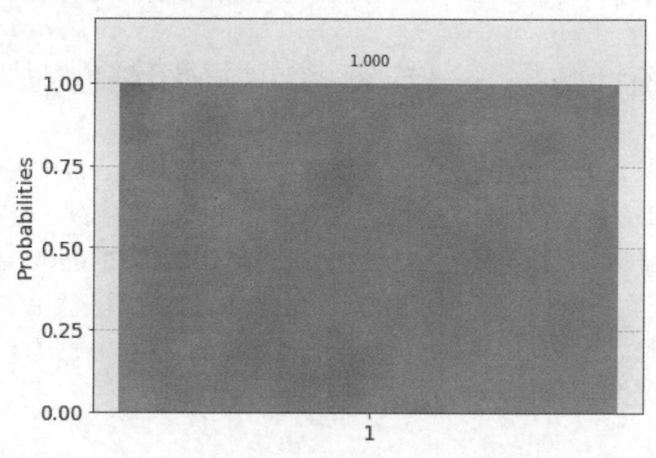

图 4-4 单量子比特“抛硬币”的结果的直方图

成功了！你的第一个量子抛硬币程序返回了反面朝上的结果，也就是$|1\rangle$。

4.3.3 运行原理

我们抛了一枚量子硬币，这枚硬币一开始是正面朝上的（$|0\rangle$），以$|0\rangle$和$|1\rangle$量子叠加

态在量子空间中旋转，当我们对其进行测量时，该硬币落在了反面朝上的状态。那么，在这个过程中到底发生了什么？

让我们再重申一遍。

（1）创建一个量子比特，并将其初始化到基态（$|0\rangle$）。

（2）在该量子比特上应用一个阿达马门，将态矢量从指向布洛赫球的极点移动到指向“赤道”。

从数学角度而言，阿达马门作用到量子比特上时，对量子比特进行了两次旋转，第一次是将量子比特对应的矢量绕 y 轴旋转 $\frac{\pi}{2}$，第二次是绕 x 轴旋转 π。之后，该量子比特处于 $|0\rangle$ 和 $|1\rangle$ 的量子叠加态，其对应的矢量在布洛赫球上指向两个极点之间。

更多关于阿达马门的详细信息，参见 6.4 节。

（3）测量该量子比特。

因为测量，我们破坏量子叠加态，实际上是强迫大自然下定决心，该量子比特的状态将是 $|0\rangle$ 或 $|1\rangle$。

现在，多运行几次该示例程序，注意得到的是正面朝上（$|0\rangle$）还是反面朝上（$|1\rangle$）。如果读者按照要求多次运行该程序，就会非常精确地模拟出抛硬币的过程。

4.4　获取统计数据——连续多次抛硬币

好吧，到目前为止，我们一次只抛了一枚硬币，这与读者在现实生活中抛硬币的过程十分类似。然而量子计算的强大之处在于它可以以相同的初始条件多次运行量子程序，能让量子比特的叠加态发挥其量子力学优势，并得到多次运行的统计结果。

在本节的示例中，我们将在一眨眼的时间内抛 1000 次硬币，然后分析所得结果，看看硬币的状态如何。在棒球比赛中，用抛硬币的方式决定哪一方先开球是公平的。让我们看看如何一瞬间抛 1000 次硬币。

4.4.1　准备工作

可以从本节 GitHub 仓库中对应第 4 章的目录中下载本节示例的 Python 文件 ch4_r2_coin_tosses.py。

前文中的示例已经展示了如何准备所需的 $|0\rangle$ 状态的量子比特，将后端设置为一个模拟器，然后运行一次程序，代表一个完整的周期。而在本示例中，我们探索和拓展 `shots` 作业参数。此参数用于控制执行量子作业的循环（准备、运行、测量）的次数。

在 IBM Quantum Experience“Circuit Composer”的示例中，我们按照默认设置运行了 1024 次量子乐谱。我们发现程序的输出结果是具有统计性的。而在本示例中，我们将尝试不同的运行次数，从统计的角度观察输出结果如何变化。

增加运行的次数通常是为了提升统计准确性。

4.4.2 操作步骤

本示例与 4.3 节的示例很类似，读者只需按照以下步骤进行操作。

> **代码复用**
>
> 如果读者懒得编写代码，正如你可能已经意识到的那样，在这个示例中，量子线路中真正变化的只有第 5 步，这一步是为了设置运行次数。其他步骤与之前示例的相同，可以随意复用。

（1）导入所需的 Qiskit 类和方法。

```
from qiskit import QuantumRegister, ClassicalRegister
from qiskit import QuantumCircuit, Aer, execute
from qiskit.tools.visualization import plot_histogram
from IPython.core.display import display
```

（2）创建所需的寄存器和量子线路。本示例中的寄存器包含一个量子寄存器和一个经典寄存器。量子线路的创建基于这两个寄存器。

```
q = QuantumRegister(1)
c = ClassicalRegister(1)
qc = QuantumCircuit(q, c)
```

（3）在量子线路中添加逻辑门。添加阿达马门和测量门，如图 4-5 所示。

```
qc.h(q[0])
qc.measure(q, c)
display(qc.draw('mpl'))
```


图 4-5　相同的简单量子抛硬币量子线路

（4）将后端设置为本地模拟器，以运行程序。

```
backend = Aer.get_backend('qasm_simulator')
```

（5）运行作业。

注意，这次我们将 shots 设置为 1000，也就是说，需要运行 1000 次量子线路，收集输出结果，然后将输出结果的平均值作为结果：

```
job = execute(qc, backend, shots=1000)
result = job.result()
counts = result.get_counts(qc)
```

（6）将结果输出并将其可视化。

```
print(counts)
display(plot_histogram(counts))
```

这次输出的结果看起来有些不同：

```
{'0': 480, '1': 520}
```

结果的直方图表示如图 4-6 所示。

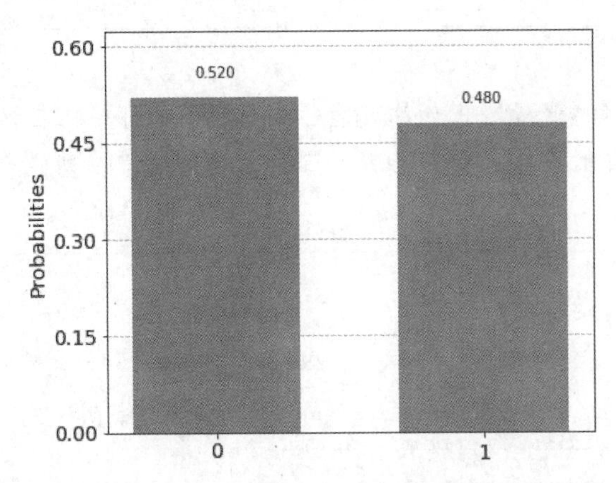

图 4-6　运行 1000 次的结果，0 和 1 的分布大致相等

4.4.3　运行原理

这一次，我们使用了底层的 Qiskit 分析技术来存储和处理每一次运行的结果，并将其作为一个连续的 Python 字典返回。最终的结果是量子程序中所有实际输出结果的统计表示。对于抛硬币程序，当运行的次数足够多时，可以预期正面朝上和反面朝上的概率大致相同。

之后，试着将运行次数调整为 10000 或 20000，并观察量子比特的统计学行为。

在更复杂的量子程序中，结果通常更偏向于某个特定的输出结果，即量子比特统计数据的某个特定组合，其中某些解会被放大，出现的次数比其他解多。这是编写优秀的量子算法、理解如何让量子线路指向正确答案的关键技巧之一。本书稍后将从 9.2 节的示例开始更详细地介绍这一点。

4.4.4　知识拓展

一般来说，用户通常更希望得到量子程序的统计结果。在这种情况下，我们研究量子抛硬币（实际上是一个随机数生成器）的概率特性。但有时，单独观察每次运行中的到底发生了什么可能也很有趣。

运行量子程序时，通过设置 memory=True 可以观察每次运行的输出结果：

```
job = execute(circuit, backend, shots=10, memory=True)
```

该设置使量子任务可以独立保存每次运行的结果，这些结果作为 Python 列表，可以用 result.get_memory() 命令进行检索。如果将单量子比特的量子线路运行 10 次，存储的数据结果大致如下：

```
['1', '1', '0', '0', '1', '1', '0', '1', '0', '0']
```

而将双量子比特的量子线路（4.6 节会用到）运行 10 次，存储的数据结果大致如下：

```
['10', '10', '10', '11', '11', '00', '10', '10', '01', '00']
```

有了这些输出结果，读者就可以从列表中挖掘出自己想要的任何数据，并根据需求使用 Python 工具对其进行进一步处理。

4.5 交换所抛硬币的正反面

本示例将对之前编写的第一个量子程序稍做调整，但调整后它仍是一个相对简单的示例。真正抛硬币时，硬币被抛出之前既可能是正面朝上的，也可能是反面朝上的。我们在本示例中再抛一次量子硬币，但与之前的抛硬币初始条件有所不同，这次硬币被抛出前反面朝上。用狄拉克符号表示，即量子比特的初始值是$|1\rangle$，而不是$|0\rangle$。

4.5.1 准备工作

可以从本书 GitHub 仓库中对应第 4 章的目录中下载本节示例的 Python 文件 ch4_r3_coin_toss_tails.py。

就像上一个示例一样，本示例的代码与本章中第一个抛硬币示例的代码也几乎完全相同。读者可以尽情复用已经写好的代码。唯一的不同之处在于，本示例中用到了一种新的量子门——X 门（或称非门）。

4.5.2 操作步骤

以下步骤与 4.3.2 节的步骤几乎完全相同。然而，根据创建的程序和正在使用的 Qiskit

组件，步骤会有差异。之后将对其进行详细解释。

代码设置与之前类似，然后添加一个用于翻转量子比特的 X 门。

（1）导入所需的 Qiskit 类和方法。

```
from qiskit import QuantumCircuit, Aer, execute
from qiskit.visualization import plot_histogram
from IPython.core.display import display
```

注意，此处与之前的操作不同，没有导入 `QuantumRegister` 和 `ClassicalRegister` 方法。在本示例中，我们将了解如何使用一种不同的方法创建量子线路。

（2）创建包含一个量子比特和一个经典比特的量子线路。

```
qc = QuantumCircuit(1, 1)
```

在这里，我们使用 `QuantumCircuit()` 方法在后台隐式地而非显式地创建量子寄存器和经典寄存器。之后读者可以使用编号或列表来引用这些寄存器。

（3）在量子线路中添加 X 门、阿达马门和测量门。

```
qc.x(0)
qc.h(0)
qc.measure(0, 0)
```

这是本书中第一个仅用编号引用量子比特的示例。我们可以将 X 门添加到第一个量子比特上。需要注意的是，因为在 Python 中，编号是从 0 开始的，而不是从 1 开始的，所以此处需要用 0 引用第一个量子比特，如图 4-7 所示。

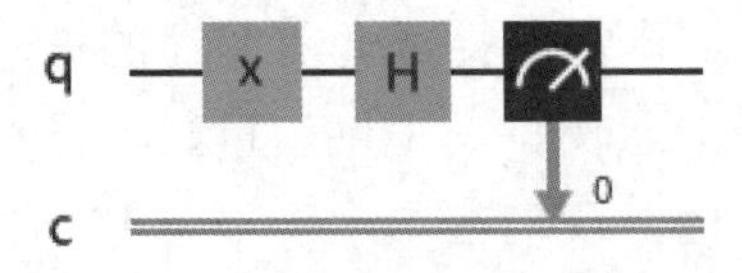

图 4-7　交换所抛硬币的正反面的抛硬币量子线路

（4）将后端设置为本地模拟器，以运行程序。

```
backend = Aer.get_backend('qasm_simulator')
```

（5）运行作业时，将运行次数调整回 1，仅抛一次硬币。

```
counts = execute(qc, backend, shots=1).result().    get_counts(qc)
```

注意，由于我们只对最终的计数感兴趣，因此在这里对代码进行了精简，将所有执行命令写成一行。

（6）将结果可视化。

```
display(plot_histogram(counts))
```

输出的结果如图 4-8 所示。

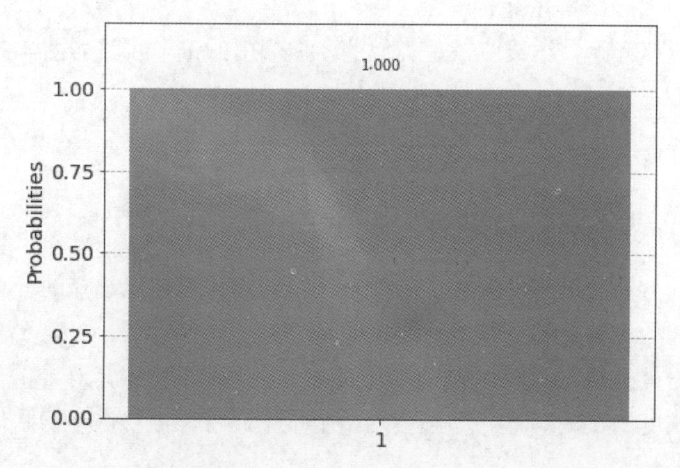

图 4-8 交换所抛硬币的正反面的抛硬币的单次运行结果

4.5.3 运行原理

本示例引入了一种新的量子门，即泡利 X 门（Pauli-X gate，简称 X 门）。泡利 X 门的工作原理类似于经典计算中的非门——将量子比特的取值进行翻转。

如果量子比特的初始值是$|0\rangle$，泡利 X 门可以将其翻转为$|1\rangle$；而如果量子比特的初始状态是$|1\rangle$，泡利 X 门可以将其翻转为$|0\rangle$。

在类似的简单情形中，很容易直观地推测出预期的结果；但如果量子比特的初始状态更为复杂，其布洛赫矢量指向布洛赫球上的一个任意点，问题就会变得有些棘手。从本质上讲，泡利 X 门对量子比特进行的变换就是让量子比特绕 x 轴旋转 π。

4.5.4 知识拓展

使用 X 门可以轻松交换所抛硬币的正反面，此外，还有另一种交换硬币正反面的方法。可以使用 Qiskit Aer 中的 `initialize()` 方法，在运行量子线路之前将量子比特的初始值设置为$|1\rangle$。

操作方法示例如下。

（1）创建一个对应于激发态$|1\rangle$ 的 Python 向量，并初始化量子线路。

```
initial_vector = [0.+0.j, 1.+0.j]
qc.initialize(initial_vector, 0)
```

（2）在量子线路中找到如下代码，将其替换为第 1 步中的初始化代码片段。

```
qc.x(0)
```

（3）正常运行程序。结果应该是类似的，但输出的量子线路如图 4-9 所示。

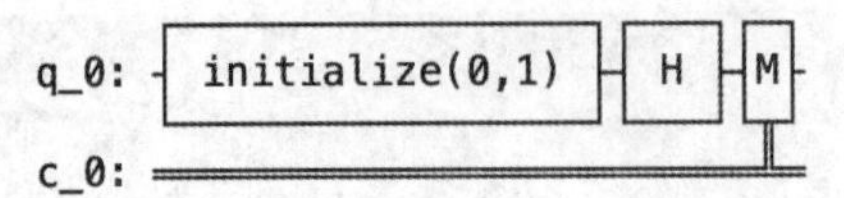

图 4-9　使用 initialize() 方法将量子比特的初始值设置为$|1\rangle$

通过这样的方法可以将任意数量的量子比特初始化为自己选择的任意状态。用该方法对向量进行初始化需要满足以下两个条件。

（1）初始向量必须包括所有 2^n 种可能状态。在上述示例中，对于 1 个量子比特，我们只需要一个长度为 2 的向量。如果使用两个量子比特，需要进行初始化的向量的长度必须为 4，依此类推。

（2）初始向量的所有分量的绝对值的平方和必须为 1。在上述示例中，将量子比特初始化到$|1\rangle$ 的初始向量如下：

```
initial_vector = [0.+0.j, 1.+0.j]
```

这行代码可以翻译为如下态矢量：

$$|\psi\rangle=(0+0\mathrm{i})|0\rangle+(1+0\mathrm{i})|1\rangle$$

从上式中也可以推导出得到所有可能结果的概率之和：

$$\mathrm{Prob}=|0|^2|0\rangle+|1|^2|1\rangle=1$$

4.6　同时抛两枚硬币

到目前为止，我们一次只抛一枚硬币，但实际上我们可以轻松添加更多的硬币。在本节的示例中，我们将在模拟中添加一枚硬币，同时抛两枚硬币。我们将通过加入第二个量子比特来实现这一点，将量子线路中量子比特的数量拓展为 2。

4.6.1　准备工作

可以从本书 GitHub 仓库中对应第 4 章的目录中下载本节示例的 Python 文件 ch4_r4_two_coin_toss.py。

4.6.2　操作步骤

代码设置与之前类似，但其中的量子线路需要设置为双量子比特的。

（1）导入所需的 Qiskit 类和方法。

```
from qiskit import QuantumCircuit, Aer, execute
from qiskit.tools.visualization import plot_histogram
from IPython.core.display import display
```

（2）创建包含两个量子比特和两个经典比特的量子线路。

```
qc = QuantumCircuit(2, 2)
```

（3）在量子线路中添加阿达马门和测量门。

```
qc.h([0,1])
qc.measure([0,1],[0,1])
display(qc.draw('mpl'))
```

注意，这里用到了列表来引用多个量子比特和多个经典比特。例如，使用[0,1]作为输入，将阿达马门作用到量子比特 0 和 1 上，如图 4-10 所示。

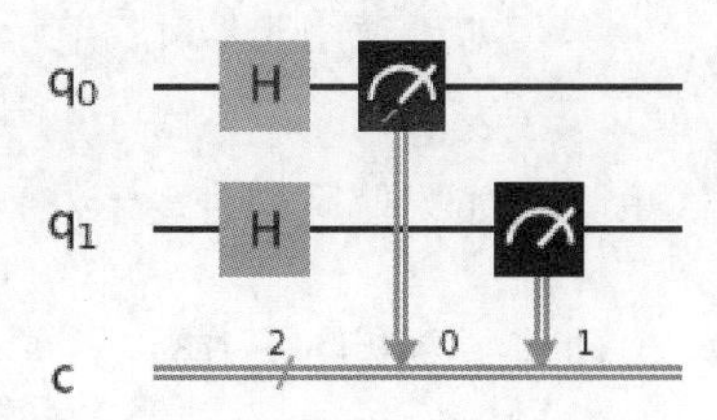

图 4-10　一个双量子比特的量子抛硬币量子线路

（4）将后端设置为本地模拟器。

```
backend = Aer.get_backend('qasm_simulator')
```

（5）运行一次作业。

```
counts = execute(qc, backend, shots=1).result().get_counts(qc)
```

同样，这里使用了简化的代码，因为我们只对计数结果感兴趣。

（6）将结果可视化。

```
display(plot_histogram(counts))
```

所得的直方图如图 4-11 所示。

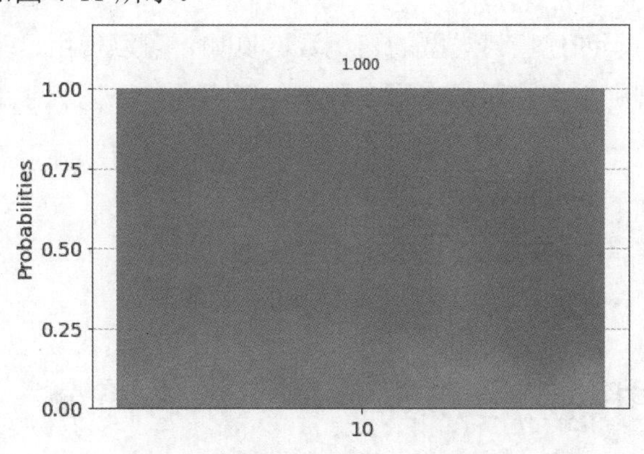

图 4-11　抛两枚量子硬币的结果 $|10\rangle$

4.6.3 运行原理

我们在创建量子线路时，设置了量子比特的编号。

运行程序时，两个量子比特上都有阿达马门作用，创建了两个处于量子叠加态的平行量子比特。

在 Qiskit 中，量子比特的编号从 0 开始，第一个量子比特的编号为 0，往后依次加 1。一个 3 量子比特的量子线路将包含如下量子比特，分别称为第一个、第二个和第三个量子比特。

- 如果使用类似 4.3 节示例中的 `QuantumRegister` 表示法，这 3 个量子比特可以表示为：`q[0]`、`q[1]`和 `q[2]`。
- 如果使用列表表示法，这 3 个量子比特可以表示为`[0,1,2]`。

4.6.4 知识拓展

可以做个小实验，在自己的量子线路中添加更多的量子比特。你会发现可以使用这种简单的方法创建任何类型的随机数。量子线路的输出将是一个二进制数，其长度与线路中量子比特的数量相同。

例如，创建一个具有 20 个量子比特的量子线路，将其运行一次，可能会得到如下的输出结果：

```
{'00101011101110011011': 1}
```

将其转化为十进制数，得到

```
179099
```

因此，量子程序可用于创建任何类型的随机数。例如，可以使用这个设置按照 2^n（n 是量子比特的数量）规则来创建用于表示多种可能状态的、不同大小的骰子。具体换算方法如下：

- 1 个量子比特 =2 种可能的状态 =1 枚硬币；
- 2 个量子比特 =4 种可能的状态 =1 个 4 面的骰子；
- 3 个量子比特 =8 种可能的状态 =1 个 8 面的骰子。

4.7 抛硬币中的量子作弊——贝尔态简介

那么，到目前为止，相信读者已经掌握了如何抛一枚或多枚量子硬币，并得到一个概率结果。你可以想象自己对抛硬币的结果进行投注。但对于 50%：50%的结果，赚得真金白银的可能性是有限的，当然，除非我们调整投注的赔率（也就是说，我们需要作弊）。

那么，如何在抛硬币时作弊呢？当然，事先知道结果可能是一个好办法。事实证明，利用一种叫作纠缠（entanglement）的量子现象确实有可能事先知道结果。

通过纠缠两个量子比特，可以将它们以某种方式连接起来，这样，它们就不能再被单独描述了。起码可以这样说，如果读者有两个纠缠的量子比特，其中一个的测量结果是$|0\rangle$，那另一个的测量结果也将是$|0\rangle$。

那么，如何利用这一点在抛硬币中作弊呢？创建两个量子比特，使它们发生纠缠，然后人为地将它们分离（事实证明，在物理上很难将其分离，但可以暂时忽略这一步骤的实际操作难度）。你可以将其中一个量子比特放在一个场所中，你的朋友则将另一个量子比特放在这一场所外面。

在抛硬币时，你运行自己的量子线路，纠缠量子比特，你的朋友测量放置在外的量子比特。然后，他偷偷地通过某种方式（如蓝牙耳机、打暗号或“传心术”）将他的测量结果$|0\rangle$或者$|1\rangle$告知你。这样，在测量量子比特之前，你就可以立刻知道自己的这个量子比特是$|0\rangle$还是$|1\rangle$，并可以在这个结果上下注。测量后，你会发现自己确实“猜对了”，真能兑现你的奖金。

那么，如何以量子编程的方式完成上述操作呢？这里将用到一种新的量子门——受控非门，即 CX 门。

4.7.1 准备工作

可以从本书 GitHub 仓库中对应第 4 章的目录中下载本节示例的 Python 文件 ch4_r5_two_coin_toss_bell.py。

4.7.2 操作步骤

代码设置与之前类似，包含两个量子比特和两个经典比特。

（1）导入所需的 Qiskit 类和方法。

```
from qiskit import QuantumCircuit, Aer, execute
from qiskit.tools.visualization import plot_histogram
from IPython.core.display import display
```

（2）创建包含两个量子比特和两个经典比特的量子线路。

```
qc = QuantumCircuit(2, 2)
```

（3）在量子线路中添加阿达马门和测量门。

所做的每一步量子线路操控，例如添加一个量子门，都需要指出该操控作用在哪个量子比特上。例如，要在第一个量子比特上添加一个阿达马门，可以使用代码 qc.h(0)：

```
qc.h(0)
qc.cx(0,1)
qc.measure([0,1],[0,1])
display(qc.draw('mpl'))
```

上述代码的输出结果如图 4-12 所示。

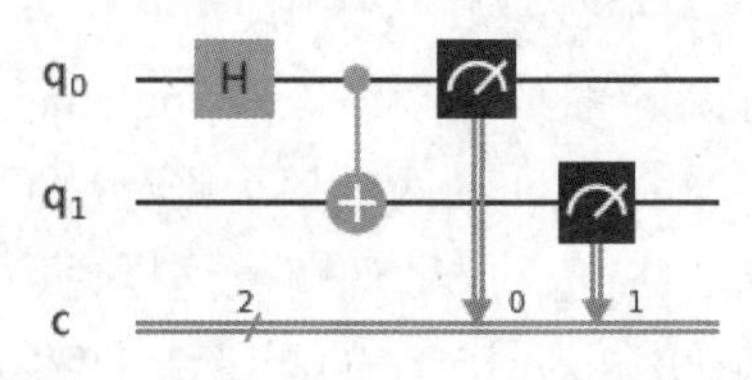

图 4-12　包含一个受控非门的双量子比特量子线路，受控非门用于纠缠量子比特

（4）将后端设置为本地模拟器。

```
backend = Aer.get_backend('qasm_simulator')
```

（5）运行一次作业。

```
counts = execute(qc, backend, shots=1).result().get_counts(qc)
```

（6）将返回结果可视化。

```
display(plot_histogram(counts))
```

返回结果的直方图如图 4-13 所示。

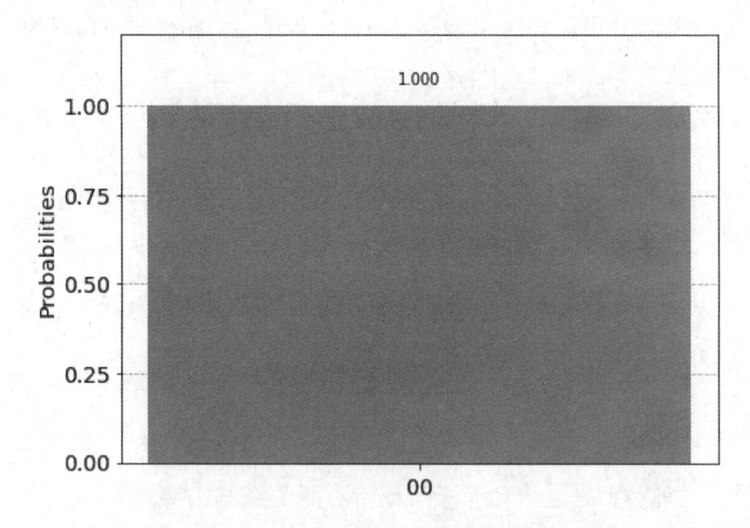

图 4-13　使用两个纠缠的量子比特抛硬币的结果

（7）多次运行该量子线路，可以发现这个双量子比特抛硬币的结果只会是 $|00\rangle$ 或 $|11\rangle$ 。运行 1000 次该量子线路，得到结果。

```
counts = execute(qc, backend, shots=1000).result().get_counts(qc)
```

输出结果是图 4-14 所示的直方图。

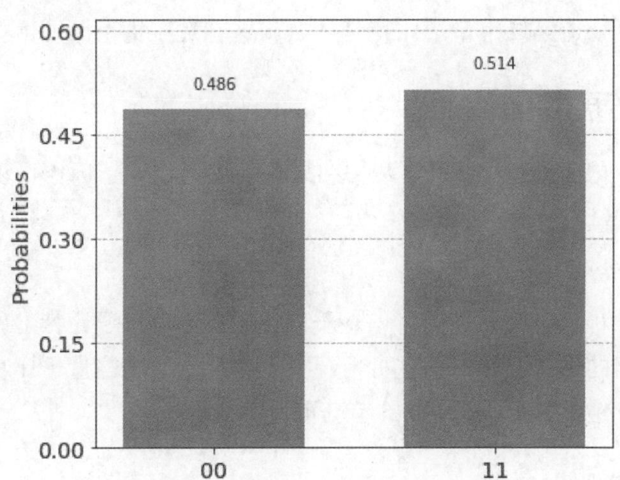

图 4-14 运行 1000 次的结果。只会出现 $|00\rangle$ 或 $|11\rangle$

4.7.3 运行原理

让我们从新的量子门——CX门说起。该量子门会将第一个量子比特的量子态（如第一个量子比特谱线上的点所示）作为输入，如果第一个量子比特的量子态是 $|1\rangle$，它会在第二个量子比特上运行一个非门（X 门）；而如果第一个量子比特的量子态是 $|0\rangle$，它不会在第二个量子比特上做任何操作。

注意，此处是整个故事中的一个非常令人激动的部分。在我们希望 CX 门起作用时，还不知道第一个量子比特的状态。阿达马门使它处于一个理想的叠加态，正好介于 $|0\rangle$ 和 $|1\rangle$ 之间。只有测量第一个量子比特，我们才能知道这个量子比特处于什么状态。在测量之前，谁也不知道它处于什么状态，因为量子比特并非处于某个特定状态，而是处于两种状态的量子叠加态。

因此，当我们运行程序时，CX 门怎么知道自己是否需要将第二个量子比特从 $|0\rangle$ 翻转到 $|1\rangle$？这就是量子计算的迷人之处，CX 门当时并不知道。只有当我们测量第一个量子比特时，才会运行 CX 门，处于纠缠状态的第二个量子比特才会翻转，或者不动。爱因斯坦把这个非常真实的量子力学的例子称为“幽灵般的超距作用”，而且对该作用敬而远之。

因此，这个简单示例的最终运行结果是两个量子比特的两种可能的输出结果之一，即 $|00\rangle$ 或 $|11\rangle$，而且出现的概率大致相同。如果第一个量子比特的状态是 $|0\rangle$，那么第二个量子比特的状态也将是 $|0\rangle$，从而得到 $|00\rangle$ 的输出结果。同理，当第一个量子比特的状

态为$|1\rangle$时，两个量子比特的状态也将是相同的，输出结果会是$|11\rangle$。一旦读取了一个量子比特，就能立刻知道第二个量子比特是什么。这就是在量子抛硬币中作弊的方法。

4.7.4　知识拓展

贝尔态并不仅限于$|00\rangle$和$|11\rangle$这两种结果。使用其他量子门还可以将这种量子纠缠设置为$|01\rangle$和$|10\rangle$：

```
{'10': 542, '01': 458}
```

你会使用哪一种量子门？你会将该量子门作用在哪个量子比特上？你会把这个量子门添加到量子线路的什么位置？在这种情况下，你可能想观察量子比特的初始状态不同的量子线路的运行结果。可以翻阅 4.5 节获取灵感。

4.7.5　参考资料

当我们在 `qasm_simulator`（模拟了一台完美的通用容错量子计算机）上运行贝尔态量子线路时，得到的结果是明确的，即两个量子比特在测量时状态都是一样的。而在现实世界中，现有的实体量子计算机与通用容错量子计算机还存在差距，结果会有些不同。详情参见 4.10 节的示例。

4.8　其他量子作弊方法——调整赔率

在之前的示例中，我们使用了量子纠缠在抛硬币中作弊。但老实说，这种方法在实际操作时可能有点复杂，而且事实上，人们很容易怀疑“戴着一副耳机”的抛硬币者，这样的人显然在抓住抛起的硬币并揭晓结果（测量量子比特）之前收听了信息。

其实还有很多其他方法可以用来作弊。回忆一下我们之前就量子比特和量子门所进行的讨论。量子门可用于操控量子比特，在测量之前调整量子比特的状态。矢量越接近$|0\rangle$（或越接近$|1\rangle$），测量时出现该结果的概率就越大。

在本示例中，我们将用到一种旋转门——Ry 门，来增加抛硬币时反面朝上的概率。

4.8.1　准备工作

可以从本书 GitHub 仓库中对应第 4 章的目录中下载本节示例的 Python 文件 ch4_r6_coin_toss_rot.py。

4.8.2　操作步骤

代码设置与之前类似，添加一个用于对量子比特进行旋转的 Ry 门。

（1）导入所需的 Qiskit 类和方法。

```
from qiskit import QuantumCircuit, Aer, execute
from qiskit.tools.visualization import plot_histogram
from IPython.core.display import display
from math import pi
```

（2）将量子线路设置为包含一个量子比特和一个经典比特。

```
qc = QuantumCircuit(1, 1)
```

（3）在量子线路中添加阿达马门、Ry 门和测量门。

```
qc.h(0)
qc.ry(pi/8,0)
qc.measure(0, 0)
display(qc.draw('mpl'))
```

图 4-15　使用 Ry 门作弊的抛硬币量子线路

上述代码的输出结果如图 4-15 所示。

（4）将后端设置为本地模拟器。

```
backend = Aer.get_backend('qasm_simulator')
```

（5）运行 1 000 次该作业。

```
counts = execute(qc, backend, shots=1000).result().get_counts(qc)
```

（6）将结果可视化。

```
display(plot_histogram(counts))
```

上述代码输出的直方图如图 4-16 所示。

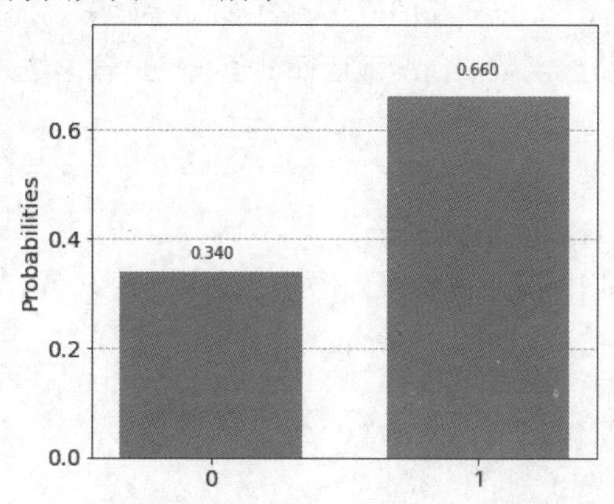

图 4-16　作弊的抛硬币量子线路的输出结果略有偏差

好吧，现在看来抛出|1⟩ 投注赔率对你更有利，几乎达到了 2∶1。

4.8.3　运行原理

其中发生了什么？通过加入 Ry 门，我们成功地调整了赔率，使之对我们有利。让我们仔细研究一下这个量子门的作用。

让我们来看一下此处讨论的 3 种不同的状态对应的布洛赫矢量。在示例代码中，还有一个尚未展开介绍的函数 get_psi()。第 6 章会进一步讨论该函数。通过调用 get_psi()函数并使用自己搭建的量子线路，可以观察量子比特在量子线路搭建的每个阶段的行为，该函数使用另一个模拟器（statevector_simulator）来计算量子比特在我们所搭建的量子线路中的某一给定位置的行为。之后，可以使用 plot_bloch_multivector()方法得到它的布洛赫球表示：

```
# Function that returns the statevector (Psi) for the circuit
def get_psi(circuit):
    show_bloch=False
    if show_bloch:
        from qiskit.visualization import plot_bloch_multivector
        backend = Aer.get_backend('statevector_simulator')
        result = execute(circuit, backend).result()
        psi = result.get_statevector(circuit)
        print(title)
        display(qc.draw('mpl'))
        display(plot_bloch_multivector(psi))
```

当我们用一个量子线路作为 get_psi()的输入，调用这个函数时，它将在量子线路的末尾返回量子比特的态矢量（psi 或者说 ψ）。如果量子线路中包含多个量子比特，该函数将返回所有量子比特的完整态矢量。

你需要先将 show_bloch 变量的值从 False 改为 True，再运行量子线路，这样就可以在启用 get_psi()函数的情况下运行量子线路。输出结果的形式将如图 4-17 至图 4-19 所示。

（1）将处于基态的量子比特可视化。

处于基态的量子比特如图 4-17 所示。

（2）将应用阿达马门的量子比特可视化，它处于一种|0⟩ 和|1⟩ 的叠加态。

处于叠加态的量子比特如图 4-18 所示。

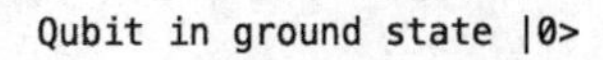

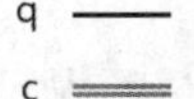

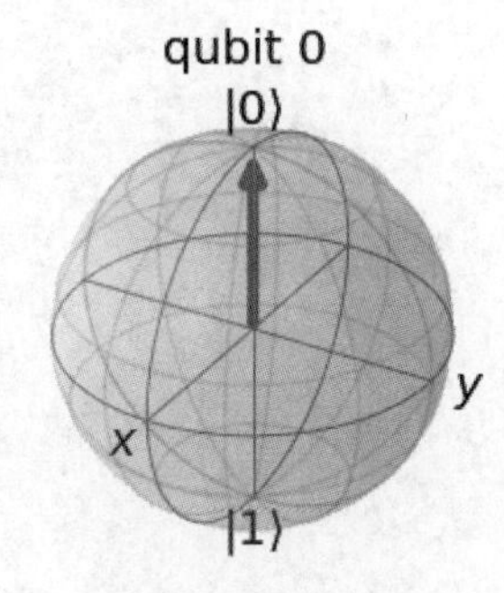

图 4-17 在初始的基态量子比特示意图中，量子矢量直接指向$|0\rangle$，与预期相符

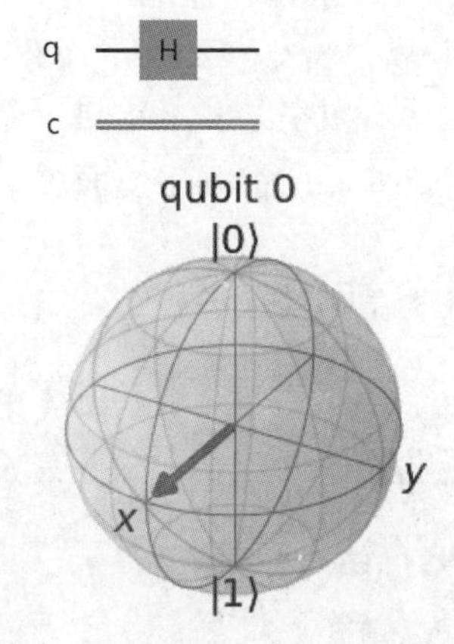

图 4-18 应用阿达马门，该矢量现在沿着 x 轴指向布洛赫球的“赤道”

（3）之前的示例中出现过这种情况。如果现在测量该量子矢量，测量结果为$|0\rangle$和$|1\rangle$的概率大约都是 50%。

接下来，对量子比特应用 Ry 门，将对应的矢量绕 y 轴向$|1\rangle$方向旋转$\frac{\pi}{8}$（也就是之前的量子线路图中的 0.393），如图 4-19 所示。

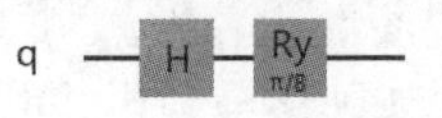

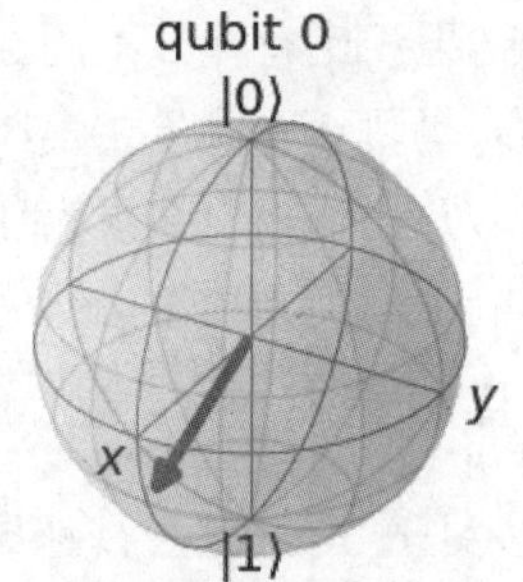

图 4-19 应用 Ry 门，该矢量现在指向布洛赫球的“赤道”下方

因此，该操作事实上是通过 Ry 门修改 θ 角。

你是否还记得第 2 章中的公式？

$$b = \mathrm{e}^{\mathrm{i}\varphi} \sin\frac{\theta}{2}$$

应用阿达马门后，$\theta = \pi/2$、$\varphi = 0$（还未将其绕 y 轴旋转）。

未旋转之前，测量结果为$|1\rangle$的概率为

$$|b|^2 = \left|\mathrm{e}^{\mathrm{i}} \sin\frac{\theta}{4}\right|^2 = 0.5$$

旋转$\frac{\pi}{8}$后，θ 角变为$\frac{5\pi}{8}$，测量结果为$|1\rangle$的概率变为

配套资源验证码 203188

$$|b|^2 = \left|e^{i}\sin\frac{5\pi}{16}\right|^2 \approx 0.69$$

这两个概率与测量结果十分吻合，这说明该操作确实已经改变了量子抛硬币的结果出现的概率，使得硬币反面朝上的概率增大。

4.8.4　知识拓展

Rx、Ry 和 Rz 是 3 种基本的旋转门，使用这 3 种量子门可以轻松地将矢量指向布洛赫球面上的任意一点（详见第 6 章）。

1．试着动手改变

试着用如下步骤创建几个量子线路。

（1）在不使用阿达马门的情况下创建一个单量子比特的量子叠加。

（2）测量量子线路，以确保其结果与阿达马门相同。

（3）使用阿达马门创建一个单量子比特的量子叠加，然后使用 R 门将矢量指向 y 轴。

可以思考一下，使用哪个门替代阿达马门？输入什么可以通过这个门创建量子叠加？如果跳过阿达马门，只用一个 R 门，能得到同样的结果吗？使用哪个 R 门呢？现在测量并看看通过这样的操作得到的处于叠加态的量子线路的输出结果与原本的量子线路的预期结果相比有什么不同。

（4）复习一下测量 $|1\rangle$ 的概率所用到的计算公式，看看你是否能用 Ry 门创建一个量子线路，并调整输出结果为 $|1\rangle$ 的概率。

将输出结果为 $|1\rangle$ 的概率分别调至 99%、66%和 33%。

恭喜！你现在不仅学会了如何在量子抛硬币中作弊，还学会了计算自己的赔率。

2．更多关于 `get_psi()` 函数的信息

本书以这个非常简单的单量子比特的量子线路为例，为读者讲解如何使用自己编写的 `get_psi()` 函数逐步完成对量子线路的操作，以便读者理解自己所创建的量子比特在每个阶段的行为。记住，尽管人们有时会说量子比特在某一时刻同时处于 0 和 1 两种状态，但是他们真正想表达的是它处于一种本节所讨论的量子叠加态。可以用量子叠加相关的数学公式描述它的状态。值得注意的是，在计算过程中操控量子比特的态矢量，可以将处于某一状态的量子比特置于大家所熟知的叠加态。

对于简单的量子线路，人们可以非常容易地推导出每一步操作会造成什么影响；但人们绞尽脑汁也想象不出小小的量子比特在大型量子线路中的行为。

可以使用 get_psi()函数和态矢量模拟器来实现断点调试。在量子线路中的任意位置调用该函数，可以查看量子比特此刻的行为。如果你的量子程序没有按照预期运行，可以使用态矢量模拟器和布洛赫球可视化地进行故障排查。

随着本书的讲解逐渐深入，我们会根据需要对 get_psi()函数进行调整和修改，用其展现量子线路的其他细节。

4.9 抛更多的硬币——直接方法和作弊方法

到目前为止，本书中的示例大多只用到一个或两个量子比特。使用模拟器可以在自己的量子线路中随心所欲地添加更多量子比特。但需要注意，每添加一个量子比特，都会提高模拟器对计算机系统处理能力的要求。例如，在 IBM POWER9™服务器上运行 IBM Quantum Experience 中的 qasm_simulator，最多可模拟大约 32 个量子比特。

在本示例中，我们将创建两个 3 量子比特的程序，其中一个用于抛多硬币，另一个用于创建一种名为 GHZ 态（Greenberger-Horne-Zeilinger state）的新的纠缠态。

本示例将使用一种新的命令，即 reset()完成这两个程序的创建，无须创建两个独立文件。顾名思义，对一个量子比特使用 reset()命令，可以把它调回初始状态$|0\rangle$，准备开始新一轮的量子计算。在这个示例中，我们用 reset()连续运行两个量子程序，向两组 3 个经典寄存器写入数据，每次运行测量两次。

4.9.1 准备工作

可以从本书 GitHub 仓库中对应第 4 章的目录中下载本节示例的 Python 文件 ch4_r7_three_coin_toss_ghz.py。

4.9.2 操作步骤

代码的初始设置部分和之前的示例类似，但是需要创建 3 个量子比特和 6 个经典比特。

（1）导入所需的 Qiskit 类和方法。

```
from qiskit import QuantumCircuit, Aer, execute
from qiskit.tools.visualization import plot_histogram
from IPython.core.display import display
```

（2）创建一个包含 3 个量子比特和 6 个经典比特的量子线路。

```
qc = QuantumCircuit(3, 6)
```

（3）在量子线路中添加阿达马门和测量门。

```
qc.h([0,1,2])
qc.measure([0,1,2],[0,1,2])
display(qc.draw('mpl'))
```

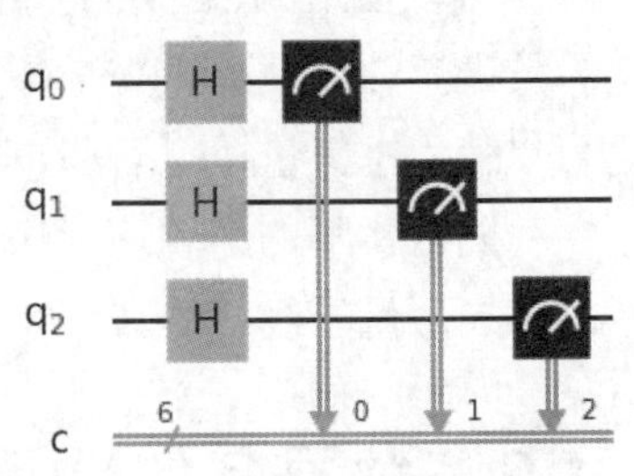

图 4-20　一个 3 量子比特的叠加量子线路，将测量结果写入编号为 0、1 和 2 的经典比特

上述代码的输出结果如图 4-20 所示。

（4）将后端设置为本地模拟器。

```
backend = Aer.get_backend('qasm_simulator')
```

（5）运行 1000 次作业。

```
counts = execute(qc, backend, shots=1000).result().
    get_counts(qc)
```

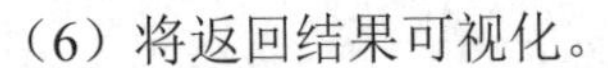

（6）将返回结果可视化。

```
display(plot_histogram(counts))
```

上述代码输出的直方图如图 4-21 所示。

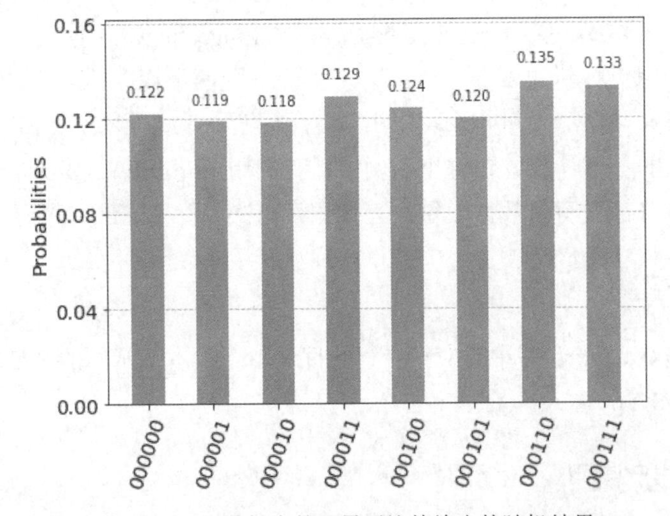

图 4-21　处于叠加态的 3 量子比特给出的随机结果

注意，图 4-21 只显示了前 3 位经典比特（编号为 0、1 和 2）所表示的测量结果，后 3 位所表示的测量结果都是 0。

（7）现在可以按照如下方式修改量子线路：首先重置量子比特，对量子比特 0 添加一个阿达马门；然后添加两个 CX 门，其中一个用于将量子比特 0 变为量子比特 1，另一个用于将量子比特 0 变为量子比特 2。

可以使用一种新的量子线路命令 `reset()` 将线路中的量子比特重置为 $|0\rangle$ 并重新开始：

```
qc.barrier([0,1,2])
qc.reset([0,1,2])
qc.h(0)
qc.cx(0,1)
qc.cx(0,2)
qc.measure([0,1,2],[3,4,5])
display(qc.draw('mpl'))
```

记住，如果只想修改一个量子比特，必须在命令中写明要修改哪个量子比特，例如 `qc.h(0)` 表示对第一个量子比特添加一个阿达马门，如图 4-22 所示。

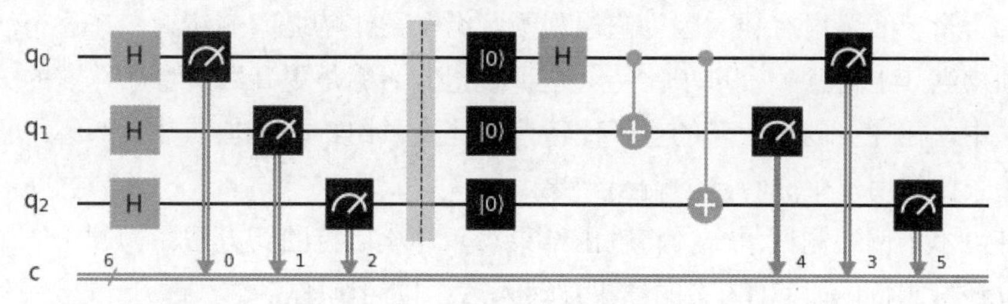

图 4-22　将量子线路的量子比特重置为$|0\rangle$并重新开始，将最终测量结果写入编号为 3、4 和 5 的经典比特

（8）运行 1000 次作业。

```
counts = execute(qc, backend, shots=1000).result().get_counts(qc)
```

（9）将结果可视化。

```
display(plot_histogram(counts))
```

上述代码输出的直方图如图 4-23 所示。

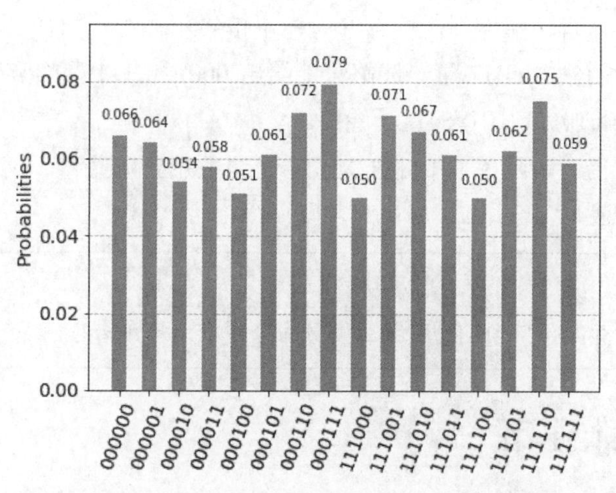

图 4-23　两个实验的综合结果，前 3 位经典比特表示抛硬币中的 3 个量子比特的测量结果，后 3 位经典比特表示 GHZ 态的 3 个纠缠量子比特的测量结果

4.9.3　运行原理

上述示例中创建的两个量子线路与之前的量子线路相比没有什么特别之处，只是用到的量子比特的数量更多，而且进行了两轮测量。在第一个量子线路中，我们一次性将所有的量子门都添加到线路中；而在第二个量子线路中，我们一一指定了每个量子门添加在线路中的具体位置。最终得到了两个 3 量子比特的量子线路，其中一个表示抛多硬币，另一个拓展了之前探索过的贝尔态。

第二个量子线路很有趣，因为它展现了几个量子比特之间的纠缠。在这个线路中，无法单独操纵其中任意一个量子比特。这种类型的纠缠是更高级的量子算法的关键，在这种算法中，往往会创建大量的量子比特，这些量子比特被叠加，然后纠缠。它们最终由其他量子门作用，生成特定的输出结果。

此外，本示例还测试了一种将输出结果写入经典比特的新方法。抛硬币的结果被写入前 3 位经典比特，而 GHZ 态的结果被写入后 3 位经典比特。

4.9.4　知识拓展

你可以做点小实验，了解如何用更多量子比特创建更大规模的量子线路，以及如何添加更多量子门。

（1）创建一个 5 量子比特的量子线路，对每个量子比特都添加阿达马门，但是只在第一个、第三个和第五个量子比特上添加测量门。思考一下，需要多少个经典寄存器？

（2）创建一个 5 量子比特的量子线路，并将第一个、第二个、第四个和第五个量子比特与第三个量子比特纠缠在一起。需要对哪个量子比特添加阿达马门？

（3）本示例中创建的 GHZ 量子线路只能给出 $|000\rangle$ 和 $|111\rangle$ 的纠缠结果。创建一个可以得到纠缠结果为 $|010\rangle$ 或 $|101\rangle$ 的量子线路。

在实现这一功能时，除了 H 门和 CX 门，还需要用到哪些量子门？它们需要放在量子线路中的什么位置？

> **小提示**
>
> 只用一组测量命令，可能比使用 `reset()` 命令更有助于读者理解量子线路的工作原理。

4.10　抛实体硬币

你觉得怎么样？是不是现在已经完成了模拟量子抛硬币，想尝试真正的量子计算、在真实的 IBM 量子计算机上运行自己的 Qiskit 量子程序？且慢，还需要介绍一下 IBM Quantum Experience 中用户 API 密钥的一些用法。

在本示例中，需要在一台真实的 IBM Quantum 设备上运行 Qiskit 程序，模拟在抛硬币时作弊或贝尔态。前面的章节已经介绍过这些程序在模拟的理想状态的量子计算机上的预期输出结果，本节将了解所谓的真实 NISQ 机器的输出结果。

此外，我们还会学习 API 密钥的一些用法，了解 IBMQ 组件、如何查找后端、如何选择最适合的后端，以及如何根据所选择的后端调整量子线路的运行方式。

4.10.1 准备工作

可以从本书 GitHub 仓库中对应第 4 章的目录中下载本节示例的 Python 文件 ch4_r8_coin_toss_IBMQ.py。

在真正的 IBM 硬件上运行量子程序，需要用到 IBM Quantum Experience 账号所分配到的 API 密钥。如果读者正在 IBM Quantum Experience 的 Notebook 环境中运行 Qiskit，那么你的 API 密钥已经处于可用状态，无须进行其他操作。

但如果读者在本地设备上运行 Qiskit，必须将 API 密钥存储到本地。1.5 节中介绍过相关操作步骤，如果读者配置环境时参照了本书中的指南，那么可能已经进行了这些必要的步骤；如果读者还没有获取到 API 密钥，先去完成这个任务。

4.10.2 操作步骤

代码设置与之前的示例类似，包含两个量子比特和两个经典比特。

（1）导入所需的 Qiskit 类和方法。

```
from qiskit import QuantumCircuit, execute
from qiskit import IBMQ
from qiskit.tools.monitor import job_monitor
from IPython.core.display import display
```

（2）检索已存储的 API 密钥。

```
IBMQ.load_account()
provider = IBMQ.get_provider()
```

（3）创建一个包含两个量子比特和两个经典比特的量子线路。

```
qc = QuantumCircuit(2, 2)
```

（4）在量子线路中添加用于创建贝尔态的阿达马门和 CX 门。

```
qc.h(0)
```

```
qc.cx(0,1)
qc.measure([0,1],[0,1])
display(qc.draw('mpl'))
```

上述代码的输出结果如图 4-24 所示。

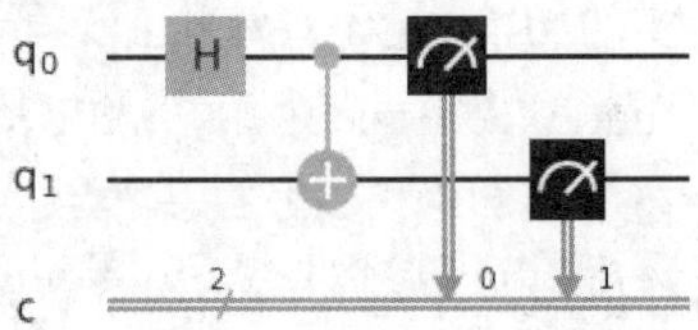

图 4-24　双量子比特的贝尔态量子线路

（5）将可用的最空闲的 IBM Quantum 设备设置成后端。

```
from qiskit.providers.ibmq import least_busy
backend = least_busy(provider.backends(n_qubits=5,
   operational=True, simulator=False))
print(backend.name())
ibmq_essex
```

5.5 节将详细介绍如何选择 IBM Quantum 计算机后端，以便使用 Qiskit 工具运行量子线路。此处，读者只需会用这段代码即可。

（6）运行 1000 次作业。等待作业运行完成。

```
job = execute(qc, backend, shots=1000)
job_monitor(job)
Job Status: job has successfully run
```

（7）获取结果。

```
result = job.result()
counts = result.get_counts(qc)
from qiskit.tools.visualization import plot_histogram
display(plot_histogram(counts))
```

上述代码输出的直方图如图 4-25 所示。

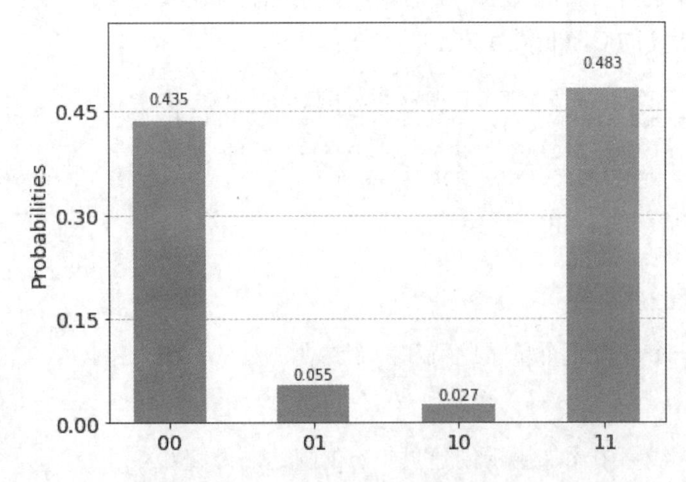

图 4-25　在真实的 IBM Quantum 后端上运行贝尔态量子线路得到的输出结果

贝尔态实验中的预期输出结果只有$|00\rangle$和$|11\rangle$，但上述结果中出现了其他值……这到底是怎么回事？别着急！

4.10.3 运行原理

哇，看看嘈杂量子比特！

你在程序的嘈杂结果中发现的仅仅是噪声而已。尽管 IBM Quantum 计算机运行时的环境温度（15 mK，约-273.135℃）比外太空的温度还低，但在对量子比特执行量子门操作或测量量子比特时，仍然会受到随机噪声的影响。

到目前为止，可以近似认为用于运行量子程序的本地 qasm_simulator 的行为与一台完美的通用量子计算机（universal quantum computer）相似。而真实的硬件则被称为嘈杂中型量子（noisy intermediate-scale quantum，NISQ）计算机，这类量子计算机的行为没那么完美。

第 5 章将更详细地探讨现有的 IBM Quantum 后端。

4.10.4 知识拓展

在真实的 IBM Quantum 设备上运行作业时，情况往往与使用本地模拟器时不同，不能生搬硬套之前的操作。

1. 排好队

一旦开始在 IBM Quantum 设备上运行一两个量子程序，你很容易就会发现该设备不止一个人在使用。事实上，可供公众免费使用的量子计算机的数量是有限的。截至笔者撰稿时，有一个模拟器和多个实体后端可供使用，且正在逐步开放更多可用的后端。使用 provider.backends() 命令可以以列表的形式调出目前可用的模拟器和后端：

```
from qiskit import IBMQ
IBMQ.load_account()
provider = IBMQ.get_provider()
provider.backends()
```

上述代码的输出结果大概是这样的：

```
[<IBMQSimulator('ibmq_qasm_simulator') from IBMQ(hub='ibm-q', group='open',
project='main')>,
<IBMQBackend('ibmqx2') from IBMQ(hub='ibm-q', group='open', project='main')>,
<IBMQBackend('ibmq_16_melbourne') from IBMQ(hub='ibm-q', group='open',
project='main')>,
<IBMQBackend('ibmq_vigo') from IBMQ(hub='ibm-q', group='open', project='main')>,
<IBMQBackend('ibmq_ourense') from IBMQ(hub='ibm-q', group='open', project='main')>,
```

```
<IBMQBackend('ibmq_london') from IBMQ(hub='ibm-q', group='open', project='main')>,
<IBMQBackend('ibmq_burlington') from IBMQ(hub='ibm-q', group='open',
project='main')>,
<IBMQBackend('ibmq_essex') from IBMQ(hub='ibm-q', group='open', project='main')>,
<IBMQBackend('ibmq_armonk') from IBMQ(hub='ibm-q', group='open', project='main')>]
```

记住，你是在分时使用资源，你和其他人同时在同一台机器上运行程序。在第 5 章中，我们将仔细了解这些机器，探究在各种情景中如何选择最适用的机器。

2. 输出结果中的硬件细节

当作业运行结束后，你可以观察输出结果，也可以使用 `job.result()` 命令快速浏览完整的返回结果。返回结果大概是这样的：

```
namespace(backend_name='ibmq_burlington',
          backend_version='1.1.4',
          qobj_id='630c02ca-7d06-4430-91e8-8ef08b9f5a63',
          job_id='5f15dec89def8b001b437dfe',
          success=True,
          results=[namespace(shots=1000,
                   success=True,
                   data=namespace(counts=namespace(0x0=471, 0x1=529)),
                   meas_level=2,
                   header=namespace(memory_slots=2,
                                    qreg_sizes=[['q', 5]],
                                    qubit_labels=[['q',0],
                                                  ['q',1],
                                                  ['q',2],
                                                  ['q',3],
                                                  ['q',4]],
                                    name='circuit58',
                                    n_qubits=5,
                                    creg_sizes=[['c', 2]],
                                    clbit_labels=[['c',0],['c',1]]),
                   memory=False)],
          status='Successful completion',
          header=namespace(backend_version='1.1.4',
                  backend_name='ibmq_burlington'),
          date=datetime.datetime(2020, 7, 20, 18, 13, 44,tzinfo=datetime.timezone.utc),
          time_taken=7.400392055511475,
          execution_id='bc4d19d0-cab4-11ea-b9ba-ac1f6b46a78e')
```

在这个结果集中，你可以看到所使用的量子计算机后端、程序运行的结果、程序运行的状态、运行的日期和耗时等信息。

3. 需要等待很长时间怎么办？

有些时候，使用 IBM 的实体量子计算机的确需要排很长的队，你只能等着轮到自己。从某种意义上说，IBM Quantum 机器的工作方式类似于经典计算机早期的分时设置，任意时刻只能运行一个程序。

但也不必沮丧。提交完作业之后，你可以把它放在一边，让机器完成它们的工作，等机器的资源适合你的作业时再继续你的线程。

IBM Quantum 设备的这种工作方式与 IBM Quantum Experience 中的“Circuit Composer”的工作方式相同，即只要提交成功，你的作业就会进入等待序列，等轮到它的时候再执行，然后等待返回结果，并在结果页面上显示。可以使用作业 ID 在本地的 Qiskit 上查询作业队列和返回结果。

作业 ID 可用于查询最近已提交的作业，甚至可用于检索早些时候提交的作业。已提交的每个作业都有一个唯一的 ID。

`job.job_id()`命令可用于查询作业的 ID：

```
job.job_id()
Out[]: '5f15dec89def9b001b437dfe'
```

现在你有了作业 ID，可以使用 `retrieve_job()`命令获得作业对象：

```
get_result=backend.retrieve_job(<jobid>)
```

这样就可以像之前一样从作业对象中获得作业的结果，例如：

```
counts = get_result.result().get_counts()
print(counts)
```

上述代码的输出结果大概是这样的：

```
Out[]: {'11': 339, '10': 174, '00': 339, '01': 172}
```

还可以使用作业 ID 查询作业的状态，了解作业当前在队列中的位置：

```
print(backend.retrieve_job(<jobid>).status())
```

作业的状态有以下几种：

```
Out[]: JobStatus.QUEUED
Out[]: JobStatus.RUNNING
Out[]: JobStatus.DONE
```

此外，作业中还内置了其他许多功能，你可以在 IBM Quantum Experience 中自行了解。第 5 章将进一步介绍后端及其能提供的信息。

第 5 章 使用 Qiskit 工具访问 IBM Quantum 硬件

前面几章的示例主要用到了各种形式的内置的或本地的量子计算机模拟器，读者也体验了如何连接到真实的 IBM 量子计算机，并运行了一些量子程序。本章将进一步介绍这些后端及其底层的、真实的物理意义上的量子比特。

本章将使用 IBM Quantum Experience 和 Qiskit 快速参观一下 IBM Quantum 实验室，访问可用硬件的数据。其中，我们将查看量子芯片布局的示意图、量子计算机的一些物理参数（如退相干参数 T1 和 T2）、一些基础的和更深层次的误差度量，以及可用量子比特之间的相互作用方式等。

本章主要包含以下内容：

- 什么是 IBM Quantum 机器；
- 定位到可用的后端；
- 比较后端；
- 查询最空闲的后端；
- 使后端可视化；
- 使用 Qiskit 探索选定的后端。

本章的大部分示例会用到在第 4 章中用到的贝尔态程序，因为它的理想结果 $|00\rangle$ 和 $|11\rangle$ 是已知的，而且使用不同的设备和量子比特集运行同一个程序也有利于比较不同后端的特点。

5.1 技术要求

在学习本章的量子程序之前，确保你已经完成了第 1 章中的所有步骤，尤其是 1.5 节中的步骤。

本章中探讨的示例代码参见本书 GitHub 仓库中对应第 5 章的目录。

5.2 什么是 IBM Quantum 机器

本节与其说是介绍示例，倒不如说是对量子组件和量子计算机的运行过程进行概述。可以跳过这些内容，翻到 5.2.1 节，直接开始编程。

可以使用 Qiskit 在两种类型的量子计算机，即量子模拟器和 IBM Quantum 硬件上运行量子程序。模拟器又分为本地模拟器和运行在 IBM 硬件上的云端模拟器。通常，云端模拟器的性能更强大，表现更优异。ibmq_qasm_simulator（在线可用）允许用户在多达 32 个量子比特上运行非常复杂的量子程序。而本地模拟器的表现取决于用户的硬件，要知道，模拟量子计算机的难度随着量子比特数量的增加而呈指数级增长。

IBM 量子计算机的实体硬件在一个 IBM Quantum 实验室中，可以通过云端访问。这么做的好处有很多，所以请随本示例一起了解如何使用 IBM Quantum 提供的超导量子比特来设置和运行量子计算机。

5.2.1 准备工作

超导量子计算机对电磁辐射、声波、温度等环境因素导致的噪声非常敏感，所以需要将设备与外界环境隔离，并配备低温冷却装置，尽可能地减少外界环境的干扰。

量子计算机可能需要用到所谓的约瑟夫森结（Josephson junction），约瑟夫森结需保持在低温环境下，而且需要用微波脉冲对其进行操控。普通人没有相应设备，无法提供所需的环境条件，所以在本书中，我们使用免费提供的云端 IBM 量子计算机进行量子编程。

5.2.2 操作步骤

以下步骤概括了如何使用真实的 IBM 量子计算机运行量子程序。

（1）在本地的 Qiskit 环境中或 IBM Quantum Experience 上编写一个量子程序。

（2）通过云端将程序发送给 IBM Quantum，并排队等待处理。

用于量子计算的 IBM Cloud 的产品模式使得用户不能无限制地访问量子计算机。这是一个所有人都有一定访问权限的分时系统，有点类似于早期计算机普遍使用的那种经典分时系统。这个类比很形象。

（3）编写的程序会被转译为可以在所选机器上运行的程序。

当运行量子程序时，编程软件将解释代码，并将相对复杂的高级量子门结构转译为仅包含基本量子门 U1、U2、U3、ID 和 CX 门的基础量子程序。事实证明，用户所编写的所有量子程序都可以表示为仅包含基本量子门的程序。

因为单个量子门会根据所选择的后端被转换为量子门的集合，所以转译后，量子线路的大小和深度等可能会发生变化。简单地说，量子线路的大小是指量子线路中所用到的底层量子门的数量，量子线路的深度是指量子线路从左到右的长度，深度大致决定了量子计算机运行程序需要进行多少次并行运算。初始的程序结构必须进行转换才能适应所用芯片的物理布局。

（4）转译后，程序中的量子门会被编码为波包（wave package）。

此时，初始程序中的代码已经被转译为可以在芯片上运行的组件，进而被编译为可下发到量子芯片上的微波包。每个量子门都可以被看作一个绕 3 个坐标轴旋转的量子比特布洛赫矢量，该矢量与每个坐标轴都存在夹角，可以用不同频率和脉冲宽度的微波脉冲来表示这些夹角。

（5）将量子芯片复位。

无论使用芯片进行哪种量子计算，都需要将芯片的量子比特复位，向每个量子比特发送一段特定的微波脉冲，将其设置为基态。向量子比特发送复位脉冲的过程和下一步中发送编写的量子门的过程非常类似。

（6）将编写的量子门发送给量子比特。

每个量子门都是以一个波包的形式加载在一个被精确调制到接收量子比特的频率的载波上，然后被发送给对应的量子比特的。我们现在离开了所谓的室温电子器件（room temperature electronics），进入低温环境。编码了量子门的信号通过连续的低温层被传播到量子计算机的内部，然后到达比外太空还冷得多的 15 mK 的量子芯片中。最终，波包通过微波共振器冲击量子比特，改变量子比特的状态。

每个量子门都是通过这样的方式作用在量子比特上的，这就是量子程序在后端运行的原理。

（7）读取量子比特。

在程序结束时，一种特定类型的波包会干扰共振器，产生的包干扰会被发回给栈，依次穿过较热的层，然后进入室温电子器件。

如果将这种干扰解释为 0 或 1，就可以将程序的结果注册。在这种情况下，共振量子比特的微妙平衡已经被破坏，也就是说，该量子比特不再表现出量子力学行为，再次使用它时需要将其复位为基态。

系统会根据设定的运行次数，重复上述整个过程，并将所有的结果存储在云端。完整的运行过程和所有输出结果都会被打包并发回给用户，存储到云端以备后续检索，用户只需耐心等待。

5.2.3 运行原理

上文提到的大多数步骤都是高度自动化的，用户只需编写自己的量子程序并将其发送给服务器，由 IBM Quantum 完成其余工作，以 1 和 0 的形式返回量子比特的测量值。

如你所见，有些步骤是用户可以介入并通过命令控制的，例如选择后端、根据量子比特参数挑选需要使用的量子比特、设置运行次数等。本章将介绍如何挖掘 IBM Quantum 机器的硬件信息，并对其进行参数配置。

5.2.4 参考资料

- 更多关于 IBM Quantum 硬件的信息参见 IBM Quantum 官方网站的"What's Next in Quantum is frictionless development"。
- 在 NIST 官方网站阅读 John M. Martinis 和 Kevin Osborne 在 *Superconducting Qubits and the Physics of Josephson Junctions* 中的文章"Superconducting Qubits and the Physics of Josephson Junctions"。
- 还有一篇简单易懂的关于量子计算机的媒体报道——"How to build a Quantum Computer with Superconducting Circuit?"（Jonathan Hui）。

5.3 定位到可用的后端

在 Qiskit 中，*后端*指的是用户运行量子程序所使用的系统。后端既可以是一个模拟器（如之前示例中所用到的本地 Aer 模拟器），也可以是真实的设备。如果不想在本地模拟器上运行量子程序，而是想在真实的量子计算机上运行，就必须选用一个 IBM Quantum 机器作为后端，然后构建量子程序使用它。

让我们来了解一下需要的步骤。

（1）导入所需的 Qiskit 类和方法，并加载自己的账号信息。本示例将用到 IBMQ 类，它包含一些与硬件相关的主要函数。

（2）查看你的账号可用的机器。

（3）选择一个通常可用的后端。

（4）在所选后端上创建并运行一个贝尔态量子程序。

（5）选择一个模拟器作为后端，再次运行该贝尔态量子程序，比较在两种后端运行所得到的结果。

5.3.1 准备工作

本示例将用到 IBMQ 的 provider.backends()方法来识别和过滤可运行量子程序的后端，然后使用 provider.get_backend()方法选择一个后端。在下文的示例中，我们将用到 ibmqx2 和 ibmq_qasm_simulator 后端。我们将在硬件后端上运行一个简单的量子程序，然后在模拟器后端上将其再运行一遍。

可以从本书 GitHub 仓库中对应第 5 章的目录中下载本节示例的 Python 文件 ch5_r1_identifying_backends.py。

5.3.2 操作步骤

（1）导入所需的 Qiskit 类和方法。

```
from qiskit import IBMQ, QuantumCircuit, execute
from qiskit.tools.monitor import job_monitor
```

（2）如果之前没设置过，那么在开始使用 IBMQ 类和后端方法之前，必须使用自己的账号设置关联的提供服务的量子机器。

```
if not IBMQ.active_account():
    IBMQ.load_account()
Provider = IBMQ.get_provider()
```

（3）provider.backends()方法用于找出对应 IBM Quantum 账号可用的 IBM Quantum 后端。有了这些信息，读者后续就可以使用 provider.get_backend()方法设置想要用于运行量子程序的后端。

```
print(provider.backends(operational=True, simulator=False))
```

（4）上述代码的输出结果大体如下所示。

```
Available backends:
[<IBMQBackend('ibmqx2')from IBMQ(hub='ibm-q', group='open', project='main')>,
<IBMQBackend('ibmq_16_melbourne') from IBMQ(hub='ibm-q', group='open',
project='main')>, <IBMQBackend('ibmq_vigo') from IBMQ(hub='ibm-q', group='open',
 project='main')>, <IBMQBackend('ibmq_ourense') from IBMQ(hub='ibm-q', group=
'open', project='main')>, <IBMQBackend('ibmq_valencia') from IBMQ(hub='ibm-q',
 group='open', project='main')>, <IBMQBackend('ibmq_london') from IBMQ(hub='ibm-q'
```

```
,group='open', project='main')>, <IBMQBackend('ibmq_burlington') from IBMQ(hub
='ibm-q', group='open', project='main')>, <IBMQBackend('ibmq_essex') from IBMQ
(hub='ibm-q', group='open', project='main')>, <IBMQBackend('ibmq_armonk') from
IBMQ(hub='ibm-q', group='open', project='main')>, <IBMQBackend('ibmq_santiago')
IBMQ(hub='ibm-q', group='open', project='main')>]
```

IBM Quantum 模拟器

注意，这个列表中还包括一个模拟器。这个模拟器是在性能强大的 IBM 硬件上运行的。与用户的本地模拟器和用户可用的其他 IBM Quantum 后端相比，它既能管理更多量子比特，也能运行更复杂的量子程序。

此处可以使用过滤功能，只获取自己感兴趣的后端。例如，如果只对物理机器感兴趣，可以使用 simulator 参数进行过滤：

```
>>> provider.backends(simulator=False)
```

还可以使用更复杂的过滤方法，例如 lambda 函数：

```
>>> provider.backends(filters=lambda x: not x.configuration().simulator)
```

我们对停机维护的后端也不感兴趣，可以通过 operational 参数进行过滤：

```
>>> provider.backends(operational=True, simulator=False)
```

使用如下代码可以替代上述两条命令：

```
>>> provider.backends(filters=lambda x: not x.configuration().simulator
and x.status().operational)
```

（5）如果想在 IBM Quantum 机器上运行量子程序，需要在命令中明确指定运行程序需要用到的后端，为此，可以使用 get_backend() 方法。我们从之前的列表中手动选择一个后端，如 ibmqx2。

```
backend = provider.get_backend('ibmqx2')
print("\nSelected backend:", backend.name())
```

（6）上述代码应该给出以下结果。

```
Out[]: Selected backend: ibmqx2
```

（7）选择好后端之后，可以使用 job = execute(<your_quantum_circuit>, backend) 命令在该后端上运行任务。本示例将使用以下命令。

```
job = execute(qc, backend, shots=1000)
```

（8）创建一个用于测试的量子线路。

```
qc = QuantumCircuit(2,2)
qc.h(0)
```

```
qc.cx(0,1)
qc.measure([0,1],[0,1])
print("\nQuantum circuit:")
print(qc)
job = execute(qc, backend, shots=1000)
job monitor(job)
result = job.result()
counts = result.get_counts(qc)
print("\nResults:", counts)
```

（9）示例代码的结果大致如图 5-1 所示。

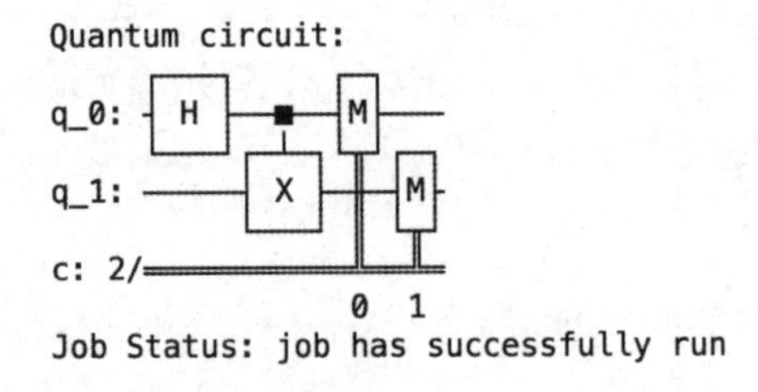

图 5-1　使用所选实体机器后端得到的贝尔态量子线路的输出结果

（10）输入以下命令，选择 IBM Quantum 模拟器作为后端，并在模拟器上再次运行该量子线路。

```
print(provider.backends(operational=True,  simulator=True))
backend = provider.get backend('ibmq_qasm_simulator')
job = execute(qc, backend, shots=1000)
job monitor(job)
result = job.result()
counts = result.get_counts(qc)
print("\nSimulator results:", counts)
```

（11）上述代码的结果如图 5-2 所示。

```
Available simulator backends:
[<IBMQSimulator('ibmq_qasm_simulator') from IBMQ(hub='ibm-q', group='open', project='main')>]
Job Status: job has successfully run

Simulator results: {'00': 494, '11': 506}
```

图 5-2　使用 ibmq_qasm_simulator 模拟器后端得到的贝尔态量子线路的输出结果

就这样，相信读者已经学会了如何查询自己可用的 IBM Quantum 后端，如何在自己选定的后端上运行一个量子程序。在 5.4 节中，我们将对可用后端的性能做一个简单的比较。

5.3.3 知识拓展

读者还可以使用 `backends()` 方法查询能在本地 Qiskit 环境中使用的模拟器后端。首先需要导入 `Aer` 模拟器的类，然后使用 `backends()` 方法查看可用的后端：

```
from qiskit import Aer
Aer.backends()
```

上述代码的输出结果如下：

```
Out[]: [<QasmSimulator('qasm simulator') from AerProvider()>,
<StatevectorSimulator('statevector_simulator') from AerProvider()>,
<UnitarySimulator('unitary_simulator') from AerProvider()>,
<PulseSimulator('pulse_simulator') from AerProvider()>]
```

查询到以下 4 个模拟器。

- `qasm_simulator`：该模拟器可用于模拟没有误差和噪声的完美量子计算机，允许用户运行量子程序并返回结果。
- `statevector_simulator`：该模拟器可用于模拟量子比特的态矢量在用户搭建的量子线路中的任意位置的状态。
- `unitary_simulator`：该模拟器可用于创建量子线路的幺正矩阵。
- `pulse_simulator`：该模拟器可用于模拟向量子比特发送离散脉冲的过程。

其中，`qasm_simulator` 和 `statevector_simulator` 在第 4 章中提到过，而 `unitary_simulator` 将在第 6 章中进一步介绍。

5.3.4 参考资料

- 更多关于可用的 IBM Quantum 系统的信息参见 IBM Quantum 官方网站的“IBM Quantum systems”。
- 也可以使用 Python 的帮助命令 `help(IBMQ)` 和 `help(provider.backends)`，了解更多关于 Qiskit 方法的信息。

5.4 比较后端

IBM Quantum 后端的量子比特数量、单个量子比特的行为和多个量子比特之间的相互作用等不尽相同。想在有什么特点的机器上运行代码，取决于用户如何编写量子程序。

IBMQ 返回的后端信息只是一个简单的 Python 列表，但用户可以自行设置后端信息列表的返回形式。例如，可以编写一个 Python 脚本，找出可用的 IBM Quantum 后端，然后在每个后端上运行一个量子程序，并以图表的形式比较结果，显示不同后端量子比特质量的粗略测量。

本示例会用一段简单的 Python 循环代码，在可用的 IBM Quantum 后端上运行一组相同的贝尔态量子程序，粗略估计这些后端的性能。

5.4.1　准备工作

可以从本书 GitHub 仓库中对应第 5 章的目录中下载本节示例的 Python 文件 ch5_r2_comparing_backends.py。

5.4.2　操作步骤

让我们来了解一下如何比较后端。

（1）导入所需的 Qiskit 类和方法。

本示例使用包含硬件相关的主要函数的 IBMQ 库，还需导入用于搭建量子线路、监控任务和显示结果的类。此外，还需要加载已经被存储的账号 API 密钥并获取提供服务的量子机器：

```
from qiskit import IBMQ, QuantumCircuit, execute
from qiskit.tools.monitor import job_monitor
from qiskit.visualization import plot_histogram

if not IBMQ.active_account():
    IBMQ.load_account()
provider = IBMQ.get_provider()
```

（2）创建一个已知预期结果的量子程序。

例如，创建一个在完美量子计算机上运行时只会得到输出结果$|000\rangle$和$|111\rangle$的贝尔态程序：

```
qc = QuantumCircuit(2,2)
qc.h(0)
qc.cx(0,1)
qc.measure([0,1],[0,1])
```

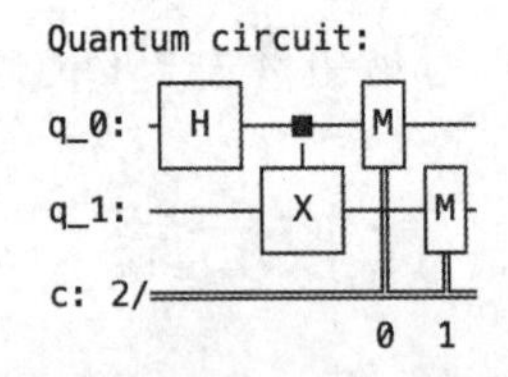

图 5-3　贝尔态量子线路示意

（3）上述代码的结果如图 5-3 所示。

（4）获取所有可用且可操控的后端，包括用作基准（benchmark）的 IBM Quantum 模拟器。

```
backends = provider.backends(filters=lambda b:
    b.configuration().n_qubits > 1 and
            b.status().operational)
print("\nAvailable backends:", backends)
```

过滤掉单量子比特的后端

注意如何在此处使用过滤器过滤出非单量子比特的后端。因为本示例中的代码需要两个可操控的量子比特，所以程序在单量子比特的后端上运行时会报错。在可用的IBM Quantum机器的列表中，ibmq_armonk是单量子比特的量子计算机，我们并不需要用到它（ibmq_armonk后端主要用于进行量子比特脉冲编程实验，本书并不涉及），所以需要使用过滤器将其从后端列表中移除。

（5）上述代码的输出结果如下。

```
Available backends:
[<IBMQSimulator('ibmq_qasm_simulator') from IBMQ(hub='ibm-q', group='open',
project='main')>, <IBMQBackend('ibmqx2') from IBMQ(hub='ibm-q', group='open',
project='main')>, <IBMQBackend('ibmq_16_melbourne') from IBMQ(hub='ibm-q',
group='open', project='main')>, <IBMQBackend('ibmq_vigo') from IBMQ(hub='ibm-q',
group='open', project='main')>, <IBMQBackend('ibmq_ourense') from IBMQ(hub='ibm-q',
group='open', project='main')>, <IBMQBackend('ibmq_valencia') from IBMQ(hub='ibm-q',
group='open', project='main')>, <IBMQBackend('ibmq_london') from IBMQ(hub='ibm-q',
group='open', project='main')>, <IBMQBackend('ibmq_burlington') from
IBMQ(hub='ibm-q', group='open', project='main')>, <IBMQBackend('ibmq_essex')from
IBMQ(hub='ibm-q', group='open', project='main')>, <IBMQBackend('ibmq_santiago')
from IBMQ(hub='ibm-q', group='open',project='main')>]
```

（6）依次在这些后端上运行这个简单的量子程序。结果计数存储在名为“counts”的数据字典中。

```
counts = {}
for n in range(0, len(backends)):
    print('Run on:', backends[n])
    job = execute(qc, backends[n], shots=1000)
    job_monitor(job)
    result = job.result()
    counts[backends[n].name()] = result.get_counts(qc)
```

耐心等待

在多个不同的机器上运行量子程序可能需要一段时间，耗时取决于目前活跃使用这些后端的用户数和排队等待的任务数。例如，在正常的周日晚上，在8个后端和1个模拟器上运行本示例中的程序大概需要1小时。

（7）上述代码的结果如下。

```
Run on: ibmq_qasm_simulator
Job Status: job has successfully run
Run on: ibmqx2
Job Status: job has successfully run
Run on: ibmq_16_melbourne
```

```
Job Status: job has successfully run
...
Run on: ibmq_essex
Job Status: job has successfully run
Run on: ibmq_santiago
Job Status: job has successfully run
```

（8）使用如下代码将结果输出并画图。

```
print("\nRaw results:", counts)
#Optionally define the histogram colors.
colors = ['green','darkgreen','red','darkred','orange',
    'yellow','blue','darkblue','purple']
#Plot the counts dictionary values in a histogram, using
#the counts dictionary keys as legend.
display(plot_histogram(list(counts.values()),
    title = "Bell results on all available backends
    legend=list(counts), color = colors[0:len(backends)], bar_labels = True)
```

（9）上述代码的结果如下。

```
Raw results: {'ibmq_qasm_simulator': {'00': 510, '11': 490}, 'ibmqx2': {'00': 434,
'01': 77, '10': 39, '11': 450}, 'ibmq_16_melbourne': {'00': 474, '01': 42,
'10': 48, '11': 436}, 'ibmq_vigo': {'00': 512, '01':18,'10':42,'11':428},
'ibmq_ourense':{'00': 494, '01': 26, '10': 19, '11': 461}, 'ibmq_valencia':
{'00': 482,01': 31,'10':30, '11': 457}, 'ibmq_london': {'00': 463, '01': 48,
'10': 39, '11': 450},'ibmq_burlington': {'00': 385, '01': 182, '10': 84, '11':
349}, 'ibmq_essex':{'00': 482, '01': 46, '10': 24, '11': 448}, 'ibmq_santiago':
{'00': 514, '01': 17, '10':17,'11': 452}}
```

这些原始的结果反映出每个后端在运行这个程序时的表现。ibmq_qasm_simulator 表示在模拟的通用量子计算机上的理想结果，其余数据表示使用其他实体 IBM Quantum 后端运行该程序得到的结果。在完美的量子计算机上的结果类似于在 ibmq_qasm_simulator 上的结果，只包含$|00\rangle$和$|11\rangle$值。在所有可用后端上运行的结果的统计如图 5-4 所示。

这个示例使用基础的双量子比特贝尔态量子程序简单地比较可用的 IBM Quantum 后端。完美的量子计算机预期的输出结果只有$|00\rangle$和$|11\rangle$，这与图中 ibmq_qasm_simulator 的输出结果完全吻合。正如我们在第 4 章中探讨过的一样，真实的嘈杂中型量子（NISQ）计算机预期会有一些噪声，得到的是混合结果，而 IBM Quantum 硬件就属于 NISQ 计算机，所以输出结果包含$|00\rangle$、$|01\rangle$、$|10\rangle$和$|11\rangle$。

一般来说，输出结果统计图中表示$|01\rangle$和$|10\rangle$的条形越小，后端的性能就越好；但这并不是绝对的，还要考虑其他很多影响因素。本章的后续部分和第 8 章将进一步探讨影响后端性能的因素。

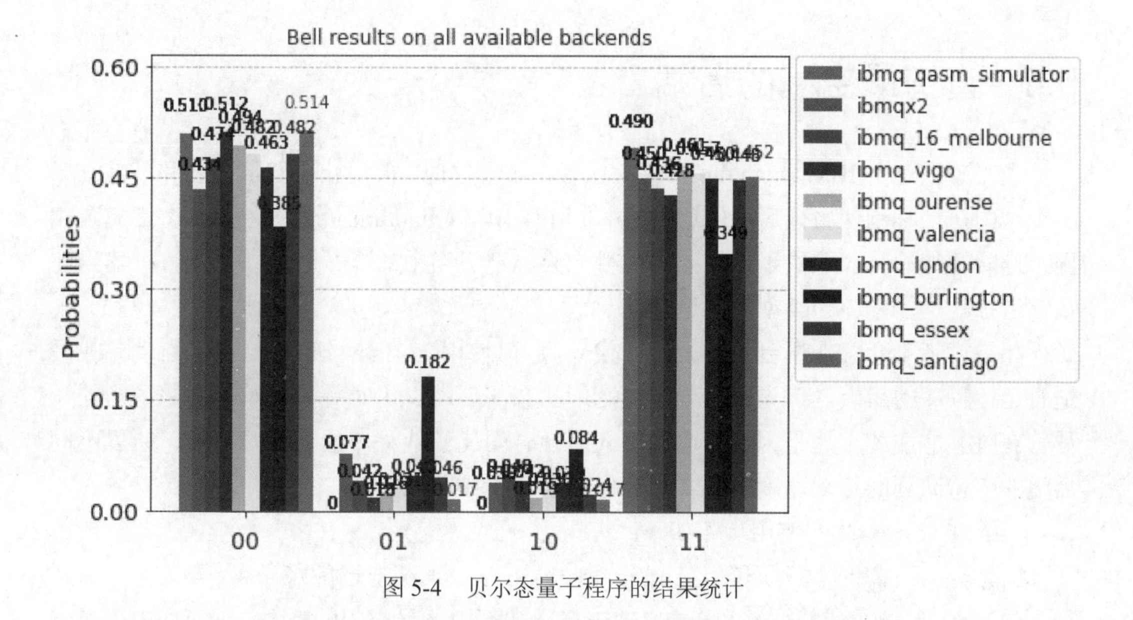

图 5-4 贝尔态量子程序的结果统计

此外，记住，此处的比较仅基于按照默认设置运行的示例量子程序。不同的量子比特配置、读出错误、量子比特连接问题和真实硬件中发生的其他错误也会对程序运行过程产生影响，进而使得结果存在一定的随机性。

5.4.3 知识拓展

在本示例中，读者几乎已经在所有可用的后端上运行了量子程序，但正如 5.3 节提到的，读者可以过滤出自己所需的后端。因为运行本示例至少需要用到两个量子比特，所以可以添加一个过滤器，过滤出包含一个以上量子比特的后端：

```
backends = provider.backends(filters=lambda b:
b.configuration().n_qubits > 1 and b.status().operational)
```

也可以将过滤器用于更多场景，例如根据量子比特的数量过滤后端，仅在 5 量子比特的机器上运行程序：

```
# Get all available and operational backends.
backends = provider.backends(n_qubits=5)
```

此时，读者就可以观察到这些可用后端的行为，也可以观察到其中一些后端的忙碌程度。因此，我们还需要学习如何通过查询找到排队任务数最少的后端，尽快运行自己的量子程序。

5.5　查询最空闲的后端

当读者在一个 IBM Quantum 后端上运行量子程序时，很快就会发现自己并不是唯一一个试图在该时刻使用该后端的用户。并非所有 IBM Quantum 机器的占用状态都完全相同，排队等待的时长取决于一周当中的哪一天、一天当中的什么时刻，以及该机器当前正在运行的量子程序的类型和用途。

如果读者不介意在哪台机器上运行代码，可以使用 `least_busy()` 方法自动寻找最适合运行程序的后端。优先使用处于最空闲状态的后端，这时等待时长通常是最短的，尽管有时并非如此。这是因为一些程序的运行时间比其他程序的运行时间长，所以不同后端的等待队列的移动速度不同（有点像在超市里排队）。

`least_busy()` 的使用步骤如下：

（1）导入所需的 `IBMQ` 和 `least_busy()` 方法，加载自己的账号。

（2）使用 `least_busy()` 方法自动选择通常可用的最空闲的后端；进而选出最空闲的 5 量子比特的后端。

（3）显示出所有后端的概览数据，以验证 `least_busy()` 方法所选择的后端确实是最空闲的后端。

`least_busy()` 方法是一种便捷的方法，适用于用户在运行程序时不想等太久的情况，但使用该方法选出的后端可能并非最适用的后端。Qiskit 也可以给出最空闲后端的设备名。读者既可以信任 Qiskit 给出的建议，在其推荐的后端上运行量子代码；也可以根据自己的需求，选用其他后端。结果可能是，选择的最空闲的后端是含有一些嘈杂量子比特的机器，也可能是退相干参数 T1、T2 小的机器，无法满足使用需求。

5.5.1　准备工作

可以从本书 GitHub 仓库中对应第 5 章的目录中下载本节示例的 Python 文件 ch5_r3_least_busy.py。

5.5.2　操作步骤

使用 `least_busy()` 方法找到的是具有一个 `pending_jobs`（待处理作业）参数的后端。如果用户使用其他过滤功能排除了实际上最空闲的后端，则该方法返回的是满足过滤条件的、待处理作业最少的后端。

操作步骤如下。

（1）导入所需的 IBMQ 和 least_busy()方法，加载自己的账号。

```
from qiskit import IBMQ
from qiskit.providers.ibmq import least_busy
if not IBMQ.active_account():
    IBMQ.load_account()
provider = IBMQ.get_provider()
```

（2）使用 IBM Quantum 查询哪个后端最空闲，并设置相应的 backend 参数。

```
backend = least_busy(provider.backends(simulator=False))
print("Least busy backend:", backend.name())
```

上述代码的结果大致如下：

```
Out[]:
Least busy backend: ibmq_armonk
```

在本示例中，查到的最空闲的后端是 ibmq_armonk，它是一个用于测试脉冲的单量子比特机器。这并非我们所需的后端，不适合用于运行多量子比特的量子线路。

（3）过滤最空闲的后端。

可以向 least_busy()方法提供一个经过过滤的后端列表，例如仅包含 5 量子比特的机器，或仅使用不带过滤条件的 provider.backends()函数调用 least_busy()方法，举例如下：

```
filtered_backend = least_busy(provider.backends(
    n_qubits=5, operational=True, simulator=False))
print("\nLeast busy 5-qubit backend:",
    filtered_backend.name())
```

上述代码的结果大致如下：

```
Out[]:
Least busy 5-qubit backend: ibmq_santiago
```

好的，就这样——ibmp_santiago 就是最空闲的 5 量子比特后端。

（4）要验证该方法选出的后端是最合适的后端，读者可以使用 backend_overview()方法查看可用后端的待处理作业数。

```
from qiskit.tools.monitor import backend_overview
print("\nAll backends overview:\n")
backend_overview()
```

上述代码的结果大致如图 5-5 所示。

```
All backends overview:

ibmq_santiago             ibmq_armonk              ibmq_essex
-------------             -----------              ----------
Num. Qubits:  5           Num. Qubits:  1          Num. Qubits:  5
Pending Jobs: 1           Pending Jobs: 0          Pending Jobs: 5
Least busy:   False       Least busy:   True       Least busy:   False
Operational:  True        Operational:  True       Operational:  True
Avg. T1:      144.5       Avg. T1:      168.5      Avg. T1:      86.2
Avg. T2:      141.2       Avg. T2:      184.9      Avg. T2:      122.9

ibmq_burlington           ibmq_london              ibmq_valencia
---------------           -----------              -------------
Num. Qubits:  5           Num. Qubits:  5          Num. Qubits:  5
Pending Jobs: 4           Pending Jobs: 8          Pending Jobs: 32
Least busy:   False       Least busy:   False      Least busy:   False
Operational:  True        Operational:  True       Operational:  True
Avg. T1:      83.9        Avg. T1:      67.9       Avg. T1:      70.9
Avg. T2:      72.2        Avg. T2:      76.4       Avg. T2:      62.0

ibmq_ourense              ibmq_vigo                ibmq_16_melbourne
------------              ---------                -----------------
Num. Qubits:  5           Num. Qubits:  5          Num. Qubits:  15
Pending Jobs: 29          Pending Jobs: 26         Pending Jobs: 8
Least busy:   False       Least busy:   False      Least busy:   False
Operational:  True        Operational:  True       Operational:  True
Avg. T1:      93.7        Avg. T1:      104.8      Avg. T1:      54.2
Avg. T2:      64.9        Avg. T2:      84.6       Avg. T2:      55.4

ibmqx2
------
Num. Qubits:  5
Pending Jobs: 4
Least busy:   False
Operational:  True
Avg. T1:      65.3
Avg. T2:      45.5
```

图 5-5　不添加过滤条件时，查询到的所有可用后端

重点关注“Least busy”（最空闲）参数。可以发现，最空闲后端的待处理任务数最少。

由此可见，用户可以使用系统，自动选择用于运行量子程序的后端。但如果程序需要特定数量的量子比特才能运行，自动选择功能找出的后端可能并不能满足实际使用需求。遇到这种情况，可以通过设定量子比特的数量，过滤搜索结果，找出等待队列最短的后端。

5.6　使后端可视化

事实上，之前的示例中已经涉及 IBM Quantum 后端的各种参数。了解后端的参数对于直观而又全面地理解量子芯片和其他各种重要参数（如量子比特之间如何互连、哪种连接方式更好、每个量子比特的质量如何等）很有帮助。Qiskit 内置了可视化功能。

5.6.1 准备工作

可以从本书 GitHub 仓库中对应第 5 章的目录中下载本节示例的 Python 文件 ch5_r4_backend_vis.py。

5.6.2 操作步骤

本示例将用到 qiskit.visualization 程序包中的 3 种方法，即 plot_gate_map()、plot_error_map()和 plot_circuit_layout()浏览后端。此外，读者还需要使用 transpile()方法转译量子线路，然后使用 plot_circuit_layout()方法将其显示在后端上，查看 Qiskit 将量子门映射到了哪个量子比特上。

操作步骤如下。

（1）导入所需的 qiskit 和 qiskit.visualization 的方法，并加载自己的账号。

```
from qiskit import IBMQ, QuantumCircuit, transpile
from qiskit.providers.ibmq import least_busy
# Import the backend visualization methods
from qiskit.visualization import plot_gate_map,
plot_error_map, plot_circuit_layout
if not IBMQ.active_account():
    IBMQ.load_account()
provider = IBMQ.get_provider()
```

（2）获取所有拥有一个以上量子比特的可用的 IBM Quantum 后端，不包括模拟器。

```
available_backends = provider.backends(filters=lambda b:
    b.configuration().n_qubits > 1 and b.status().operational)
print("{0:20} {1:<10}".format("Name","#Qubits"))
print("{0:20} {1:<10}".format("----","-------"))
for n in range(0, len(available_backends)):
    backend = provider.get_backend(str(available_backends[n]))
print("{0:20} {1:<10}".format(backend.name(),backend.configuration().n_qubits))
```

（3）选择你想查看的后端。

```
backend_input = input("Enter the name of a backend, or X for the least busy:")
if backend_input not in  ["X","x"]:
    backend = provider.get_backend(backend_input)
else:
    backend = least_busy(provider.backends(
        filters=lambda b: b.configuration().n_qubits > 1
           and b.status().operational))
```

（4）显示该后端的量子门图和错误图。

```
print("\nQubit data for backend:",backend.status().backend_name)
```

```
display(plot_gate_map(backend, plot_directed=True))
display(plot_error_map(backend))
```

其中，第一个可视化用于展示后端的逻辑布局，可以选择显示量子比特之间允许的通信方向（plot_directed=True）。

考虑本示例中的 display(plot_gate_map(backend, plot_directed=True))。以 ibmq_burlington 后端为例，运行这行代码，输出的结果大致如图 5-6 所示。

此外，通过将错误图可视化，读者可以更好地理解后端的读出错误率和 CX 错误率，如图 5-7 所示。该图可以反映量子比特的质量（量子比特生成的读出结果的准确性和两个量子比特之间的受控非门，即 CX 门运行的准确性）。

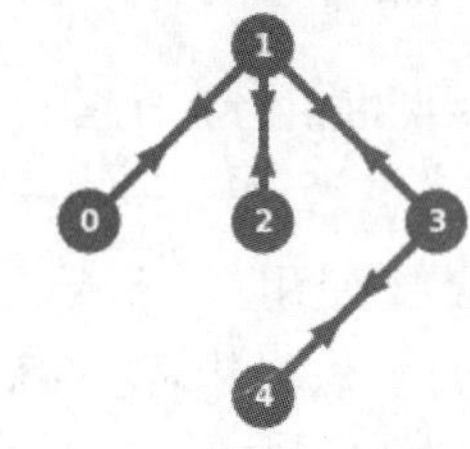

图 5-6　ibmq_burlington 后端的量子门图

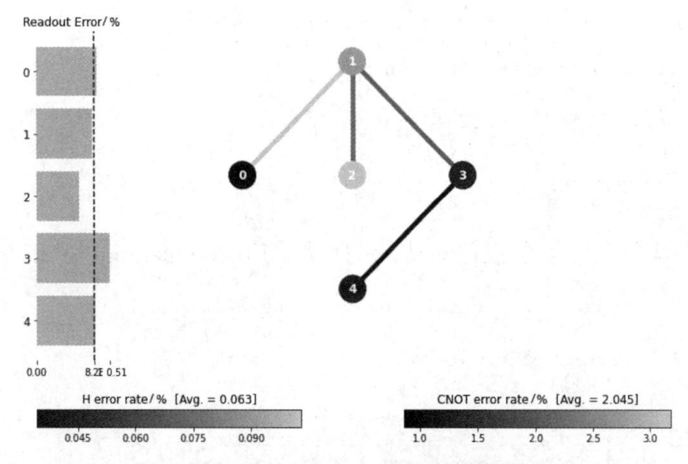

图 5-7　ibmq_burlington 后端的错误图

（5）创建一个贝尔态量子线路，将其进行转译，并用它显示量子线路的布局。

```
# Create and transpile a 2 qubit Bell circuit
qc = QuantumCircuit(2)
qc.h(0)
qc.cx(0,1)
display(qc.draw('mpl'))
qc_transpiled = transpile(qc, backend=backend, optimization_level=3)
display(qc_transpiled.draw('mpl'))
# Display the circuit layout for the backend.
display(plot_circuit_layout(qc_transpiled, backend, view='physical'))
```

显示量子线路的布局稍微有些复杂，因为它不仅需要一个后端作为输入，还需要用户先将要运行的量子线路进行转译，再将其作为输入。

仍以 `ibmq_burlington` 后端为例，运行一个贝尔态量子线路，结果大致如图 5-8 所示。

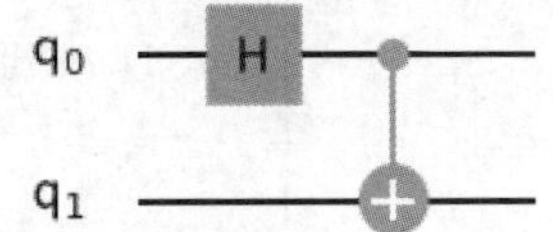

图 5-8 一个双量子比特的贝尔态量子线路

由转译后的量子线路（如图 5-9 所示）可知，该线路将在量子比特 0 和量子比特 1 上运行。因为本示例开始使用的是一个双量子比特的量子线路，所以我们允许转译器（transpiler）选择分配任意两个量子比特用于该量子线路。

量子线路的布局（如图 5-10 所示）展示了预期的量子比特分配。

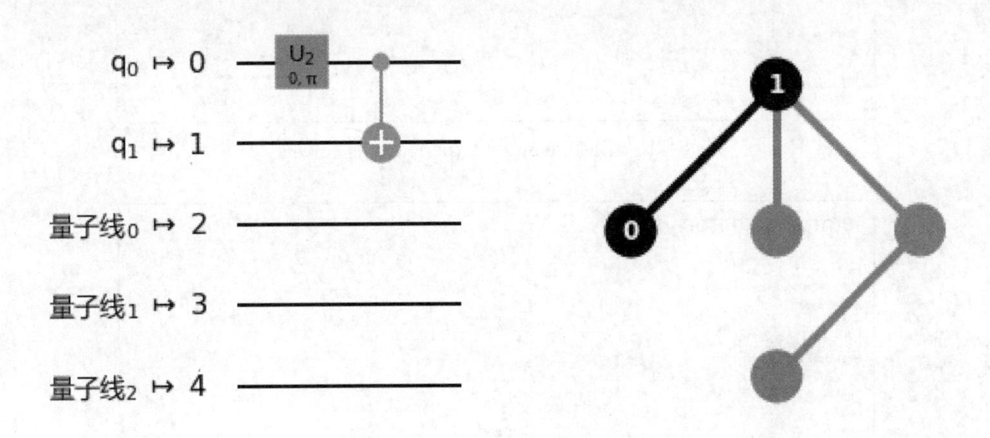

图 5-9 转译后的贝尔态量子线路

图 5-10 贝尔态量子线路中的 CX 门从量子比特 0 映射到量子比特 1

图 5-10 以象征性的方式说明了物理芯片的构架，不涉及技术细节。

5.6.3 知识拓展

上述示例向读者展示了在 Qiskit 中进行可视化的步骤。读者也可以在 IBM Quantum Experience 中实现相同的功能。

操作步骤如下。

（1）通过 IBM Quantum 官方网站登录 IBM Quantum Experience。

（2）在主页面的右侧窗格中，可以看到可用后端的列表，如图 5-11 所示。

（3）点击感兴趣的后端，如 `ibmq_burlington`，查看它的芯片布局和其他信息，如图 5-12 所示。

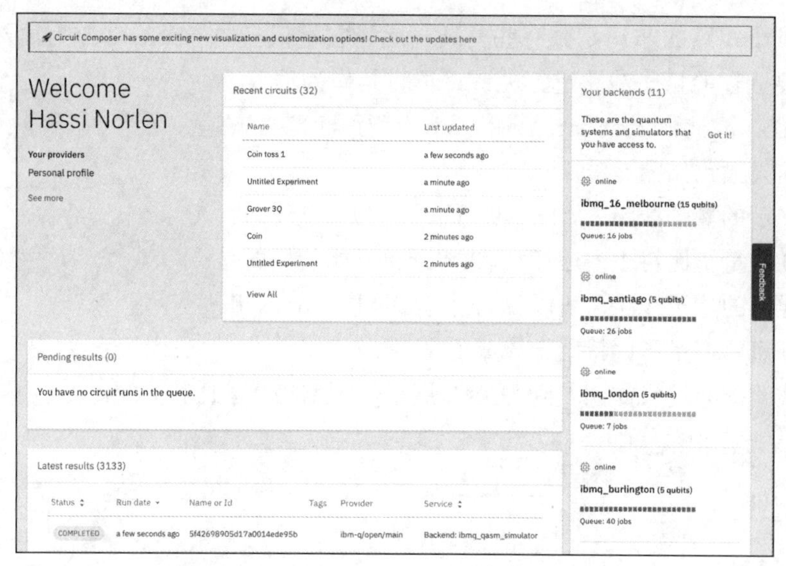

图 5-11　IBM Quantum Experience 的主页面

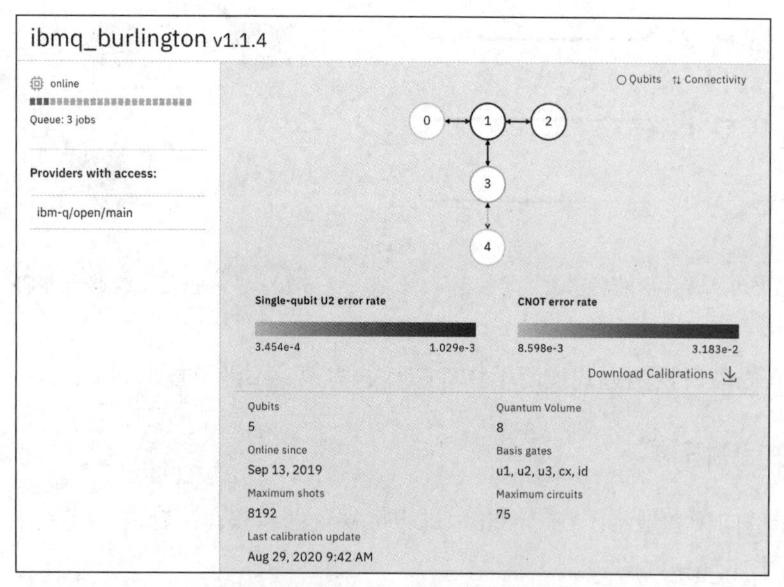

图 5-12　ibmq_burlington 的详细数据

以下列表简短地解释了所选后端的详细数据中不同字段的含义。

- Online/offline（**在线或离线**）：该后端目前是否可用。
- Queue（**目前的排队状况**）：此刻有多少用户正在使用该后端。读者可以通过该数据大致估计该后端的忙碌程度，以及还需要等多久才能运行自己的程序。

- Providers with access（**具有访问权限的提供服务的量子机器**）：这对可免费使用的后端开放。
- **实际量子芯片的设计示意图**：该图以象征性的方式说明物理芯片的构架，不涉及技术细节。
- Connectivity（**连接图**）：量子比特之间的箭头说明了如何使用双量子比特门（如 CNOT 门，也称受控非门或 CX 门）将量子比特连接起来。可以从箭头开始的量子比特到箭头结束的量子比特进行连接。
- Single-qubit U2 error rate（**单量子比特错误率**）：该参数用于衡量量子比特的质量。它是一个综合参数，既包含量子比特本身的错误率，也包含读出错误率。总的来说，它表示在某个状态的量子比特被读作其他状态的量子比特的概率。
- CNOT error rate（**CNOT 错误率**）：该参数用于衡量量子比特之间连接的质量。它表示两个纠缠的量子比特被读作非纠缠状态的量子比特的概率。
- Qubits（**量子比特的数量**）：可用量子比特的数量。
- Online since（**在线时间**）：该机器上线的日期和时间。
- Maxmum shots（**最大运行次数**）：程序在后端上运行的最大次数。
- Quantum Volume（**量子体积**）：后端的测量量子体积。量子体积是 IBM 公司提出的、用于衡量当今量子计算机性能的基准。
- Basis gates（**基本量子门**）：用于在后端上搭建量子程序的通用量子门。通常来说，基本量子门是指 U1 门、U2 门、U3 门、CX 门和 ID 门。用户可以用这些量子门组合成 Qiskit 支持的其他任何量子门。

可以将 IBM Quantum Experience 提供的可视化信息作为编写和运行量子程序的指南，根据特定后端所含量子比特的特性和错误图微调程序。当然，你可能也想在没有用户界面、只能通过命令操作的 Qiskit 环境中，在不使用用户界面的情况下获取后端数据。5.7 节将介绍如何在 Qiskit 中直接挖掘这些数据。

5.6.4 参考资料

可以阅读由 IBM Quantum 和 Qiskit 方面的资深技术作者 Ryan F. Mandelbaum 撰写的文章“What Is Quantum Volume, Anyway?”，从而更好、更全面地了解量子体积的概念。

5.7 使用 Qiskit 探索选定的后端

以可视化的方法获取后端数据尽管方便，但需要严格地按照步骤手动操作。有时，用户在运行量子程序时，可能想在程序逻辑中包含后端信息，如选择合适的后端或将量子门动态地作用在最合适的量子比特上。要实现这一需求，读者可以使用 Qiskit 直接从可用后端的信息中提取数据。

本示例将用到 `backend.configuration()`、`backend.status()` 和 `backend.properties()` 方法来检索并列出可用且可操作的后端，并提取一些重要的配置数据，如量子比特的数量、实验可运行的最大次数、队列中待处理作业的数量等。此外，还可以用这些方法挖掘量子比特的一些重要参数，如退相干参数 T1 和 T2、频率、所选后端的读出错误率等。

好了，让我们来看一下如何操作。

（1）导入 IBMQ 类，并加载自己的账号。

（2）获取所有可用且可操作的后端。

（3）选择用于比较后端的标准，如后端的名称、量子比特的数量、实验可运行的最大次数、待处理作业的数量等，并将其输出。

（4）选择具有 5 个量子比特的最空闲的后端。

（5）输出所选后端所含量子比特的属性。

之后，你可以仔细查看后端的所选属性，并用这些信息来决定用于运行量子程序的后端。

5.7.1　准备工作

可以从本书 GitHub 仓库中对应第 5 章的目录中下载本节示例的 Python 文件 ch5_r5_explore.py。

5.7.2　操作步骤

因为不同用户编写的量子程序类型不同，所以选择后端时需要重点考虑的因素也不同。有时，用户可能想将后端信息包含在自己编写的程序代码中。例如，有些用户可能对量子门错误率和读出错误率最小的量子比特感兴趣；而有些用户需要运行深度量子线路，因而可能对退相干时间 T1 和 T2 长的量子比特感兴趣。

（1）导入 IBMQ 类，并加载自己的账号。

```
from qiskit import IBMQ
from qiskit.providers.ibmq import least_busy
if not IBMQ.active_account():
    IBMQ.load_account()
provider = IBMQ.get_provider()
```

（2）获取所有可用的后端。

```
available_backends = provider.backends(operational=True)
```

（3）选取一些用于比较后端的参数。

本示例用简单的 Python 脚本，基于不同的标准——后端的名称、量子比特的数量、实验每天可运行的最大次数、待处理任务的数量比较可用的后端。要找出所需的参数，读者可以通过列表循环的方式，输出每个后端的 4 个所选参数——name、n_qubits、max_experiments 和 pending_jobs：

```
print("{0:20} {1:<10} {2:<10} {3:<10}".format("Name",
    "#Qubits","Max exp.","Pending jobs"))
print("{0:20} {1:<10} {2:<10} {3:<10}".format("----","-------",
    "--------","------------"))
for n in range(0, len(available_backends)):
    backend = provider.get_backend(str(available_backends[n]))
    print("{0:20} {1:<10} {2:<10} {3:<10}".format(backend.name(),
        backend.configuration().n_qubits, backend.configuration().
        max_experiments,backend.status().pending_jobs))
```

上述代码的结果大致如图 5-13 所示。

```
Name                 #Qubits    Max exp.   Pending jobs
----                 -------    --------   ------------
ibmq_qasm_simulator  32         300        0
ibmqx2               5          75         4
ibmq_16_melbourne    15         75         9
ibmq_vigo            5          75         26
ibmq_ourense         5          75         30
ibmq_valencia        5          75         31
ibmq_london          5          75         7
ibmq_burlington      5          75         5
ibmq_essex           5          75         6
ibmq_armonk          1          75         1
ibmq_santiago        5          75         1
```

图 5-13　可用后端的所选参数展示

（4）可以继续挖掘具有 5 个量子比特的最空闲后端的一些可用量子比特的数据，如退相干值 T1 和 T2、频率和这些量子比特的读出错误率。

在本示例中，可以用 Python 另写一段简单的 for 循环代码，输出后端的量子比特的属性，如量子比特的名称、值、相关输入数据的单位等。

本示例第一层循环的次数为后端的量子比特的数量（least_busy_backend.configuration().n_qubits），第二层循环的次数为每个量子比特的属性参数的数量（len(least_busy_backend.properties().qubits[0])：

```
least_busy_backend = least_busy(provider.backends(
    n_qubits=5,operational=True, simulator=False))
```

```
print("\nQubit data for backend:",
    least_busy_backend.status().backend_name)
for q in range (0, least_busy_backend.configuration().n_qubits):
    print("\nQubit",q,":")
    for n in range (0, len(least_busy_backend.properties().qubits[0])):
        print(least_busy_backend.properties().qubits[q][n].name,"=",
least_busy_backend.properties().qubits[q][n].value,
          least_busy_backend.properties().qubits[q][n].unit)
```

上述代码的结果大致如图 5-14 所示。

```
Qubit data for backend: ibmq_santiago

Qubit 0 :
T1 = 155.66702846003767 us
T2 = 213.9817460296015 us
frequency = 4.833428942479864 GHz
anharmonicity = 0 GHz
readout_error = 0.024499999999999966
prob_meas0_prep1 = 0.0316
prob_meas1_prep0 = 0.017399999999999997

Qubit 1 :
T1 = 167.16669714408508 us
T2 = 119.95932781265637 us
frequency = 4.623642178144719 GHz
anharmonicity = 0 GHz
readout_error = 0.012599999999999945
prob_meas0_prep1 = 0.0198
prob_meas1_prep0 = 0.005399999999999996

Qubit 2 :
T1 = 120.82422878269975 us
T2 = 86.8999241784768 us
frequency = 4.820532843939097 GHz
anharmonicity = 0 GHz
readout_error = 0.008699999999999993
prob_meas0_prep1 = 0.012599999999999945
prob_meas1_prep0 = 0.0048

Qubit 3 :
T1 = 158.97337859643895 us
T2 = 136.1602802946587 us
frequency = 4.7423153531828355 GHz
anharmonicity = 0 GHz
readout_error = 0.013700000000000045
prob_meas0_prep1 = 0.017000000000000015
prob_meas1_prep0 = 0.0104

Qubit 4 :
T1 = 119.67022511348239 us
T2 = 149.2204924000382 us
frequency = 4.816323579676691 GHz
anharmonicity = 0 GHz
readout_error = 0.017299999999999982
prob_meas0_prep1 = 0.02839999999999998
prob_meas1_prep0 = 0.0062
```

图 5-14　所选后端的量子比特的细节

有了这些信息，你就可以更深入地了解量子比特。它们不再只是一些抽象的逻辑实体，而是具体的物理对象，尽管这些对象会表现出量子力学行为。第 8 章将介绍如何在程序中使用 `backend.properties().gates` 信息。

5.7.3 参考资料

本示例中选取的属性仅仅是后端和量子比特属性的子集。你可以使用以下方法及其参数，在 Qiskit 中自行挖掘更多信息。

- backend.configuration()方法：
    - backend_name；
    - backend_version；
    - n_qubits；
    - basis_gates；
    - gates；
    - local；
    - simulator；
    - conditional；
    - open_pulse；
    - memory；
    - max_shots。
- backend.status()方法：
    - backend_name；
    - backend_version；
    - operational；
    - pending_jobs；
    - status_msg。
- backend.properties()方法：
    - backend_name；
    - backend_version；
    - last_update_date；
    - qubits；
    - gates；
    - general。

> **小提示**
>
> 可以使用 to_dict()方法（如 backend.configuration().to_dict()）输出每

个方法的值的完整列表。

试着修改示例代码，查询以下这些特定参数：

- 后端的名称；
- 后端可用的基本量子门；
- 量子比特的耦合映射，用于确定各个量子比特之间如何通信；
- 后端的量子门列表及各自的属性。

第 6 章 Qiskit 量子门资源库简介

在本章中，我们将探讨 Qiskit 工具箱提供的量子门。Qiskit 内置了一个包含大多数常用量子门的资源库，使得编写量子线路变得简单。

在这些量子门中，本章将重点关注用于基本量子比特翻转的泡利 X 门、泡利 Y 门和泡利 Z 门，用于创建量子比特叠加的阿达马门（H 门）和用于创建量子纠缠的 CX 门。你可以翻到第 4 章，简单复习一下。

此外，本章将介绍具有特殊用途的 S 门和 T 门、用于旋转量子比特的 R 门，以及如何仅使用 U1 门、U2 门、U3 门、ID 门和 CX 门这几个基本量子门的最小集合转化其他类型的量子门以供量子计算机直接使用。

本章还将简要介绍多量子比特的量子门和量子门之间的转译过程，使读者大致了解在实体量子计算机上运行量子线路之前，转译器如何将用户在 Qiskit 程序中通过拖放得到的简单量子门转译为更加复杂的基本量子门的集合。

本章主要包含以下内容：

- 使量子门可视化；
- 使用泡利 X 门、泡利 Y 门和泡利 Z 门翻转量子比特；
- 使用 H 门创建量子叠加；
- 使用量子相移门 S、$S^\dagger$、T 和 $T^\dagger$将量子比特绕 z 轴旋转；
- 使用 Rx 门、Ry 门和 Rz 门将量子比特绕任意坐标轴自由旋转；
- 使用基本量子门 U1、U2、U3 和 ID 搭建量子线路；
- 在两个量子比特上应用量子门；
- 多量子比特门；
- 量子线路的真面目。

在这些示例中，你将接触到 2.4 节中提到过的量子门的矩阵和量子比特的态矢量，当时是从数学角度介绍的。如有需要，可以随时翻回第 2 章巩固相关的数学知识。

6.1　技术要求

本章中探讨的示例代码参见本书 GitHub 仓库中对应第 6 章的目录。

6.2　使量子门可视化

可以使用简单的示例程序 ch6_r1_quantum_gate_ui.py 更好地理解量子门。

该示例与我们之前见到的一些示例有所不同。实际上到目前为止，我们主要都是在封装好的 Python 程序中输入 Qiskit 命令，除此之外并没有自己编写代码。而这一次，我们将通过搭建初级的 Python 实现（程序），创建一个非常基础的探索逻辑门的用户界面（before-after gate exploration UI）。当用户运行该程序时，它会提示用户选择量子比特的初始状态，并选择一个应用于该量子比特的量子门，然后它会自动创建一个可视化的界面，显示用户选择的量子门是如何作用在该量子比特上的。

该程序搭建一个量子线路，然后显示支持量子门、态矢量，以及与量子门动作相应的布洛赫球或 Q 球可视化的最小基本量子线路。在该程序生成的可视化界面中，量子比特经过量子门作用前后的状态会被重点标出，用户可以看到量子比特在经过量子门后，它的状态是如何变化的。

混合的经典/量子程序

此处实际上是在搭建一个混合的经典/量子程序，在这样的程序中，我们使用 Python 驱使用户输入控制命令、量子线路中的一般逻辑关系和显示方式，并使用 Qiskit 组件获取量子相关的功能。后续章节中的示例程序也是如此构建的。

6.2.1　准备工作

在编写用于可视化的程序之前，让我们花点时间讨论一下几个基本的量子比特的状态，了解量子比特的初始状态有哪些。读者可能比较熟悉其中的$|0\rangle$和$|1\rangle$，但是可能不太理解在布洛赫球上，量子比特的态矢量指向什么方向。此处简单介绍其余状态的狄拉克右矢描述，以及这些状态在布洛赫球上的指向，如图 6-1 所示。

- $|0\rangle = |0\rangle$：沿 z 轴竖直向上，指向 z 轴正方向（$+z$ 方向）。

- $|1\rangle = |1\rangle$：沿 z 轴竖直向下，指向 z 轴负方向（$-z$ 方向）。
- $|+\rangle = \dfrac{|0\rangle + |1\rangle}{\sqrt{2}}$：沿 x 轴向外，指向 x 轴正方向（$+x$ 方向）。
- $|-\rangle = \dfrac{|0\rangle - |1\rangle}{\sqrt{2}}$：沿 x 轴向内，指向 x 轴负方向（$-x$ 方向）。
- $|\mathrm{R}\rangle = \dfrac{|0\rangle + \mathrm{i}|1\rangle}{\sqrt{2}}$：沿 y 轴向右，指向 y 轴正方向（$+y$ 方向）。
- $|\mathrm{L}\rangle = \dfrac{|0\rangle - \mathrm{i}|1\rangle}{\sqrt{2}}$：沿 y 轴向左，指向 y 轴负方向（$-y$ 方向）。

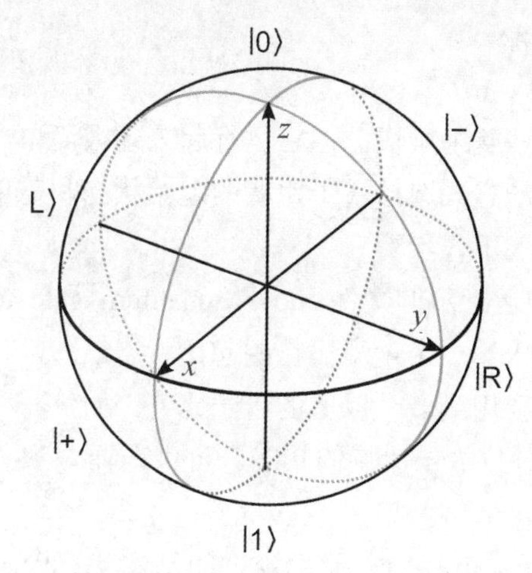

图 6-1 量子比特的初始状态在布洛赫球上的映射

在本示例中，你可以探索 Qiskit 的一些有趣的功能。

- **可视化**：`qiskit.visualization` 类包含各种用于将用户的量子比特和量子线路可视化的方法。在本示例中，将用到如下这些方法。
  - **布洛赫球**：将一个量子比特映射在布洛赫球上。

```
plot_bloch_multivector(state_vector)
```

  - **Q 球**：将一个或多个量子比特以态矢量的方式映射在球坐标系中。

```
plot_state_qsphere(state_vector)
```

- **初始化**：将量子比特初始化到特定的初始状态。

```
circuit.initialize(initial_vector,qubit)
```

- **态矢量模拟器**：这是一个用于计算量子比特的态矢量的 Aer 量子模拟器。

```
Aer.get_backend('statevector_simulator')
```

- **幺正模拟器**：这是一个用于计算量子线路的幺正矩阵的 Aer 量子模拟器。如果用该模拟器计算仅包含一个量子门的量子线路的幺正矩阵，得到的结果其实就是该量子门的矩阵表示。

```
Aer.get_backend('unitary_simulator')
```

- **QASM 输入**：可以使用 `QuantumCircuit.from_qasm_str(qasm_string)` 方法创建并导入 QASM 字符串，以此快捷地搭建量子线路，3.5 节介绍过该方法。

可以从本书 GitHub 仓库中对应第 6 章的目录中下载本节示例的 Python 文件 ch6_r1_quantum_gate_ui.py。

6.2.2　操作步骤

尽管该示例的程序有些复杂难懂，但它运行起来却很简单。示例中的每个步骤都是独立的，都需要通过输入的方式选择量子比特的起始状态和需要用到的量子门，按回车键即可结束步骤，开始进入下一步骤。

（1）在 Python 环境中运行示例文件 ch6_r1_quantum_gate_ui.py。

在第一个提示符处输入第一个量子比特的起始状态。如果读者选择的量子门需要用到一个以上的量子比特，如 CX 门，此处需要选择控制位量子比特的状态。可供选择的起始状态如图 6-2 所示。

```
Start state:
0. |0⟩
1. |1⟩
+. |+⟩
-. |-⟩
R. |R⟩
L. |L⟩
r. Random (a|0⟩ + b|1⟩)
d. Define (θ and ϕ)
```

图 6-2　第一个提示符：选择一个起始状态

前 6 个选项用于选择一个我们之前讨论过的基本状态：$|0\rangle$、$|1\rangle$、$\frac{|0\rangle+|1\rangle}{\sqrt{2}}$、$\frac{|0\rangle-|1\rangle}{\sqrt{2}}$、$\frac{|0\rangle+i|1\rangle}{\sqrt{2}}$ 和 $\frac{|0\rangle-i|1\rangle}{\sqrt{2}}$。r 选项用于随机选定一次量子比特的状态，而 d 选项允许用户输入 θ 角和 ψ 角，程序会根据角度值和以下公式将量子比特初始化到用户指定的状态：

$$|\psi\rangle=\cos\frac{\theta}{2}|0\rangle+e^{i\varphi}\sin\frac{\theta}{2}|1\rangle$$

注意，此处角度用弧度表示。程序开始处定义的 `start_states` 列表定义了可用的起始状态：

```
# List our start states
start_states=["1","+","-","R","L","r","d"]
valid_start=["0"]+start_states
```

（2）在第二个提示符处输入自己想要尝试的量子门，如 X 门，如图 6-3 所示。

```
Enter a gate:
Available gates:
 ['id', 'x', 'y', 'z', 't', 'tdg', 's', 'sdg',
'h', 'rx', 'ry', 'rz', 'u1', 'u2', 'u3', 'cx',
'cy', 'cz', 'ch', 'swap', 'rx', 'ry', 'rz',
'u1', 'u2', 'u3']
```

图 6-3　第二个提示符：选择一个量子门

输出 all_gates 列表即可看到所有可用的量子门。在编写量子程序时，先要在开始部分定义该列表，整理自己的量子门资源库，这是最重要的步骤之一：

```
# List our gates
rot_gates=["rx","ry","rz"]
unitary_gates=["u1","u2","u3"]
single_gates=["id","x","y","z","t","tdg","s","sdg","h"]
    +rot_gates
oneq_gates=single_gates+unitary_gates
control_gates=["cx","cy","cz","ch"]
twoq_gates=control_gates+["swap"]
all_gates=oneq_gates+twoq_gates+rot_gates+unitary_gates
```

现在，将示例代码中的 get_unitary() 函数应用到一个空白的量子线路上，检索并输出用户所选量子门的幺正矩阵。

对 X 门而言，输出结果大致如图 6-4 所示。

```
Unitary for the x gate:

[[0.+0.j 1.+0.j]
 [1.+0.j 0.+0.j]]
```

图 6-4　第一个输出结果：所选量子门的幺正矩阵

将上述矩阵与在第 2 章中经过计算得到的如下的 X 门的矩阵进行比较：

$$X:\begin{bmatrix}0 & 1\\1 & 0\end{bmatrix}$$

现在我们已经准备好编写程序中最重要的主体部分了。

（3）按回车键恢复初始设置。

该程序调用了 qgate(gate,start) 函数，基于用户的输入对量子线路进行设置。create_circuit(n_qubits,start) 命令可用于让程序根据用户输入的量子门，创

建一个单量子比特或双量子比特的量子线路，而后续的 qgate_out(circuit,start)函数用于显示这个空白线路。此时，该量子线路中仅包含已经被初始化（initialized）为用户指定的起始状态的量子比特。如果用户输入的状态是$|0\rangle$，则无须对该量子线路进行初始化。

initialize()方法将复振幅矢量和目标量子比特作为函数的输入，并添加一个看起来很像量子门的量子线路命令。因为复振幅矢量必须先进行归一化，才能作为该函数的输入，所以该程序中使用[a * complex(1, 0), b * complex(1, 0)]创建矢量。

输出结果大致如图 6-5 所示。

（4）再次按回车键，添加所选的量子门，并显示量子门作用后的最终结果。

调用 qgate(gate,start)函数得到的最终结果是程序所返回的完整量子线路。我们在此使用 qgate_out(circuit,start)函数显示量子门作用后的最终结果。

X 门作用在初始化为$|0\rangle$的量子比特上，将得到如图 6-6 所示的输出结果。

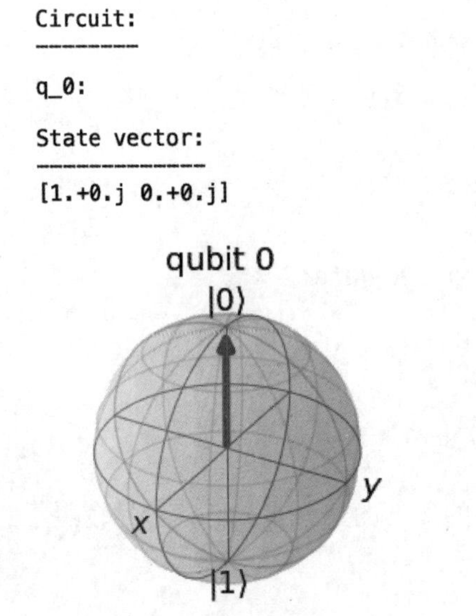

图 6-5　第二个输出结果：初始量子线路、态矢量及其布洛赫球表示

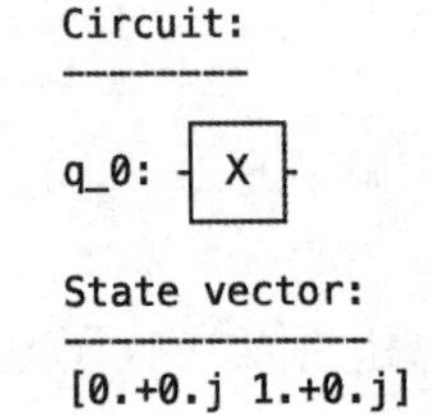

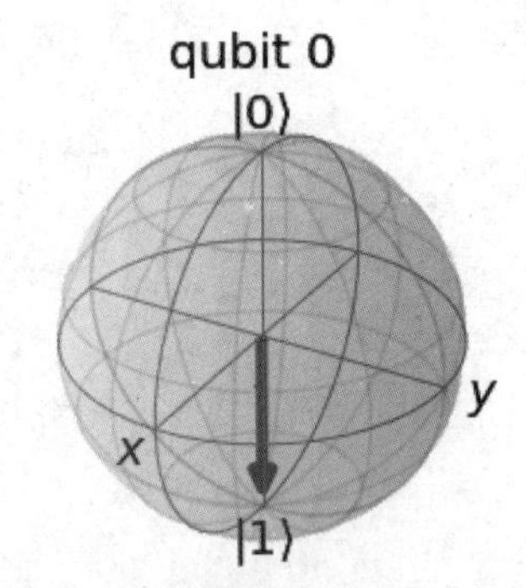

图 6-6　第三个输出结果：量子门作用后的量子线路、态矢量及其布洛赫球表示

综上，初次运行该程序得到了如下结果：起始时刻，量子比特处于$|0\rangle$状态，其态矢量的布洛赫球表示竖直向上，指向 z 轴正方向；经过 X 门作用后，量子比特被翻转到$|1\rangle$状态，其态矢量的布洛赫球表示竖直向下，指向 z 轴负方向。

6.2.3 运行原理

在该程序中，为运行特定的 Qiskit 功能，我们定义了以下几个函数。

- get_psi(circuit)函数：尽管第 4 章曾介绍过该函数，但此处的用法有一些变化。在之前的示例中，该函数用于直接绘制布洛赫矢量；而在本示例中，我们对其进行了设置，让它返回态矢量，以便在程序的其他位置调用它的返回结果。该函数以一个量子线路作为输入，使用 Qiskit Aer 提供的 statevector_simulator 后端返回该量子线路的态矢量。

```
def get_psi(circuit):
    global psi
    backend = Aer.get_backend('statevector_simulator')
    result = execute(circuit, backend).result()
    psi = result.get_statevector(circuit)
    return(psi)
```

- get_unitary(circuit)函数：该函数以一个量子线路作为输入，使用名为 unitary_simulator 的 Aer 后端返回该量子线路的幺正矩阵。

```
def get_unitary(circuit):
    simulator = Aer.get_backend('unitary_simulator')
    result = execute(circuit, simulator).result()
    unitary = result.get_unitary(circuit)
    return(unitary)
```

- create_circuit(n_qubits,start)函数：该函数用于创建量子线路并将其初始化到选定的起始状态。它根据用户的输入（1、+、-、R、L、r 或 d）对起始状态矢量进行设置。

```
def create_circuit(n_qubits,start):
    if start=="1":
        initial_vector = [0,complex(1,0)]
    elif start=="+":
        # Create |+> state
        initial_vector = [1/sqrt(2) * complex(1, 0), 1/sqrt(2) * complex(1, 0)]
    elif start=="-":
        # Create |-> state
        initial_vector = [1/sqrt(2) * complex(1, 0), -1/sqrt(2) * complex(1, 0)]
    elif start=="R":
        # Create |R⟩ state
        initial_vector = [1/sqrt(2) * complex(1, 0), 1*1.j/sqrt(2) * complex(1, 0)]
    elif start=="L":
        # Create |L⟩ state
        initial_vector = [1/sqrt(2) * complex(1, 0), -1*1.j/sqrt(2) * complex(1, 0)]
    elif start=="r":
        # Create random initial vector
        theta=random.random()*pi
        phi=random.random()*2*pi
```

```
        a = cos(theta/2)
        b = cmath.exp(phi*1j)*sin(theta/2)
        initial_vector = [a * complex(1, 0), b * complex(1, 0)]
    elif start=="d":
        a = cos(start_theta/2)
        b = cmath.exp(start_phi*1j)*sin(start_theta/2)
        initial_vector = [a * complex(1, 0), b * complex(1, 0)]
    else:
        initial_vector == [complex(1,0),0]
    if start!="n":
        print("\nInitial vector for |"+start+"\u232A:")
        print(np.around(initial_vector, decimals = 3))
```

然后创建量子线路，并给出运行量子线路所需的量子比特的数量。如果量子比特的起始状态不是$|0\rangle$，则需要对量子比特进行初始化：

```
circuit = QuantumCircuit(n_qubits)
if start in start_states:
    circuit.initialize(initial_vector,n_qubits-1)
return(circuit)
```

- `qgate_out(circuit,start)`函数：该函数用于通过调用 print 功能及一些 Qiskit 方法，创建并保存量子线路和量子比特的布洛赫球表示的图像。

```
def qgate_out(circuit,start):
    # Print the circuit
    psi=get_psi(circuit)
if start!="n":
    print("\nCircuit:")
    print("--------")
    print(circuit)
    print("\nState vector:")
    print("-------------")
    print(np.around(psi, decimals = 3))
    display(plot_bloch_multivector(psi))
    if circuit.num_qubits>1 and gate in control_gates:
        display(plot_state_qsphere(psi))
return(psi)
```

- `qgate(gate,start)`函数：该函数以量子门和量子比特的起始状态作为输入，然后根据它们创建一个量子线路。对于单量子比特的量子门，该函数会将量子门作用在第一个量子比特上；对于双量子比特的量子门，第一个量子比特是受控位量子比特，第二个量子比特是控制位量子比特。

  之后，该函数会将输入的量子门与 `oneq_gates` 列表中的量子门进行比较，然后立即调用 `create_circuit()`函数创建一个单量子比特或双量子比特量子线路。同时，程序还创建了正确的单量子比特或双量子比特 QASM 字符串作为 `from_qasm_str()`方法（见 3.5 节）的部分参数，用于将选定的量子门追加到量子线路中。幸运的是，量子门的QASM代码与量子门的名称是一一对应的。

输入以下命令，在量子线路中添加一个X门：

```
circuit+=QuantumCircuit.from_qasm_str(qasm_string+gate+"q[0];")
```

其中，QASM字符串作为from_qasm_str()方法的一部分参数：

```
qasm_string+gate+" q[0];"
```

这一参数转换为以下QASM代码，并将X门追加到量子线路中：

```
OPENQASM 2.0; include "qelibl.inc";
qreg q[1];
X q[0];
```

最后，qgate()函数返回量子线路，我们可以继续进行后续操作。

```
def qgate(gate,start):
    # If the gates require angles, add those to the QASM
    # code
    qasm_angle_gates={"rx":"rx("+str(theta)+") q[0];",
        "ry":"ry("+str(theta)+") q[0];",
        "rz":"rz("+str(phi)+") q[0];",
        "u1":"u1("+str(phi)+") q[0];",
        "u2":"u2("+str(phi)+",
        "+str(lam)+") q[0];",
        "u3":"u3("+str(theta)+",
        "+str(phi)+","+str(lam)+") q[0];"}
    # Create the circuits and then add the gate using
    # QASM import
    if gate in oneq_gates:
        circuit=create_circuit(1,start)
        qasm_string='OPENQASM 2.0; include "qelib1.inc"; qreg q[1];'
    else:
        circuit=create_circuit(2,start)
        qasm_string='OPENQASM 2.0; include "qelib1.inc"; qreg q[2];'
    qgate_out(circuit,start)
    if gate in oneq_gates:
        if gate in rot_gates+unitary_gates:
            circuit+=QuantumCircuit.from_qasm_str
               (qasm_string+qasm_angle_gates[gate])
        else:
           circuit+=QuantumCircuit.from_qasm_str(qasm_string+gate+" q[0];")
    else:
        circuit+=QuantumCircuit.from_qasm_str(qasm_string+gate+" q[1],q[0];")
    return(circuit)
```

到这一步为止，读者就拥有了一个自己的小程序，可以用它搭建仅含一个量子门的比较基础的量子线路、加深对初始态矢量和最终态矢量的理解、查看所选的量子门的幺正矩阵、查看量子门如何使布洛赫矢量的转动，而且如果布洛赫球表示无法满足自己的使用需求，还可以使用可视化的**Q球**表示。

现在，用自己喜欢的方式实现本章中的其他示例，探索 Qiskit 提供的一些基本量子门，来了解这个小程序。

6.2.4　参考资料

如果想快速、形象地了解单量子比特的布洛赫球表示，以及当特定量子门作用在量子比特上时，量子比特的布洛赫球表示的变化情况，可以在 GitHub 中找到 Qiskit 的倡导者 James Weaver 制作的一个名为 grok-bloch 的交互式应用。该应用既可以下载并安装到本地的 Python 环境中，也可以在线运行。

6.3　使用泡利 X 门、泡利 Y 门和泡利 Z 门翻转量子比特

经典非门的作用是对经典比特的值取反，而泡利 X 门、泡利 Y 门和泡利 Z 门的作用类似于经典非门，用于单个量子比特。例如，泡利 X 门可以将$|0\rangle$变换为$|1\rangle$。

如你所见，泡利 X 门实际上将量子比特绕 x 轴旋转了 π（弧度）。同理，泡利 Y 门和泡利 Z 门也可以将量子比特旋转 π，只不过分别是绕 y 轴和 z 轴旋转。

在数学角度上，泡利 X 门、泡利 Y 门和泡利 Z 门的幺正矩阵表示如下：

$$X:\begin{bmatrix}0 & 1\\1 & 0\end{bmatrix}\quad Y:\begin{bmatrix}0 & -i\\i & 0\end{bmatrix}\quad Z:\begin{bmatrix}1 & 0\\0 & -1\end{bmatrix}$$

本节中的示例将作为一种模板，介绍如何使用本章所提供的示例代码，而本章中的其他示例将快速带过，不展开讨论操作细节。

让我们运行带用户界面的量子门示例程序来了解泡利 X 门、泡利 Y 门和泡利 Z 门。先创建一个仅含一个量子比特的空白的量子线路，该量子比特处于用户选择的初始状态。然后，选择量子门并将其添加到量子线路中，再运行态矢量模拟器和幺正模拟器，以量子比特的态矢量和量子门的幺正矩阵表示的形式显示输出结果。

可以从本书 GitHub 仓库中对应第 6 章的目录中下载本节示例的 Python 文件 ch6_r1_quantum_gate_ui.py。

6.3.1　操作步骤

（1）运行示例程序 ch6_r1_quantum_gate_ui.py。

（2）选择量子比特的起始状态。

对于量子比特$|0\rangle$和$|1\rangle$，泡利 X 门和泡利 Y 门的作用效果非常好理解，基本上类似于非门的作用效果。但对于量子比特$|+\rangle$（$\frac{|0\rangle+|1\rangle}{\sqrt{2}}$），泡利 X 门作用前后，$|+\rangle$不发生变化；而泡利 Y 门和泡利 Z 门将使$|+\rangle$产生 π 的相移，转变为$|-\rangle$（$\frac{|0\rangle-|1\rangle}{\sqrt{2}}$）。

还可以试一下这 3 种泡利量子门作用在$|L\rangle$和$|R\rangle$上的效果。如果输入 r（表示 random，随机）或 d（表示 define，自定义），可以更详细地了解量子门作用于不同的量子比特时，态矢量的旋转情况。

（3）在提示符处输入 x、y 或 z，选择要用的量子门。

在 6.2 节中，我们已经尝试过泡利 X 门了。此处建议读者了解一下其他泡利量子门的作用效果。

泡利 Z 门作用在一个起始状态随机的量子比特上时，得到的输出结果大致如图 6-7 所示。

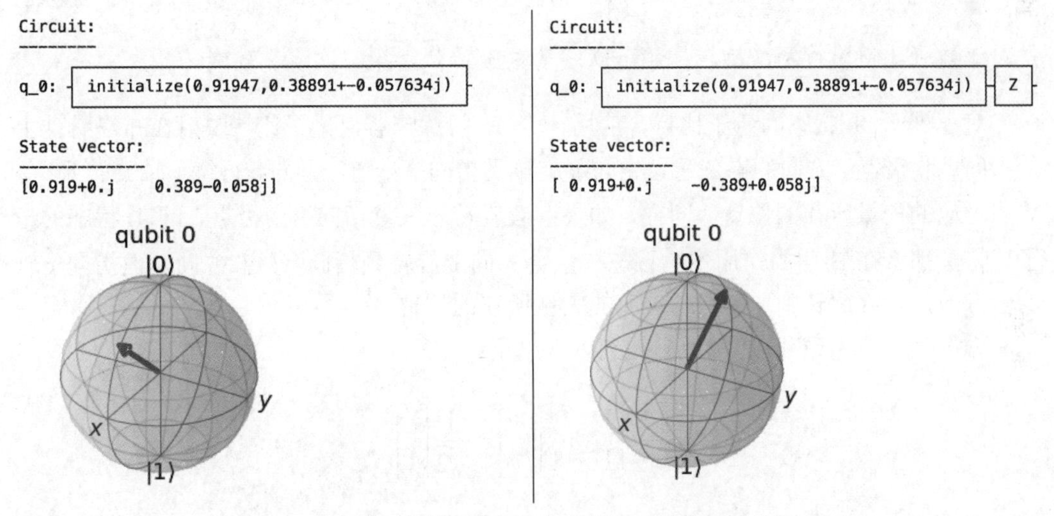

图 6-7 泡利 Z 门作用在一个起始状态随机的量子比特上

6.3.2 知识拓展

泡利量子门不是直接在量子后端上运行的，而是先由系统自动将其转译为以下这些幺正基门（unitary basis gate）：

```
x(qubit) = u3(3.141,0,3.141,qubit)
y(qubit) = u3(3.141,1.571,1.571,qubit)
z(qubit) = u1(3.141,qubit)
```

更多相关信息，参见 6.7 节和 6.10 节。

6.4　使用 H 门创建量子叠加

让我们重温一下第 4 章中的“老朋友”阿达马门，也称为 H 门。它是一种用途相对专业的量子门，用于进行一般的量子比特叠加。但它的作用不止于此，读者还可以使用 H 门将测量时的坐标轴——一般的 z 轴（或计算轴）变更为 x 轴，更加深入地了解量子比特的行为。详情参见 6.4.2 节。

H 门的幺正矩阵表示如下：

$$\mathrm{H}:\frac{1}{\sqrt{2}}\begin{bmatrix}1 & 1\\1 & -1\end{bmatrix}$$

除非读者对矩阵运算的含义理解得很透彻，否则可能不太清楚这样一个量子门作用在量子比特上时，量子比特会发生什么变化。但是如果我们把 H 门的作用描述成对量子比特连续进行两次旋转，读者可能就理解得更清楚了。将 H 门作用在量子比特上实际上是对该量子比特进行两次旋转：第一次绕 y 轴旋转 $\frac{\pi}{2}$，第二次绕 x 轴旋转 π。

对于处于 $|0\rangle$ 状态的量子比特，应用一个 H 门意味着该量子比特映射在布洛赫球上的指向“北极点”方向的态矢量，先向下旋转到指向“赤道”方向，再绕 x 轴旋转到 $|+\rangle$ 状态对应的矢量所在的位置。同样，如果读者旋转态矢量指向“南极点”的 $|1\rangle$ 状态的量子比特，那么在 H 门的作用下，该态矢量会先向上旋转到指向“赤道”方向，但指向 x 轴的负方向，最终旋转到 $|-\rangle$ 状态对应的矢量所在的位置。

如果对 $|0\rangle$ 进行矩阵运算，会得到以下结果：

$$\frac{1}{\sqrt{2}}\begin{bmatrix}1 & 1\\1 & -1\end{bmatrix}\begin{bmatrix}1\\0\end{bmatrix}=\frac{1}{\sqrt{2}}\begin{bmatrix}1\\1\end{bmatrix}$$

该等式也可以用狄拉克右矢符号表示：

$$|\psi=a|0\rangle+b|1\rangle$$

其中，$a=\cos\frac{\theta}{2}$，$b=\mathrm{e}^{\mathrm{i}\varphi}\sin\frac{\theta}{2}$。

如果把上述等式中的 a 和 b 替换为 $1/\sqrt{2}$，可得 $\theta=\pi/2$、$\varphi=0$，相当于 $|+\rangle$。

除了纯态的 $|0\rangle$ 和 $|1\rangle$，如果将 H 门应用在处于其他状态的量子比特上，则会将量子比特对应的态矢量旋转到一个新的位置。

可以从本书 GitHub 仓库中对应第 6 章的目录中下载本节示例的 Python 文件 ch6_r1_quantum_gate_ui.py。

6.4.1 操作步骤

要学习 H 门，我们可以运行 6.2 节中所描述的量子门程序。

（1）运行示例程序 ch6_r1_quantum_gate_ui.py。

（2）选择量子比特的起始状态。

对于量子比特$|0\rangle$和$|1\rangle$，H 门的作用效果非常好理解，它可以将量子比特对应的态矢量方向变到指向“赤道”方向，使其处于一种等比例的量子叠加态。但对于量子比特$|+\rangle$（$\frac{|0\rangle+|1\rangle}{\sqrt{2}}$）和$|-\rangle$（$\frac{|0\rangle-|1\rangle}{\sqrt{2}}$），H 门将处于等比例量子叠加态的$|+\rangle$和$|-\rangle$变回相应的叠加前的状态。读者可以试一下 H 门作用在$|L\rangle$和$|R\rangle$上的效果，用随机输入或自定义输入，更加详细地了解 H 门对应的旋转操作。

（3）在提示符处输入 `h`，选择 H 门。

H 门作用在状态为$|0\rangle$的量子比特上时，生成的输出结果如图 6-8 所示。

```
Initial vector for |0>:
[1.+0.j 0.+0.j]

Circuit:
--------

q_0:

State vector:
-------------
[1.+0.j 0.+0.j]
```

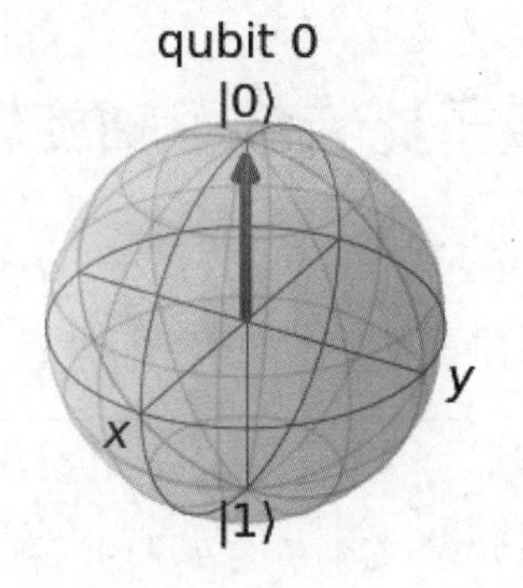


```
Press Enter to see the result after the h gate...

Circuit:
--------
        ┌───┐
q_0: ┤ H ├
        └───┘

State vector:
-------------
[0.707+0.j 0.707+0.j]
```

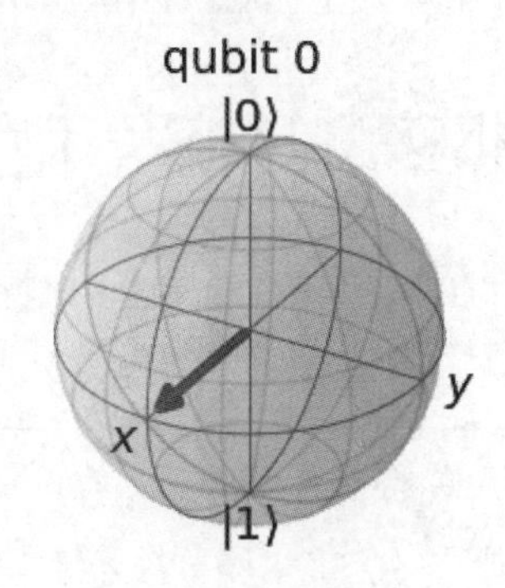

图 6-8 H 门作用在起始状态为$|0\rangle$的量子比特上

6.4.2　知识拓展

H 门不是直接在量子后端上运行的，而是先由系统自动将其转译为以下幺正基门：

```
h(qubit)=u2(0,3.141,qubit)
```

更多相关信息，参见 6.7 节和 6.10 节。

此外，H 门也常用于将测量时的坐标轴从默认的 z 轴变更为 x 轴。从 x 轴测量，可以检测到量子比特的相位。

想要知道相位的取值，必须沿 y 轴再进行一次测量。为了将测量时的坐标轴转移到 y 轴，需要同时用到 H 门和 $S^\dagger$门（S dagger gate）。

为了直观地看到测量基准视角的变化，可以想象着将量子比特旋转到测量时想要用到的坐标轴，然后从 z 轴方向进行一次标准的测量。当我们沿 x 轴测量时，将量子比特旋转到$|+\rangle$所对应的方向；而沿 y 轴测量时，将其旋转到$|R\rangle$所对应的方向。

沿 3 个布洛赫球坐标轴进行测量时，需要用到以下量子门组合。

沿 z 轴测量（计算基准）需要用到的量子门组合如图 6-9 所示；沿 x 轴测量需要用到的量子门组合如图 6-10 所示；沿 y 轴测量需要用到的量子门组合如图 6-11 所示。

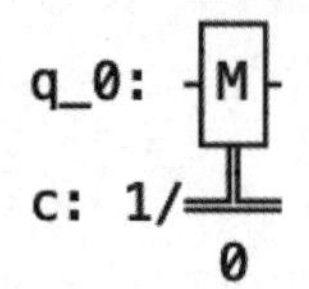

图 6-9　沿 z 轴测量

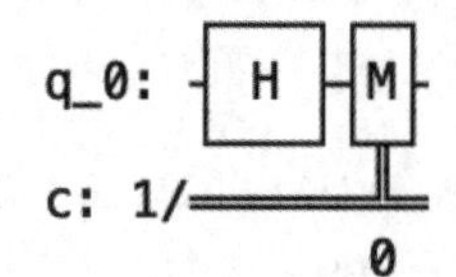

图 6-10　沿 x 轴测量

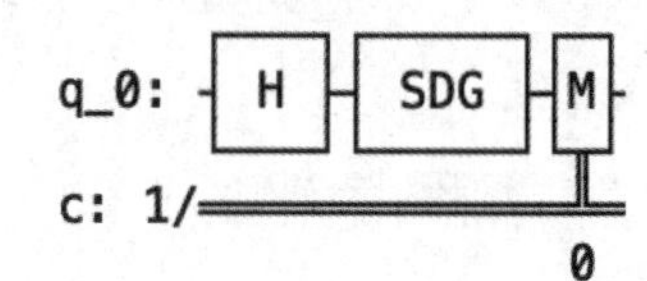

图 6-11　沿 y 轴测量

6.4.3　参考资料

关于沿不同坐标轴测量量子比特的相位的示例，参见 9.2 节。

6.5　使用量子相移门 S、$S^\dagger$、T 和 $T^\dagger$将量子比特绕 z 轴旋转

S 门、$S^\dagger$门、T 门和 $T^\dagger$门都是用于将量子比特绕 z 轴旋转的量子门。也就是说，这些量子门作用在量子比特上时，不改变测量结果是 1 或 0 的概率，而是改变量子比特的相位。

S 门和 T 门不是互逆的

即使 S 门和 T 门都可以使量子比特绕 z 轴进行一系列旋转，但它们不是互逆的。在量子线路中依次添加这两种门，并不能使它们的作用效果相互抵消。相反，Qiskit 中所包含

的 S†门和 T†门才分别和 S 门和 T 门互逆。如果需要快速复习一下，可以翻回 2.4 节。

在数学角度上，S 门、S†门、T 门和 T†门的幺正矩阵表示如下：

$$S:\begin{bmatrix}1 & 0\\0 & i\end{bmatrix}\quad S^{\dagger}:\begin{bmatrix}1 & 0\\0 & -i\end{bmatrix}\quad T:\begin{bmatrix}1 & 0\\0 & e^{i\frac{\pi}{4}}\end{bmatrix}\quad T^{\dagger}:\begin{bmatrix}1 & 0\\0 & e^{-i\frac{\pi}{4}}\end{bmatrix}$$

可以从本书 GitHub 仓库中对应第 6 章的目录中下载本节示例的 Python 文件 ch6_r1_quantum_gate_ui.py。

6.5.1 操作步骤

要了解相移门，我们可以运行 6.2 节中所描述的带有用户界面的量子门程序。

（1）运行示例程序 ch6_r1_quantum_gate_ui.py。

（2）选择量子比特的起始状态。

由于这些相移门可以将量子比特绕 z 轴旋转，所以没必要用默认的$|0\rangle$或$|1\rangle$状态的量子比特，因为这两种状态的量子比特的相位为 0。相反，选择处于量子叠加态的量子比特，如+、-、L、R、r 或 d。

（3）在提示符处输入 s、sdg、t 或 tdg，选择要用的量子门。

S 门作用在起始状态为$|+\rangle$的量子比特上时，生成的输出结果如图 6-12 所示。

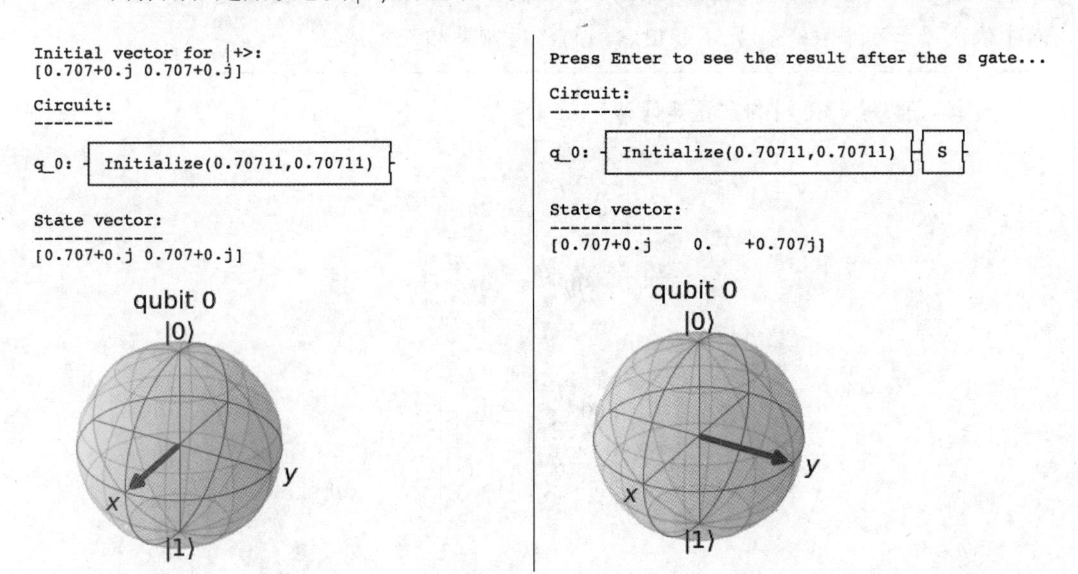

图 6-12 S 门作用在起始状态为$|+\rangle$的量子比特上

6.5.2 知识拓展

相移门不是直接在量子后端上运行的，而是先由系统自动将其转译为以下幺正基门：

```
s(qubit) = u1(1.570,qubit)
sdg(qubit) = u1(-1.570,qubit)
t(qubit) = u1(0.785,qubit)
tdg(qubit) = u1(-0.785,qubit)
```

更多相关信息，参见 6.7 节和 6.10 节。

6.6 使用 Rx 门、Ry 门和 Rz 门将量子比特绕任意坐标轴自由旋转

相移门用于将量子比特绕 z 轴旋转，以改变量子比特的相位，而旋转门可以将量子比特绕布洛赫球相应的轴进行旋转。Rx 门用于将量子比特沿直线 $\varphi=0$ 旋转 θ（相位 φ 为 0），Ry 门用于将量子比特沿直线 $\varphi=\frac{\pi}{2}$ 旋转 θ（相位 φ 为 $\frac{\pi}{2}$），Rz 门用于将量子比特绕 z 轴旋转；在特殊取值 $\varphi=\frac{\pi}{4}$ 时，Rz 门就是 S 门，$\varphi=\frac{\pi}{2}$ 时，Rz 门就是 T 门。

> **旋转门（R 门）不是互逆的**
>
> 即使 R 门可以使量子比特绕 x、y、z 轴自由旋转，但它们不是互逆的。在量子线路中依次添加两个 R 门，并不能使它们的作用效果相互抵消。

在数学角度上，R 门的幺正矩阵表示如下：

$$\mathrm{Rx}:\begin{bmatrix}\cos\frac{\theta}{2} & -\mathrm{i}\sin\frac{\theta}{2}\\ -\mathrm{i}\sin\frac{\theta}{2} & \cos\frac{\theta}{2}\end{bmatrix}$$

$$\mathrm{Ry}:\begin{bmatrix}\cos\frac{\theta}{2} & -\sin\frac{\theta}{2}\\ \sin\frac{\theta}{2} & \cos\frac{\theta}{2}\end{bmatrix}$$

$$
\mathrm{Rz}:\begin{bmatrix} \mathrm{e}^{-\mathrm{i}\frac{\varphi}{2}} & 0 \\ 0 & \mathrm{e}^{\mathrm{i}\frac{\varphi}{2}} \end{bmatrix}
$$

可以从本书 GitHub 仓库中对应第 6 章的目录中下载本节示例的 Python 文件 ch6_r1_quantum_gate_ui.py。

6.6.1 操作步骤

要了解旋转门，我们可以运行 6.2 节中所描述的量子门程序。

（1）运行示例程序 ch6_r1_quantum_gate_ui.py。

（2）选择量子比特的起始状态。

R 门可以将量子比特绕相应的旋转轴自由旋转。

因为所有的 R 门都可以让量子比特绕相应的旋转轴自由旋转，所以读者可以把 $|0\rangle$、$|1\rangle$、$|+\rangle$、$|-\rangle$、$|L\rangle$ 和 $|R\rangle$ 这几种状态都尝试一下，体会每种状态的量子比特在不同的 R 门作用下如何旋转。然后试一下"随机"或"自定义"状态，探索更多特殊的旋转情况。

（3）在提示符处输入 `rx`、`ry` 或 `rz`，选择要用的逻辑门。

（4）输入要旋转的角度（θ 或 φ）。

Rx 门作用在状态为 $|L\rangle$ 的量子比特上且旋转角设为 $\frac{\pi}{3}$ 时，生成的输出结果如图 6-13 所示。

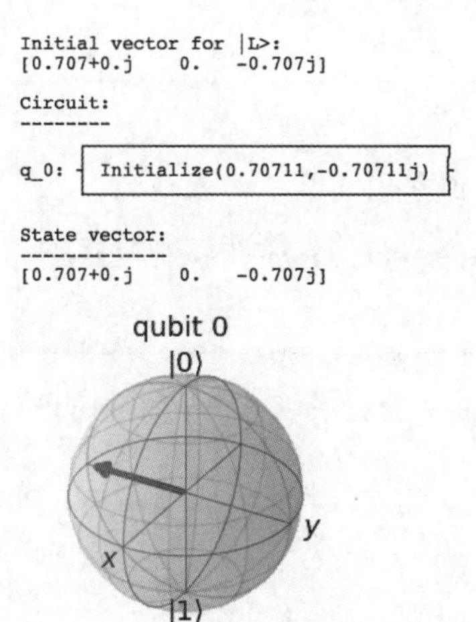

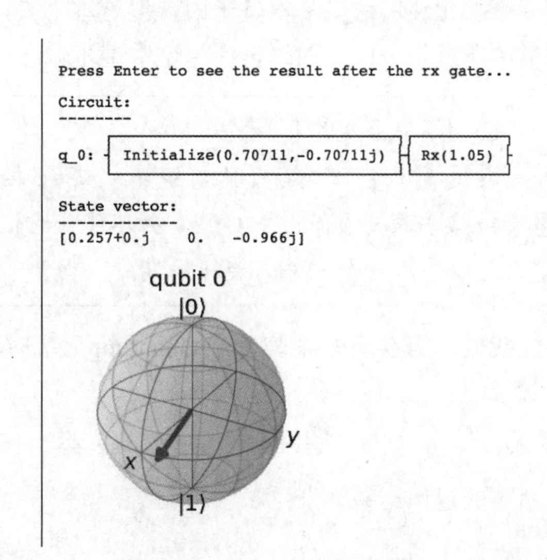

图 6-13　Rx 门作用在起始状态为 $|L\rangle$ 的量子比特上，旋转 $\frac{\pi}{3}$

尝试输入以下数值，改变旋转的角度（θ 或 φ），再次实验，观察量子比特的旋转行为：

±π/3（输入±1.0472）

±π/4（输入±0.7854）

±π/2（输入±1.5708）

6.6.2 知识拓展

旋转门不是直接在量子后端上运行的，而是先由系统自动将其转译为以下幺正基门：

```
rx(θ,qubit) = u3(θ,-1.507,1.507,qubit)
ry(θ,qubit) = u3(θ,0,0,qubit)
rz(φ,qubit) = u1(φ,qubit)
```

更多相关信息，参见 6.7 节和 6.10 节。

6.7 使用基本量子门 U1、U2、U3 和 ID 搭建量子线路

我们先来了解一下在第 5 章中提到的 3 种量子门。尽管读者在自己的量子程序中用不到这 3 种基本量子门（U1、U2 和 U3），但它们是所有其他单量子比特门的构建单元。事实上，其他任意一种单量子比特门都可以写成仅用 U3 门的形式。尽管相关规则中没有明令禁止使用这些基本量子门，但是本书其余示例所涉及的量子门集合已经涵盖用户所需的所有量子门，无须再使用这些基本量子门。

U 门不是互逆的

即使 U 门可以使量子比特绕 x、y 和 z 轴自由旋转，但它们通常不是互逆的。在量子线路中依次添加两个 U 门，并不能使它们的作用效果相互抵消，除非这些旋转加起来可以组成一个完整的旋转周期。

我们在第 5 章中探索 IBM Quantum 后端时，使用以下命令查看了硬件后端可用的基本量子门：

```
backend.configuration().basis_gates
```

该命令的返回结果如下：

```
['u1', 'u2', 'u3', 'cx', 'id']
```

CX 门和 ID 门是程序中用到的普通量子门，CX 门用于创建量子纠缠，ID 门用于维持量

子比特目前的状态（后续将详细介绍）。但 U1、U2 和 U3 门的情况有所不同。

回忆一下第 2 章，将量子门看作量子比特的态矢量绕旋转轴旋转 θ 和 φ。这实际上就是 U 门的作用。U1、U2 和 U3 门分别有一个、两个和三个输入参数，从不同的维度控制 U 门。事实上，单量子比特的 U 门和 CX 门的组合广泛应用于量子计算。此处，可以将 ID 门看作旋转的特例，根本没有旋转功能。

介绍基本量子门，主要是因为使用它们可以直接在硬件上对量子比特编程。正如我们之前介绍转译器时所提到的，其他量子门需要先被转译为基本量子门后再运行。

6.7.1 U3 量子门

U3 量子门堪称量子门中的“瑞士军刀”。它是用于量子比特操控的基本幺正矩阵。每一种单量子比特操控都可以用 U3 门实现，U3 门的幺正矩阵表示如下：

$$\mathrm{U3}(\theta,\lambda,\varphi):\begin{bmatrix}\cos\frac{\theta}{2} & -\mathrm{e}^{\mathrm{i}\varphi}\sin\frac{\theta}{2} \\ \mathrm{e}^{\mathrm{i}\lambda}\sin\frac{\theta}{2} & \mathrm{e}^{\mathrm{i}(\lambda+\varphi)}\cos\frac{\theta}{2}\end{bmatrix}$$

上式中的 3 个角的定义如下：

- θ 为量子比特态矢量和 $|0\rangle$ 对应的态矢量之间的极角；
- λ 为量子比特的总相位（在布洛赫球上看不出来）；
- φ 为量子比特态矢量和 x 轴（$|+\rangle$ 对应的态矢量）之间的纵向角。

从根本上说，U1 门和 U2 门是特殊的 U3 门，就像其他量子门一般来说是特殊的 U 门一样。

6.7.2 U2 量子门

U2 量子门可用于同时操控两个角。U2 门是 $\theta=\frac{\pi}{2}$ 的特殊的 U3 门。

U2 门的幺正矩阵表示如下：

$$\mathrm{U2}(\lambda,\varphi)=\mathrm{U3}\left(\frac{\pi}{2},\lambda,\varphi\right):\frac{1}{\sqrt{2}}\begin{bmatrix}1 & \mathrm{e}^{-\mathrm{i}\varphi} \\ \mathrm{e}^{\mathrm{i}\varphi} & \mathrm{e}^{\mathrm{i}(\lambda+\varphi)}\end{bmatrix}$$

6.7.3 U1 量子门

U1 量子门可用于将量子比特的相位绕 z 轴旋转。Rz 门是一种特殊的 U1 门，旋转前后的相位不变。U1 门是$\theta = 0$且$\lambda = 0$的特殊的 U3 门。

U1 门的幺正矩阵表示如下：

$$\mathrm{U1}(\varphi) = \mathrm{U3}(0,0,\varphi) = \begin{bmatrix} 1 & 0 \\ 0 & \mathrm{e}^{\mathrm{i}\varphi} \end{bmatrix}$$

有了这 3 种量子门，就可以实现任何单量子比特操控。但是仅含这 3 种量子门的程序代码的可读性较差。为了便于用户编程，Qiskit 内置了翻译代码，可以自动将所有相关量子门翻译成基本量子门。当用户运行量子线路时，所有的量子门都会被翻译成所选后端支持的基本量子门的组合。

泡利 ID 门是一种特殊的量子门，它可以使量子比特维持在其被发现时的状态。ID 门的幺正矩阵表示如下：

$$\mathrm{ID}:\begin{bmatrix} 1 & 0 \\ 0 & 1 \end{bmatrix}，\text{等价于}\mathrm{U3}(0,0,0)$$

6.7.4　准备工作

可以从本书 GitHub 仓库中对应第 6 章的目录中下载本节示例的 Python 文件 ch6_r2_u_animation.py。

本示例将用到一个名为 Pillow 的 Python 工具包来创建、保存和合并图像。

安装 Pillow 工具包

可以使用以下命令在自己的 Python 环境中安装 Pillow 工具包：

```
(environment_name) … $ pip install -upgrade pip
(environment_name) … $ pip install -upgrade Pillow
```

6.7.5　操作步骤

本示例会将 U 门在布洛赫球上的旋转可视化。如你所知，plot_bloch_multivector()和 plot_state_qsphere()方法可以用于将态矢量的行为和经过量子门作用后的结果可视化。这两种方法都可以生成量子比特在某一时刻的静态视图，也可以生成θ、λ和φ取特定值时的 U 门的视图。

在示例程序中，输入 U 门的角度值，之后程序将根据用户设定的分辨率在 0 和该角度之间拍摄多张快照，并生成一段 GIF 格式的动画，以展示量子比特的态矢量在布洛赫球上的移动。

注意，该动画展现的并不是量子门作用在量子比特上时量子比特的态矢量的真实移动过程，而是给出了一个视角，启发用户如何使用 U 门将量子比特态矢量移动到任何想要的位置。

（1）在 Python 环境中运行 ch6_r2_u_animation.py 脚本。

（2）在提示符处输入想要测试的量子门的类型，然后输入量子门所需的输入角。对于 U3 门，如果 $\theta=\frac{\pi}{2}$，$\varphi=\pi$ 且 $\lambda=0$，输入类似如下所示：

```
Animating the U gates
---------------------
Enter u3, u2, or u3:
u3
Enter θ:
1.57
Enter φ :
3.14
Enter λ :
0
Building animation...
```

此时，在后台调用了 create_images()函数，它可以获取用户提供的输入，将用户选定的输入角按 steps（步长）参数分割成更小的角度，然后将每个小角度对应的 U 门作用在量子比特上，即用迭代的方式创建一组量子线路。之后，使用在 4.8 节中创建的 get_psi() 函数，在态矢量模拟器上运行每个量子线路。最后，用 plot_bloch_multivector()和 plot_state_qsphere()命令保存布洛赫球视图和 Q 球视图。不断地将这些图像追加到两个列表中，然后将列表中的图像合并成一段动画。

构建 create_image()函数的过程如下。

首先，设置输入参数和所有的内部函数变量：

```
def create_images(gate,theta=0.0,phi=0.0,lam=0.0):
    steps=20.0
    theta_steps=theta/steps
    phi_steps=phi/steps
    lam_steps=lam/steps
    n, theta,phi,lam=0,0.0,0.0,0.0
```

然后，创建图像和动画工具：

```
    global q_images, b_images, q_filename, b_filename
    b_images=[]
    q_images=[]
    b_filename="animated_qubit"
    q_filename="animated_qsphere"
```

最后，根据输入参数运行创建图像的循环：

```
    while n < steps+1:
        qc=QuantumCircuit(1)
        if gate=="u3":
            qc.u3(theta,phi,lam,0)
            title="U3: \u03B8 = "+str(round(theta,2))+"
                \u03D5 = "+str(round(phi,2))+" \u03BB = "+str(round(lam,2))
        elif gate=="u2":
            qc.u2(phi,lam,0)
            title="U2: \u03D5 = "+str(round(phi,2))+" \u03BB = "+str(round(lam,2))
        else:
            qc.h(0)
            qc.u1(phi,0)
            title="U1: \u03D5 = "+str(round(phi,2))
        # Get the statevector of the qubit
        # Create Bloch sphere images
        plot_bloch_multivector(get_psi(qc),title).
           savefig('images/bloch'+str(n)+'.png')
        imb = Image.open('images/bloch'+str(n)+'.png')
        b_images.append(imb)
        # Create Q-sphere images
        plot_state_qsphere(psi).savefig('images/qsphere'+str(n)+'.png')
        imq = Image.open('images/qsphere'+str(n)+'.png')
        q_images.append(imq)
        # Rev our loop
        n+=1
        theta+=theta_steps
        phi+=phi_steps
        lam+=lam_steps
```

（3）创建 GIF 动画并保存。

最后一步是创建 GIF 动画。此处使用 `save_gif(gate)` 函数遍历之前创建的图像列表，然后使用 Pillow 工具包基于用户的初始参数搭建 GIF 动画。具体步骤如下：

```
def save_gif(gate):
    duration=100
    b_images[0].save(gate+'_'+b_filename+'.gif',
                save_all=True,
                append_images=b_images[1:],
                duration=duration,
                loop=0)
    q_images[0].save(gate+'_'+q_filename+'.gif',
                save_all=True,
                append_images=q_images[1:],
                duration=duration,
                loop=0)
    print("Bloch sphere animation saved as: \n"+os.
        getcwd()+"/"+gate+"_"+b_filename+".
        gif"+"\nQsphere animation saved as: \n"+os.
        getcwd()+"/"+gate+"_"+q_filename+".gif")
```

最终的 Python 输出结果大致如下：

```
Bloch sphere animation saved as:
```

```
/<path_to_your_directory>/ch6/Recipes/u3_animated_qubit.gif
Qsphere animation saved as:
/<path_to_your_directory>/ch6/Recipes/u3_animated_qsphere.gif
```

（4）最终的结果是两段 GIF 动画，它们被保存在与运行脚本相同的目录中。

可以使用图像查看器或网页浏览器打开这两段 GIF 动画，如图 6-14 所示。

如果把两段动画放到一起，同步播放，通过“Q 球表示”可以看出当 U 门作用在量子比特上时，不同结果的相对概率和量子比特的相位。试着输入不同的角度和循环参数，观察输入角和循环参数对所得到的 GIF 动画的影响。

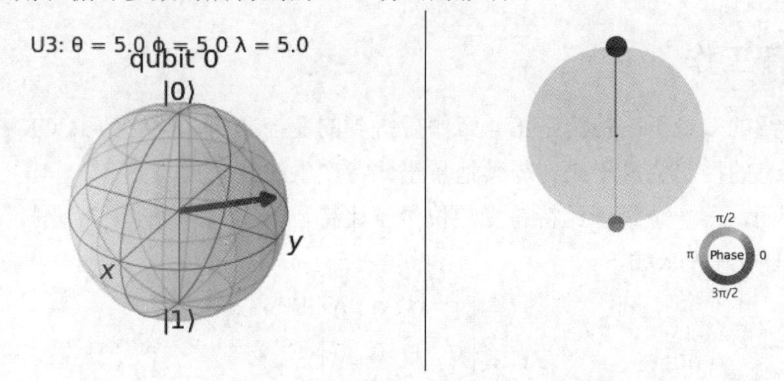

图 6-14 布洛赫球和 Q 球的 GIF 动画的静止图

如果将角范围设置为 0～2π，并将步长设置为一个比较大的数字，创建出的动画的效果就会非常平滑。尽管系统允许用户输入很大的角度，但是该参数也不宜设置得太大，否则生成的动画中可能会出现混乱的行为。

使用本示例脚本测试 U 门时，需要注意如下几点。

- U3 门可用于将量子比特映射在布洛赫球上的态矢量的指向变到任意方向，指向仅与角变量 θ 和 φ 有关，而第 3 个角变量 λ 不影响量子比特的布洛赫球表示。
- U2 门属于 U3 门，是 θ 为 $\frac{\pi}{2}$ 时的特殊的 U3 门，它可以将量子比特的态矢量的指向置于“赤道”方向。
- U1 门也属于 U3 门，是 θ 和 λ 均为 0 时的特殊的 U3 门。此外，Rz 门是一种特殊的 U1 门。

6.7.6 知识拓展

好啦，这个示例不需要“拓展”。但需要注意，本示例中的脚本适用于本地环境，不适用于 IBM Quantum Experience 的 Notebook 环境，因为用户没有权限访问该软件的底层文件系统。

6.8 双量子比特门

双量子比特门，例如 CX 门，与普通的单量子比特门略有不同，它们是用于创建量子比特之间的相互作用的。也就是说，双量子比特门通常用一个量子比特作为控制位量子比特，而将另一个量子比特作为受控位量子比特。在数学上，双量子比特门并不复杂，但它不太直观，需要思考、推敲，才能理解量子比特在量子门作用前后是如何变化的。

6.8.1 准备工作

首先要介绍的双量子比特门是第 4 章中曾提到的受控非门，即 CX 门。CX 门通常用于使处于叠加态的控制位量子比特与其他量子比特产生纠缠。

对于 CX 门，第一个量子比特是受控位量子比特，而第二个量子比特是控制位量子比特。CX 门的矩阵表示如下：

$$\mathrm{CX}:\begin{bmatrix}1&0&0&0\\0&1&0&0\\0&0&0&1\\0&0&1&0\end{bmatrix}$$

对应的量子线路如图 6-15 所示。

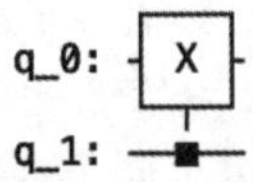

```
q_0: ─┤ X ├─
        │
q_1: ───■───
```

图 6-15 从 q_1 到 q_0 的 CX 门的量子线路

读者可以这样理解，先对控制位量子比特（q_1）运行一次 ID 门，令其保持不变。当控制位量子比特 q_1 取 1 时，对受控位量子比特 q_0 运行一次 X 门。

两个矩阵可以像这样进行运算：

$$\begin{bmatrix}1&0&0&0\\0&1&0&0\\0&0&0&1\\0&0&1&0\end{bmatrix}\begin{bmatrix}0\\0\\1\\0\end{bmatrix}=\begin{bmatrix}0\\0\\0\\1\end{bmatrix}$$

该式表示如果控制位量子比特是 1，受控位量子比特是 0，经过 CX 门后，两个量子比特都变为了1。

如果两个量子比特均为 1，经过 CX 门后，控制位量子比特仍为 1，而受控位量子比特变为了 0。

$$\begin{bmatrix}1&0&0&0\\0&1&0&0\\0&0&0&1\\0&0&1&0\end{bmatrix}\begin{bmatrix}0\\0\\0\\1\end{bmatrix}=\begin{bmatrix}0\\0\\1\\0\end{bmatrix}$$

CX 门是 IBM Quantum 后端中最基础的量子门之一。

其他 CX 门的矩阵

如果 CX 门指向另一个方向，将第一个量子比特作为控制位量子比特，对应的 CX 门的矩阵是这样的：

$$\text{CX}:\begin{bmatrix}1&0&0&0\\0&0&0&1\\0&0&1&0\\0&1&0&0\end{bmatrix}$$

可以通过计算进行验证。如果需要快速复习一下，可以回看 2.4 节。

可以从本书 GitHub 仓库中对应第 6 章的目录中下载本节示例的 Python 文件 ch6_r1_quantum_gate_ui.py。

6.8.2　操作步骤

在之前的示例中，对于单量子比特门，量子门程序建立了一个普通的量子线路，线路中仅包含一个被初始化为基态 $|0\rangle$ 的量子比特。当我们开始尝试使用多量子比特门时，该程序会将两个量子比特都初始化到 $|0\rangle$ 状态。之后，用户选定的量子门就可以在量子线路上运行，结果会以量子比特的态矢量和量子门的幺正矩阵的形式显示。

要了解控制量子门，可以运行 6.2 节中的量子门程序。

（1）运行示例程序 ch6_r1_quantum_gate_ui.py。

（2）选择控制位量子比特的初始状态。

CX 门需要用到一个量子比特作为控制位量子比特，另一个量子比特作为受控位量子比特。如果控制位量子比特的状态不为 $|0\rangle$，量子门就会对受控位量子比特执行一些操作。

可以将控制位量子比特的初始状态设置为 $|0\rangle$，测试一下——在这种情况下，量子门不会对量子比特执行操作，控制位量子比特和受控位量子比特的状态都不发生变化。然后试着将控制位量子比特的初始状态设置为 $|1\rangle$，创建一个贝尔态，操作步骤见第 4 章。尝试完 $|0\rangle$ 和 $|1\rangle$ 后，可以再试一下以 $|+\rangle$、$|-\rangle$、$|L\rangle$、$|R\rangle$、随机状态或自定义状态作

为控制位量子比特的初始状态。

（3）出现提示符时，输入 cx、cy、cz 或 ch，选择想要测试的量子门。例如，以 $|+\rangle$ 状态的量子比特作为 CX 门的控制位量子比特时，将生成如图 6-16 所示的输出。

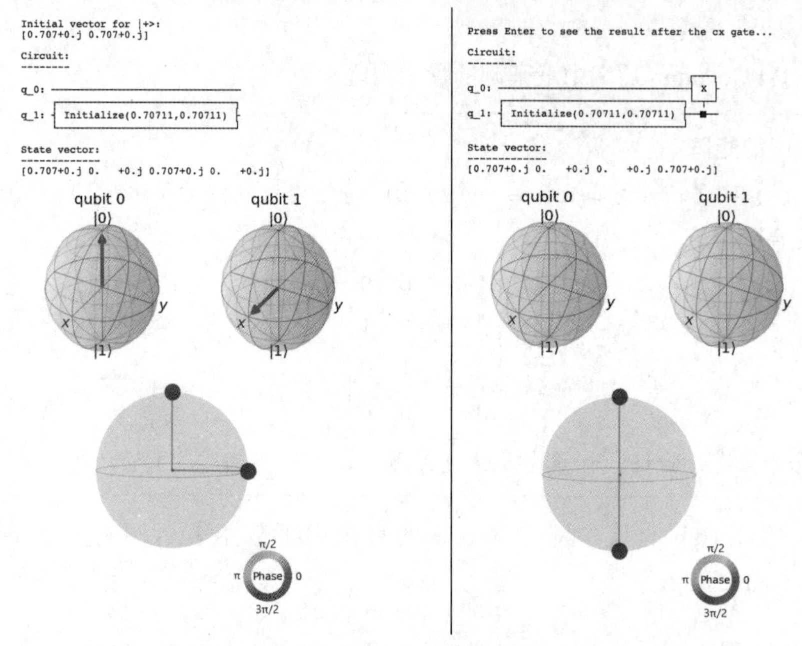

图 6-16　控制位量子比特初始状态为 $|+\rangle$ 的 CX 门

此处需要注意，应用 CX 门后，量子比特的布洛赫球表示就没有意义了，因为这些量子比特已经纠缠在一起，没有办法再从这些量子比特上获取更多个体信息。在这种情况下，可以通过 Q 球解释表示量子比特的状态。由初始的 Q 球视图可知，得到状态 $|00\rangle$ 和状态 $|01\rangle$ 的概率是相等的；应用 X 门后，得到状态 $|00\rangle$ 和状态 $|11\rangle$ 的概率是相等的，与对贝尔态的预期相符。

6.8.3　运行原理

双量子比特控制门有很多种，CX 门只是其中之一。CY 门和 CZ 门也是 Qiskit 内置的控制门：

$$\text{CY}:\begin{bmatrix}1&0&0&0\\0&1&0&0\\0&0&0&-\mathrm{i}\\0&0&\mathrm{i}&0\end{bmatrix}$$

$$\text{CZ}:\begin{bmatrix}1 & 0 & 0 & 0\\0 & 1 & 0 & 0\\0 & 0 & 1 & 0\\0 & 0 & 0 & -1\end{bmatrix}$$

或者也可以考虑一下受控阿达马门：

$$\text{CH}:\begin{bmatrix}1 & 0 & 0 & 0\\0 & 1 & 0 & 0\\0 & 0 & \frac{1}{\sqrt{2}} & \frac{1}{\sqrt{2}}\\0 & 0 & \frac{1}{\sqrt{2}} & -\frac{1}{\sqrt{2}}\end{bmatrix}$$

另一种便捷的双量子比特门是用于交换第一个量子比特和第二个量子比特的取值的 SWAP 门（应用 SWAP 门时，两个量子比特没有发生纠缠，保持独立）：

$$\text{SWAP}:\begin{bmatrix}1 & 0 & 0 & 0\\0 & 0 & 1 & 0\\0 & 1 & 0 & 0\\0 & 0 & 0 & 1\end{bmatrix}$$

6.8.4　知识拓展

双量子比特门也可以用基础量子门的组合来表示。例如，CY 门可以用如下代码表示：

```
qc.u1(-1.507,0)
qc.cx(1,0)
qc.u1(1.507,0)
```

其他控制门的测试转译以及更多相关信息参见 6.10 节。

6.8.5　参考资料

Michael A. Nielsen 和 Isaac L. Chuang 撰写的《量子计算与量子信息（10 周年版）》（*Quantum Computation and Quantum Information, 10th Anniversary Edition*）的 4.3 节。

6.9　多量子比特门

除了单量子比特门和双量子比特门，Qiskit 还支持 3 量子比特门或更多量子比特的量子门运算。在第 9 章中搭建 3 量子比特 Grover 搜索算法的量子线路时将用到其中一种——托佛利门（Toffoli gate）。为了完整起见，本节还会介绍弗雷德金门（Fredkin gate），但是在本书的其他示例中不会用到这种量子门。尝试一下也无妨。

本节中的多量子比特门分别需要两个、多个和一个控制位量子比特。

- **Toffoli 门：** Toffoli 门又被称为控控非门（controlled-controlled NOT gate，即 CCX 门），它需要两个量子比特作为输入。如果控制位的两个量子比特都被设置为 1，Toffoli 门就会将第 3 位量子比特翻转。
- **MCX 门：** 多控制位量子比特受控非门（multi-controlled NOT gate）将若干个控制位量子比特作为输入，当所有控制位量子比特都为 1 时，它会将受控位量子比特翻转。

理论上，MCX 门可以用无数个量子比特作为控制位量子比特。在第 9 章中的 4 量子比特或更多量子比特的 Grover 搜索算法量子线路中，我们将用 MCX 门搭建一个 4 量子比特的 CCCX 门（controlled-controlled-controlled gate）。

- **Fredkin 门：** Fredkin 门又被称为受控交换门（controlled SWAP gate，即 CSWAP 门），它只需要一个量子比特作为输入。如果控制位量子比特为 1，它会将其他两个量子比特翻转。

6.9.1 操作步骤

在量子程序中使用如下示例代码实现 3 量子比特门。

1. Toffoli 门

Toffoli 门或 CCX 门的幺正矩阵表示如下，第 2 位和第 3 位量子比特控制第 1 位量子比特：

$$\text{CCX}:\begin{bmatrix} 1 & 0 & 0 & 0 & 0 & 0 & 0 & 0 \\ 0 & 1 & 0 & 0 & 0 & 0 & 0 & 0 \\ 0 & 0 & 1 & 0 & 0 & 0 & 0 & 0 \\ 0 & 0 & 0 & 1 & 0 & 0 & 0 & 0 \\ 0 & 0 & 0 & 0 & 1 & 0 & 0 & 0 \\ 0 & 0 & 0 & 0 & 0 & 1 & 0 & 0 \\ 0 & 0 & 0 & 0 & 0 & 0 & 0 & 1 \\ 0 & 0 & 0 & 0 & 0 & 0 & 1 & 0 \end{bmatrix}$$

CCX 门的代码实现如下：

```
from qiskit import QuantumCircuit
qc=QuantumCircuit(3)
qc.ccx(2,1,0)
print(qc)
```

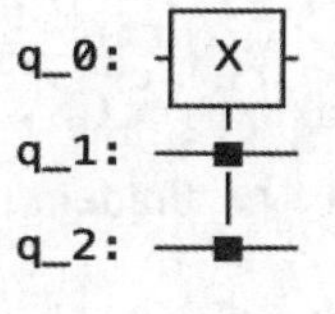

图 6-17　Toffoli 门

其量子线路表示如图 6-17 所示。

其他 CCX 门的矩阵

与 CX 门类似，矩阵表示的形式取决于选用第几位量子比特作为控制位量子比特。例如，如果用第 1 位和第 2 位量子比特控制第 3 位量子比特，CCX 门的矩阵表示就会变为

$$\mathrm{CCX}_{0,1,2}:\begin{bmatrix}1&0&0&0&0&0&0&0\\0&1&0&0&0&0&0&0\\0&0&1&0&0&0&0&0\\0&0&0&0&0&0&0&1\\0&0&0&0&1&0&0&0\\0&0&0&0&0&1&0&0\\0&0&0&0&0&0&1&0\\0&0&0&1&0&0&0&0\end{bmatrix}$$

可以通过计算对此进行验证。

2．MCX 门

MCX 门用于搭建具有一个以上控制位量子比特的常规受控非门。Toffoli 门（CCX 门）是一种已经预设好的特殊的 MCX 门，只用到了两个量子比特作为控制位量子比特。如果需要用到两个以上控制位量子比特的受控非门，可以使用 MCX 门。

如下代码以 CCCX 门的形式实现了 MCX 门，用第 2 位、第 3 位和第 4 位量子比特控制第 1 位量子比特：

```
from qiskit import QuantumCircuit
qc=QuantumCircuit(4)
qc.mcx([1,2,3],0)
print(qc)
```

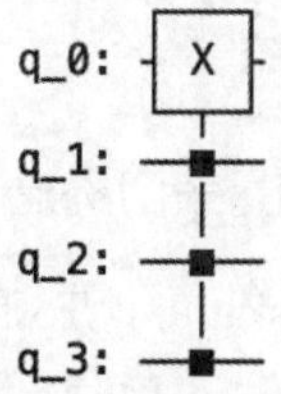

图 6-18　3 个控制位量子比特的 MCX 门（CCCX 门）

其量子线路表示如图 6-18 所示。

3. Fredkin 门

Fredkin 门或 CSWAP 门的幺正矩阵表示如下（第 3 位量子比特是控制位量子比特，当其取 1 时，Fredkin 门会将第 1 位和第 2 位量子比特翻转）：

$$\text{CSWAP}:\begin{bmatrix} 1 & 0 & 0 & 0 & 0 & 0 & 0 & 0 \\ 0 & 1 & 0 & 0 & 0 & 0 & 0 & 0 \\ 0 & 0 & 1 & 0 & 0 & 0 & 0 & 0 \\ 0 & 0 & 0 & 1 & 0 & 0 & 0 & 0 \\ 0 & 0 & 0 & 0 & 1 & 0 & 0 & 0 \\ 0 & 0 & 0 & 0 & 0 & 0 & 1 & 0 \\ 0 & 0 & 0 & 0 & 0 & 1 & 0 & 0 \\ 0 & 0 & 0 & 0 & 0 & 0 & 0 & 1 \end{bmatrix}$$

CSWAP 门的代码实现如下：

```
from qiskit import QuantumCircuit
qc=QuantumCircuit(3)
qc.cswap(2,1,0)
print(qc)
```

其量子路表示如图 6-19 所示。

```
q_0: -X-
      |
q_1: -X-
      |
q_2: -■-
```

图 6-19　Fredkin 门

6.9.2　知识拓展

与本章中提到的其他量子门类似，Toffoli 门和 Fredkin 门也属于 Qiskit 量子门的基础集合。然而，它们并非基础量子门，也就是说，它们需要被改写为基础量子门 U1 门、U2 门、U3 门、ID 门和 CX 门的组合。改写的过程被称为**转译**，6.10 节将详细介绍。此处提前介绍了一些内容，展示了构建简单的量子门的复杂性。一定要在 6.10 节中试试。

1. 用基础量子门构建 Toffoli 门

在 Qiskit 中，Toffoli 门是以一个单独的量子门的形式被调用的，这会导致用户误以为运行 Toffoli 门与运行其他量子门一样，仅对应一个时间步长（time step），如图 6-20 所示。

如果以这样的方式剖析 CCX 门，你会发现事实上所需的时间步长远远不止一个。

一个 Toffoli 门将被系统翻译为深度为 11 的量子线路。

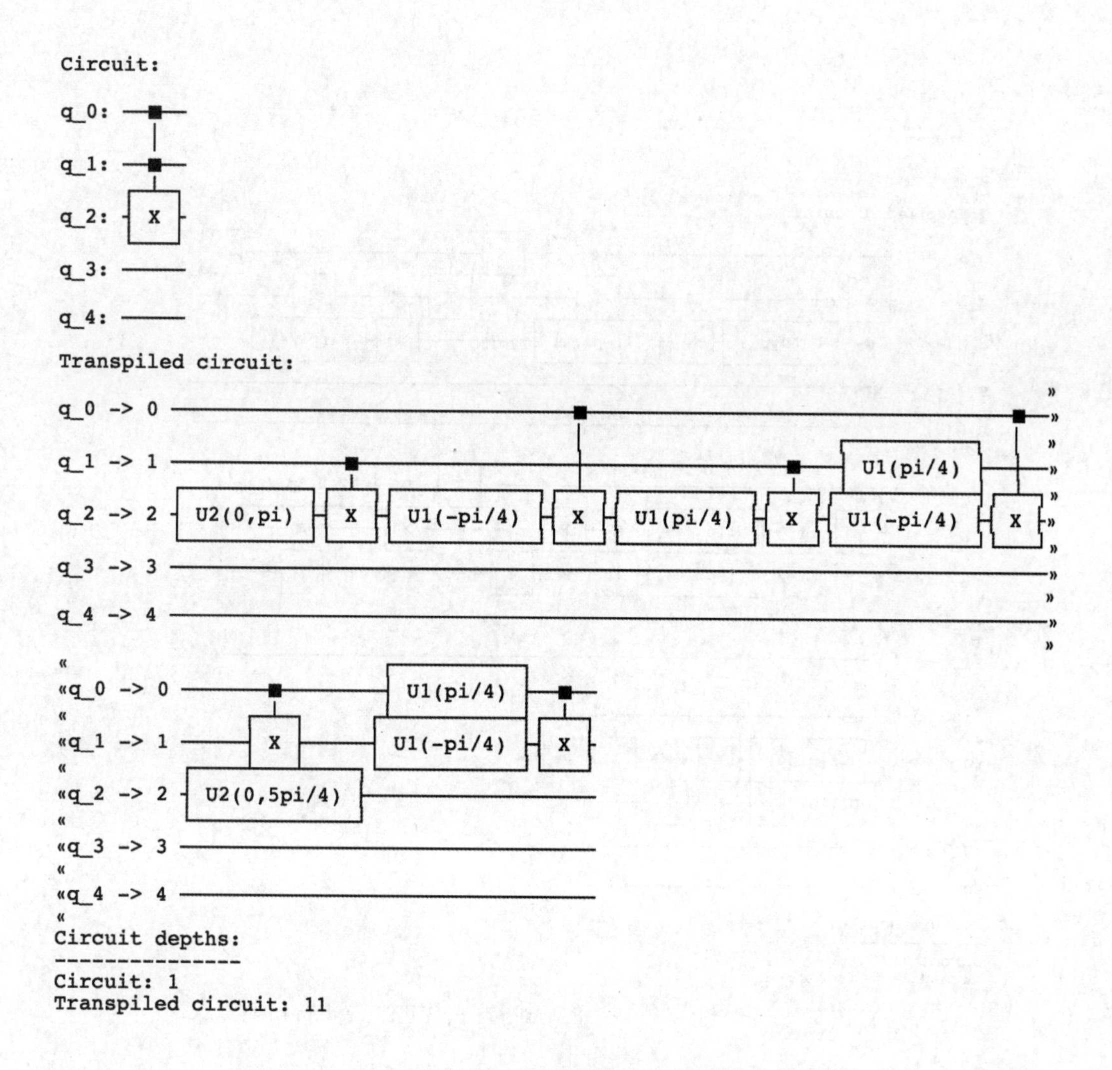

图 6-20　一个由 10 个以上的基础量子门构建的 Toffoli 门

2. 用基础量子门构建 Fredkin 门

与 Toffoli 门类似，在硬件后端上执行 Fredkin 门时，也需要将其转译为多个基础量子门，如图 6-21 所示。

Fredkin 门对应的量子线路的深度从 1 到 22 不等。并非所有的东西都能在量子计算机上轻松实现。

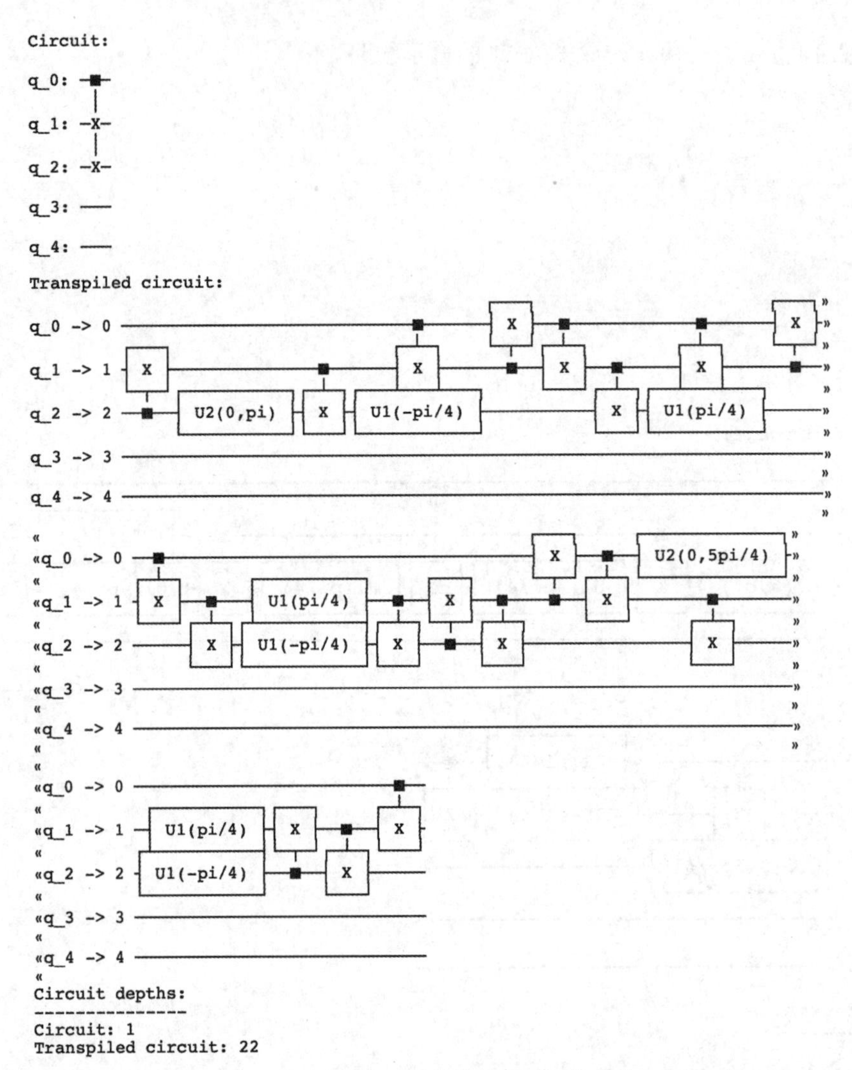

图 6-21　一个由 20 个以上的基础量子门构建的 Fredkin 门

6.10　量子线路的真面目

在第 3 章和第 5 章中，我们曾经提到过转译的概念，也了解了并非用户输入的任意类型的量子门都能在实体量子计算机本地运行的事实。实际上，每个后端都有一组基础量子门，如 U1 门、U2 门、U3 门、ID 门和 CX 门。我们在本章的前几节中探讨过这些量子门，甚至还列举了如何将其他量子门写成这些基础量子门的实现或组合。

在本节中，我们将从以下角度了解量子线路转译：

- 用简单的方式将常用的量子门转译为基础量子门；
- 为模拟器转译；
- 当量子线路与后端的物理布局不匹配时，如何进行转译。

单量子比特后端的基础量子门

大多数 IBM Quantum 后端内置了如下几种基础量子门：U1 门、U2 门、U3 门、ID 门和 CX 门。但 ibmq_armonk 等单量子比特的后端不适用于 CX 门等多量子比特的量子门，所以这些后端中不含多量子比特的量子门。如果读者选取 ibmq_armonk 作为自己的后端，执行如下命令：

```
>>> backend.configuration().basis_gates
```

所得的输出结果如下：

```
Out: ['id', 'u1', 'u2', 'u3']
```

当用户在 IBM Quantum 计算机上运行一个量子程序时，代码会先被转译为可以直接在硬件上执行的核心基础量子门（U1 门、U2 门、U3 门、ID 门和 CX 门）。

6.10.1　准备工作

可以从本书 GitHub 仓库中对应第 6 章的目录中下载本节示例的 Python 文件 ch6_r3_transpiler.py。

搭建 Python 示例的步骤如下。

（1）导入所需的 Qiskit 类和方法，包括 transpile。

```
from qiskit import QuantumCircuit, IBMQ
from qiskit.compiler import transpile
from qiskit.providers.ibmq import least_busy
```

如果想在真正的 IBM 硬件实体上运行，还需要加载自己的账号，并创建一个可以调用 5 个量子比特的后端：

```
if not IBMQ.active_account():
    IBMQ.load_account()
provider = IBMQ.get_provider()
backend = least_busy(provider.backends(n_qubits=5, operational=True,
    simulator=False))
```

（2）查看所选后端的基础量子门和耦合映射。耦合映射规定了量子比特在量子线路中所有可能的相互作用。

```
print("Basis gates for:", backend)
print(backend.configuration().basis_gates)
print("Coupling map for:", backend)
print(backend.configuration().coupling_map)
```

上述代码的输出结果大致如图 6-22 所示。

```
Basis gates for: ibmqx2
['id', 'u1', 'u2', 'u3', 'cx']
Coupling map for: ibmqx2
[[0, 1], [0, 2], [1, 0], [1, 2], [2, 0], [2, 1], [2, 3],
[2, 4], [3, 2], [3, 4], [4, 2], [4, 3]]
```

图 6-22 所选后端的基础量子门和 CX 门的耦合映射

对单量子比特的量子门进行转译时，耦合映射并不重要。当我们编写使用双量子比特的量子门的量子程序时，这种情况就会发生变化。

（3）设置 build_circuit() 函数，创建一个基础量子线路，并根据自己想尝试的量子线路有选择地添加量子门。

```
def build_circuit(choice):
    # Create the circuit
    qc = QuantumCircuit(5,5)

    if choice=="1":
        # Simple X
        qc.x(0)
    elif choice=="2":
        # H + Barrier
        #'''
        qc.x(0)
        qc.barrier(0)
        qc.h(0)
    elif choice=="3":
        # Controlled Y (CY)
        qc.cy(0,1)
    elif choice=="4":
        # Non-conforming CX
        qc.cx(0,4)
    else:
        # Multi qubit circuit
        qc.h(0)
        qc.h(3)
        qc.cx(0,4)
        qc.cswap(3,1,2)

    # Show measurement targets
    #qc.barrier([0,1,2,3,4])
    #qc.measure([0,1,2,3,4],[0,1,2,3,4])

    return(qc)
```

（4）设置 main() 函数运行该量子线路。

main() 函数会提示用户输入一个用于测试的量子线路，调用 build_circuit() 函数，使用 transpile() 类转译返回的量子线路，然后显示输出结果。

```
def main():
    choice="1"
    while choice !="0":
        choice=input("Pick a circuit: 1. Simple,
            2. H + Barrier, 3. Controlled-Y,
            4. Non-conforming CX, 5. Multi\n")
        qc=build_circuit(choice)
        trans_qc = transpile(qc, backend)
        print("Circuit:")
        display(qc.draw())
        print("Transpiled circuit:")
        display(trans_qc.draw())
        print("Circuit depth:")
        print("---------------")
        print("Circuit:", qc.depth())
        print("Transpiled circuit:", trans_qc.depth())
        print("\nCircuit size:")
        print("---------------")
        print("Circuit:", qc.size())
        print("Transpiled circuit:", trans_qc.size())

if __name__ == '__main__':
    main()
```

6.10.2　操作步骤

让我们来搭建并转译一个简单的 X 门量子线路。

（1）在 Python 环境中运行 ch6_r3_transpiler.py。

（2）出现提示符时，输入 1 以选择 Simple X 量子线路，如图 6-23 所示。

```
Ch 6: Transpiling circuits
------------------------------
Basis gates for: ibmq_ourense
['id', 'u1', 'u2', 'u3', 'cx']
Coupling map for: ibmq_ourense
[[0, 1], [1, 0], [1, 2], [1, 3], [2, 1], [3, 1], [3, 4], [4, 3]]

Pick a circuit:
1. Simple X
2. Add H
3. H + Barrier
4. Controlled-Y
5. Non-conforming CX
6. Multi-gate
```

图 6-23　选择简单的 X 门量子线路

（3）上述代码的输出结果大致如图 6-24 所示。

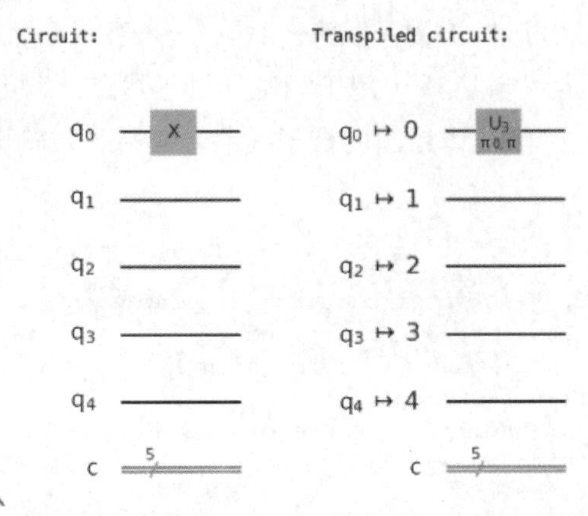

图 6-24　简单的 X 门量子线路的输出结果

对 X 门进行转译前后的量子线路看起来非常相似。转译后唯一的不同之处在于 X 门变为了一种基础量子门——U3 门。

（4）读者也会看到一个列出了转译前后量子线路的深度和尺寸的数值结果。

```
Circuit depth:
---------------
Circuit: 1
Transpiled circuit: 1

Circuit size:
---------------
Circuit: 1
Transpiled circuit: 1
```

图 6-25　量子线路的深度和尺寸

上述代码输出的量子线路的深度和尺寸结果如图 6-25 所示。

量子线路的深度是指量子计算机必须执行的端到端步骤数。每个步骤中可能包含一个或多个量子门，一个步骤中所含的量子门的数量取决于量子线路的布局。而量子线路的尺寸是指被执行的量子门的总数。

在这个非常简单的量子线路转译示例中，转译前后的量子线路变化不大。U3 门的作用是将量子比特的态矢量绕 x 轴旋转所需角度，并不会改变量子线路的深度和尺寸。从技术角度而言，可以在代码中用 U3 门替代 X 门，但这样会大大降低代码的可读性。

为模拟器转译？

如果试着将量子线路转译成适合在模拟器后端上运行的量子线路，会发生什么呢？

众所周知，模拟器后端所包含的基础量子门比硬件后端多得多，所以转译过程将有所不同。如果想测试一下这一点，只需把程序中以下这行代码的注释取消，将后端设置为模拟器，并再次运行该程序：

```
backend = provider.get_backend('ibmq_qasm_simulator')
```

ibmq_qasm_simulator 后端支持以下基础量子门：

['u1', 'u2', 'u3', 'cx', 'cz', 'id', 'x', 'y','z', 'h', 's', 'sdg', 't', 'tdg', 'ccx', 'swap','unitary', 'initialize', 'kraus']

也就是说，在运行转译器时，读者可以输入额外的参数，如 basis_gates 和 coupling_map，以定义要用到的基础量子门，并明确规定转译多量子比特的量子门时要用到的量子比特之间的连接方式。本章中不会展开讨论相关的细节，如有需要可以自行查看 Qiskit 的帮助，获取更多信息：

```
>>> from qiskit.compiler import transpile
>>> help(transpile)
```

6.10.3 节通过示例简要展示事情是如何迅速变得复杂的。

6.10.3 知识拓展

上述这个简单示例让我们快速体会到转译器在简单量子程序中的作用，并说明了转译器如何将用户的通用量子线路转译为可以直接在量子芯片上运行的量子线路。

本节的简单示例则阐释了，当要求转译器创建的量子线路与后端的物理布局不完全匹配时，会有怎样复杂的情况降临到“可怜”的转译器上。你可以在示例代码中测试这些量子线路，看看是否能得到类似的结果。

1. 添加 H 门和 H 门+屏障函数——多量子门和屏障量子线路元素

尽管转译器转译一个量子门无须大费周章，但是一旦用户加入更多的量子门，转译的复杂程度就会大大增加，因为进行量子门转译通常意味着将量子比特的态矢量绕 3 个坐标轴（x 轴、y 轴和 z 轴）进行旋转。如果两个量子门添加在同一行，转译器就会将多个量子门合并为一个简单的基础量子门，以简化量子线路（从而使量子线路的长度变短、深度变浅）。

在示例代码中，可以通过在 X 门后添加一个 H 门来拓展量子线路：

```
# Add H
qc.x(0)
qc.h(0)
```

此时，运行该量子线路得到的结果大致如图 6-26 所示。

如你所见，转译器将两个量子门合并为了一个量子门，通过提前计算量子门合并后所得的结果，将量子线路进行了简化，缩短其长度，并将其编码为 U 门。然而，通过这种方式简化得到的结果并非总是如人所愿。例如，2.4 节曾经提到过的，当两个完全相同的量子门处于同一行时，它们事实上可能会相互抵消。在某些情况下，量子线路其实是由多个相同的量子门构成的，而一旦将这些重复的量子门移除了，量子线路就无法按预期工作。

解决方案是添加一个屏障函数 `barrier()`，它是一个量子线路组件，可以阻止转译器通过合并量子门来简化量子线路。可以使用 `H+Barrier`（H 门+屏障函数）选项在 X 门和 H 门之间添加一个屏障函数，如下所示：

```
# H + Barrier
qc.x(0)
qc.barrier(0)
qc.h(0)
```

使用 `H+Barrier` 选项后，得到的结果大致如图 6-27 所示。

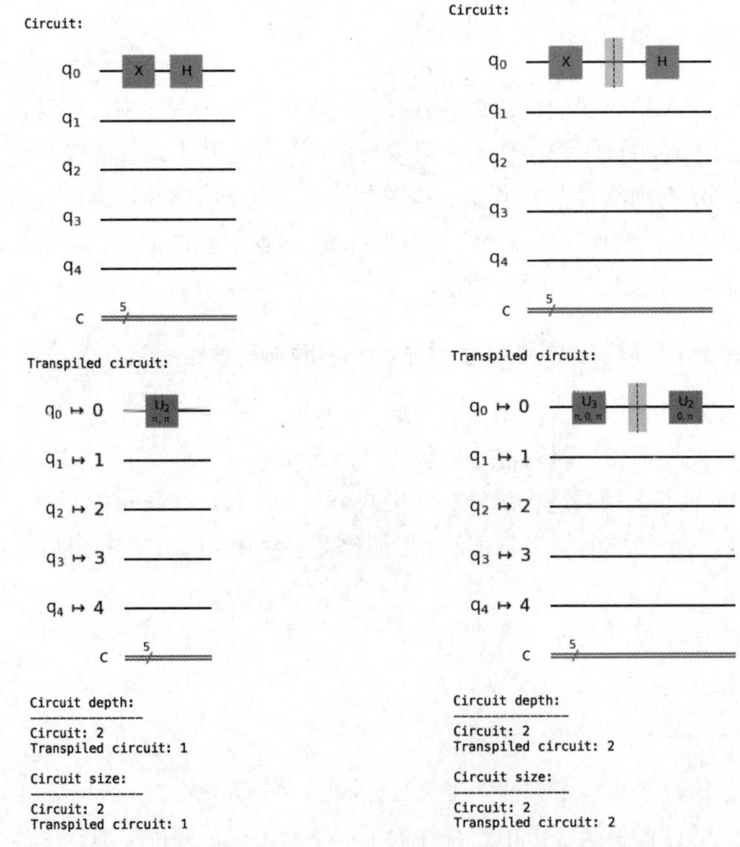

图 6-26　简化后的转译量子线路　　　　图 6-27　转译器无法绕过屏障函数进行转译

这样就可以在不改变量子线路深度的前提下逐一转译量子门。因此，没有疑问了，对吗？然而，X 门、H 门只是非常简单的量子门。稍微复杂一些的量子线路如何转译？详情请看关于受控 Y 门的介绍。

2. 受控 Y 门

受控 X 门（CX 门）是 IBM Quantum 后端所支持的基础量子门，但受控 Y 门（controlled Y gate，CY 门）并非基础量子门。转译器需要额外添加一些基础量子门才能创建一个能够在后端上运行的 CY 门。

使用 `Controlled-Y` 选项可以添加一个如下的 CY 门：

```
# Controlled Y (CY)
qc.cy(0,1)
```

转译器通过额外添加基础量子门，创建了一个可以在后端上运行的 CY 门，如图 6-28 所示。

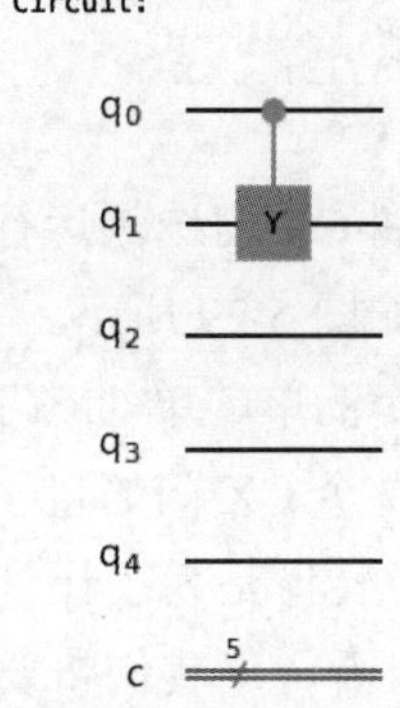

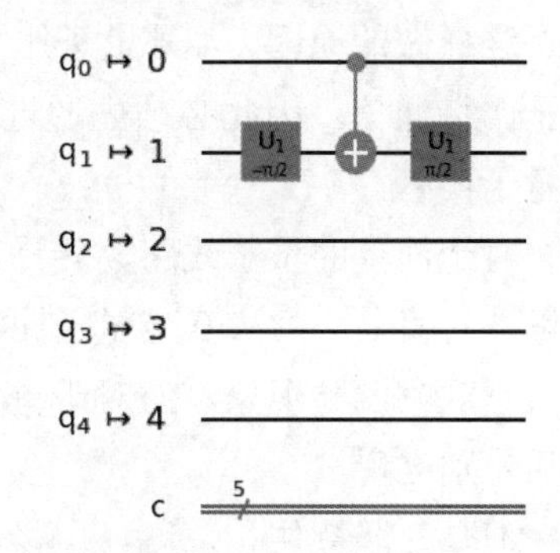

Circuit depth:

Circuit: 1
Transpiled circuit: 3

Circuit size:

Circuit: 1
Transpiled circuit: 3

图 6-28 对 CY 门进行转译

此处用到了一个转译器的快捷小技巧，在 CX 门的 X 门前后添加了绕 z 轴的旋转。如果控制位量子比特为 0，受控位量子比特的态矢量将绕 z 轴来回旋转。如果控制位量子比特为 1，受控位量子比特的态矢量将绕 z 轴负方向旋转 1/4 圈，绕 x 轴旋转半圈，然后绕 z 轴正方向往回转 1/4 圈，这样等效于将其绕 y 轴旋转半圈。诚然，用 `Y(qubit)=U3(`$\frac{\pi}{2}$, $\frac{\pi}{2}$, $\frac{\pi}{2}$`,qubit)` 也可以轻易实现绕 y 轴的旋转，但这样的话，CX 门无法与 Y 门连接起来，还必须再对其进行关联。

让我们来看一下其他示例。这些示例可以解释转译器如何将看似简单的量子线路转换为由许多可以在真正的 IBM Quantum 硬件上运行的基础量子门所构成的量子线路。

3. 非协调 CX 门

在这个示例中，我们在两个没有物理连接的量子比特之间设置了一个 CX 门。CX 门是一种基础量子门，所以不需要对它进行任何转译，对吗？然而，在这里我们迫使转译器尝试在两个非直接连接的量子比特之间搭建用户的量子线路。在这种情况下，该转译器必须将 CX 门映射到几个中间量子比特，这会增加量子线路的复杂性。在示例代码中，我们可以创建这个量子线路：

```
# Non-conforming CX
qc.cx(0,4)
```

使用非协调 CX 门选项运行示例代码，得到的输出结果大致如图 6-29 所示。

要注意这个简单的单 CX 门量子线路是如何突然扩大为包含 7 个 CX 门的量子线路的。这样的编码效率并不高。转译是为了让量子线路在量子计算机上运行，如果看一下我们将要用到的量子计算机 ibmq_ourense 的耦合映射（如图 6-30 所示）就会明白这样做的原因。4 号量子比特无法直接和 0 号量子比特通信，因此必须先通过 3 号量子比特和 1 号量子比特。

对于简单的量子线路，转译前后的差别不大。可以试着将 CX 门从 0 号量子比特移动到 1 号量子比特，观察实验现象，但对于更复杂的电路，转译前后差别立现。

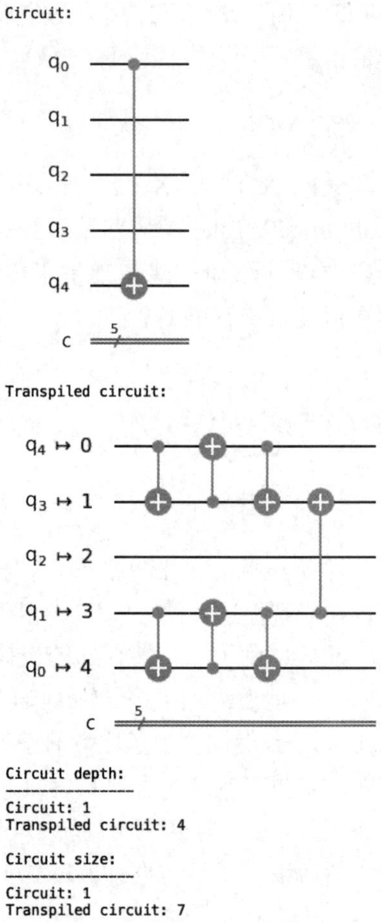
Circuit:
q0
q1
q2
q3
q4
c
5
Transpiled circuit:
q4 ↦ 0
q3 ↦ 1
q2 ↦ 2
q1 ↦ 3
q0 ↦ 4
c
5
Circuit depth:
Circuit: 1
Transpiled circuit: 4
Circuit size:
Circuit: 1
Transpiled circuit: 7

图 6-29　非连接的量子比特之间的 CX 门的转译

但是，坚持住！

仔细观察整个量子线路，梳理一下当 0 号量子比特被设置为 1 以触发 CX 门时，将发生什么——原始量子线路的输出结果应该是 10001。然而，转译后的量子线路的输出结果似乎是 01010。这是正确的！转译器已经根据后端的配置对量子线路进行了优化，改变了用户的量子线路。你可能会疑惑，那这样再运行量子线路，得到的输出结果不就错了吗？事实上，输出结果仍然是正确的……要了解原因，可以取消代码中 `barrier` 和 `measure` 行的注释，再次运行该程序：

```
# Show measurement targets
qc.barrier([0,1,2,3,4])
qc.measure([0,1,2,3,4],[0,1,2,3,4])
```

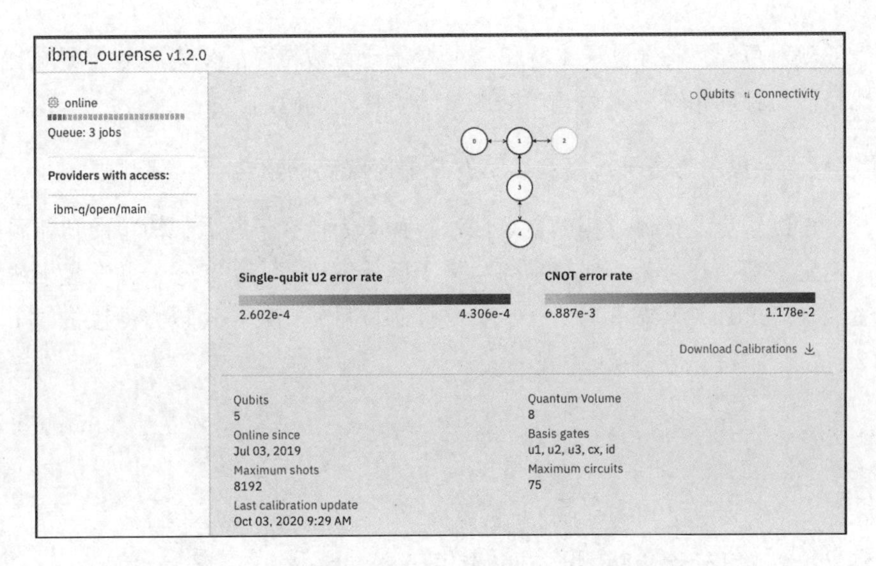

图 6-30　一个 5 量子比特的 IBM Quantum 后端的物理布局

此时的输出结果将如图 6-31 所示。

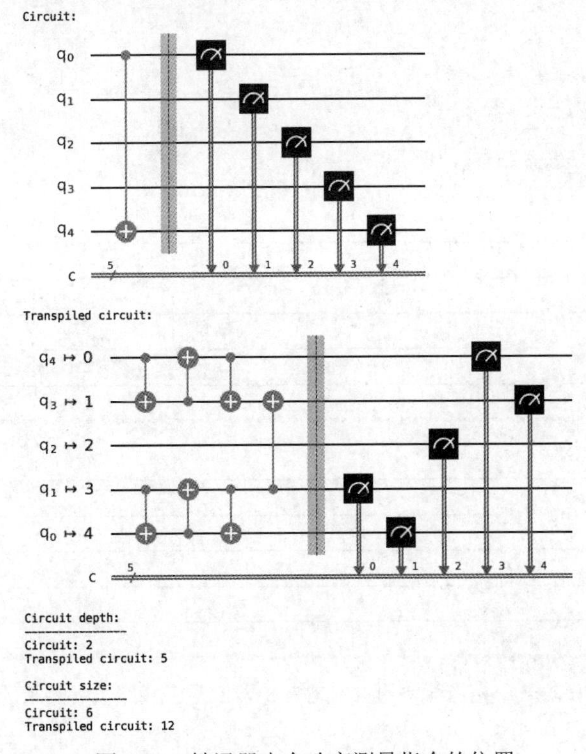

图 6-31　转译器也会改变测量指令的位置

由新的映射可知，1 号量子比特和 3 号量子比特被转译后变为了 0 号经典比特和 4 号经典比特，与预期相符。最后输出的测量结果将是正确的。

4．多量子门——贝尔态量子线路和 CSWAP 量子线路的组合

上一个示例解释了转译过程的复杂性，解释了为什么一些看似简单的功能用户却无法实现。这里将基于 0 号量子比特和 4 号量子比特创建一个贝尔态，并在量子线路中加入一个受控 SWAP 门，其中 3 号量子比特是控制位量子比特，可以将受控位的 1 号量子比特和 2 号量子比特的值互换：

```
# Multi qubit circuit
qc.h(0)
qc.h(3)
qc.cx(0,4)
qc.cswap(3,1,2)
```

多量子门输入选项所得的输出结果如图 6-32 所示。

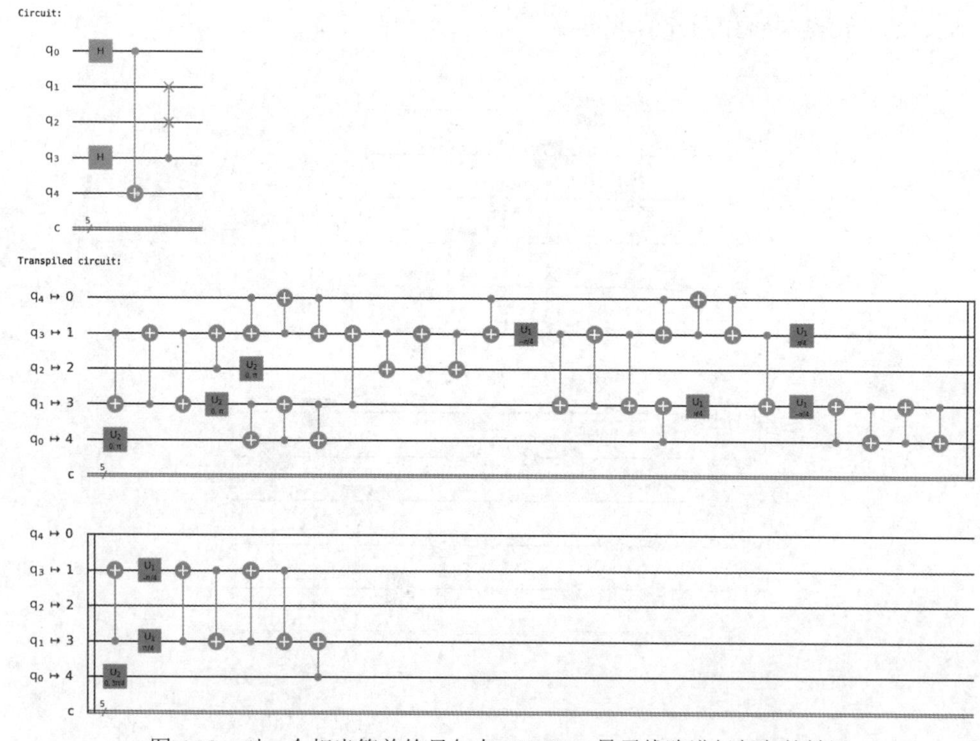

图 6-32　对一个相当简单的贝尔态+CSWAP 量子线路进行复杂的转译

然而，这个相对简单的量子线路很快就变得更加糟糕。它的深度从 2 突然加深到了

32，尺寸也从原来的 4 拓展到了令人惊讶的 43，如图 6-33 所示。

同样，只要看一下图 6-32，就可以知道为什么会发生这种情况。对用户而言，鉴于量子比特在量子芯片上的排列，在物理上无法通过简单的操作连接 0 号量子比特和 4 号量子比特。实际上，这种连接需要一连串的中间量子比特，跨越 1 号、2 号和 3 号量子比特。这些额外的连接将导致单量子门的数量呈爆炸式增长。

现在可以再试一下图 6-34 所示的量子线路，观察额外的连接是如何改变量子门的数量的。如果你编码的是相互之间可以直接通信的量子比特，按照预期，量子线路的深度和尺寸都会显著缩小。显然，在嘈杂中型量子（NISQ）计算机当道的时代，根据运行程序时选用的后端的特点进行编程仍然十分重要。

正如读者在本章中所看到的，高质量的编程在量子计算中非常重要，甚至比在经典计算中更为重要。如果能根据转译器的特点进行有针对性的编程，转译器就会最大限度地将用户的量子线路转译给用户计划用于运行程序的后端。

```
Circuit depth:
--------------
Circuit: 2
Transpiled circuit: 32

Circuit size:
-------------
Circuit: 4
Transpiled circuit: 43
```

图 6-33　多量子门线路的深度和尺寸

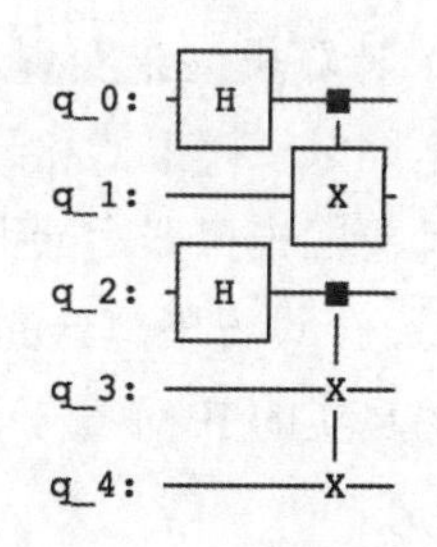

图 6-34　一种更好的协调贝尔态+CSWAP 量子线路

如果量子线路中的量子门过多，而用户又广泛地用到了所有的量子比特，那么转译后量子线路的运行时间可能比退相干时间 T1 和 T2 还要长，即使用如今比较先进的、构造优秀的 NISQ 计算机，也会生成“垃圾结果”。

因此量子编程绝对是一门“艺术”!

第 7 章
使用 Aer 模拟量子计算机

到目前为止，本书中的示例量子程序主要是在用户本地的 QASM 模拟器上运行的。QASM 模拟器是一个可以直接使用的**通用纠错量子计算机（universal error-correcting quantum computer）**——量子计算领域的研究人员非常期待这种类型的计算机，希望它在未来几年之内变为现实。

这种神奇的计算机尚未实现，只是一种理想的量子计算机，因此本章将介绍基于 **Qiskit Aer** 的本地量子模拟器和云端的 **IBM Quantum** 模拟器。通过本章的学习可以了解如何在这些理想的模拟器后端上运行量子线路。

在 Qiskit Aer 上设置模拟器的噪声配置文件（noise profiles）可以模拟具有量子门误差、产生噪声的真实的 IBM 量子硬件，就像如今的 **NISQ** 计算机。因此，本章也会介绍这种方法。

此外，本章还会介绍另外两种类型的本地模拟器，即**幺正模拟器（unitary simulator）**和**态矢量模拟器（state vector simulator）**，以及它们的用途。

本章主要包含以下内容：

- 了解量子模拟器的用法；
- 比较 Qiskit Aer 模拟器和 IBM 量子计算机；
- 将 IBM Quantum 后端的噪声配置文件添加到本地模拟器中；
- 使用幺正模拟器加深对量子线路的理解；
- 使用态矢量模拟器进行诊断。

本章的目标是帮助读者掌握模拟器的使用方法，以便在开发和调试量子程序时，无须使用 IBM Quantum 后端，节省排队等待的时间。本章会先介绍 `qasm_simulator` 后端，再简单介绍幺正模拟器和态矢量模拟器。

7.1 技术要求

本章中探讨的量子程序参见本书 GitHub 仓库中对应第 7 章的目录。

7.2 了解量子模拟器的用法

量子计算机模拟器（quantum computer simulator）是一种用于模拟真实量子计算机的量子力学行为的软件程序。在通过云端访问 IBM Quantum 后端并运行量子线路之前，用模拟器在本地环境中测试一下十分必要。如果读者需要编写规模更大的量子线路，但它无法在实体量子计算机上运行，或是在本地模拟器上运行时间过长，也可以使用基于云服务的模拟器进行测试。

本节将简要介绍可用的 Qiskit 模拟器——本地的 Qiskit Aer 模拟器和通过云端访问的 IBM Quantum 模拟器，并对其进行比较。

7.2.1 准备工作

检查一下是否已完成第 1 章中的相关操作。

可以从本书 GitHub 仓库中对应第 7 章的目录中下载本节示例的 Python 文件 ch7_r1_aer.py。

7.2.2 操作步骤

让我们来看一下代码。

（1）像往常一样，先导入所需的 Qiskit 类。因为本示例既要用到本地模拟器，也要用到云端模拟器，所以需要同时导入 `Aer` 和 `IBMQ`。如有需要，也可以登录自己的账号，连接到供应商。

```
from qiskit import Aer, IBMQ
if not IBMQ.active_account():
    IBMQ.load_account()
provider = IBMQ.get_provider()
```

（2）使用 `backends()` 方法简单查询可用的本地 Qiskit Aer 后端。

```
backends=Aer.backends()
print("\nAer backends:\n\n",backends)
```

上述代码的结果如图 7-1 所示。

```
Aer backends:

 [<QasmSimulator('qasm_simulator') from AerProvider()>,
<StatevectorSimulator('statevector_simulator') from AerProvider()>,
<UnitarySimulator('unitary_simulator') from AerProvider()>,
<PulseSimulator('pulse_simulator') from AerProvider()>]
```

图 7-1　本地 Qiskit Aer 后端，包含了所有可用的模拟器

（3）可以将模拟器配置细节存储在一个名为 simulators 的列表中，以供进一步处理。使用 backend.configuration() 方法提取该信息，依次查询所有可用的后端，并将查询到的每一个数据追加到该列表中。

```
simulators=[]
for sim in range(0,len(backends)):
    backend = Aer.get_backend(str(backends[sim]))
    simulators.append(backend.configuration())
```

（4）完整起见，本示例会把包含 IBM Quantum 模拟器的配置细节的信息追加到该列表中。

```
ibmq_simulator=provider.backends(simulator=True)
simulators.append(provider.get_backend(str(
ibmq_simulator[0])).configuration())
```

（5）显示原始模拟器的配置细节。循环输出 simulators 列表，查看可用模拟器的配置信息。

```
# Display the raw simulator configuration details
print("\nSimulator configuration details:")
for sim in range(0,len(simulators)):
    print("\n")
    print(simulators[sim].backend_name)
    print(simulators[sim].to_dict())
```

上述代码用于查询每个可用模拟器的配置信息，其输出大致如图 7-2 所示。

通过这种方式得到的原始输出结果中包含大量的信息，需要仔细研究。在下一步中，我们将整理这些信息，并显示一些常见的参数，以供比较。

（6）比较这些模拟器。

每个模拟器的相关配置信息都非常多。要对模拟器进行比较，读者可以抓取一些感兴趣的参数，并将每个模拟器的这些参数罗列一下。考虑到本章的目的，我们选取了如下参数。

- **名称（Name）**：用于在运行量子线路时，将特定的模拟器设置为后端。

- **量子比特的数量（Number of qubits）**：每个模拟器所支持的量子比特的数量。
- **最大运行次数（Max shots）**：用户运行量子线路的最大次数。
- **描述（Description）**：IBM Quantum 提供的模拟器的描述信息。

```
qasm_simulator
QasmBackendConfiguration(backend_name='qasm_simulator', backend_version='0.5.2',
basis_gates=['u1', 'u2', 'u3', 'cx', 'cz', 'id', 'x', 'y', 'z', 'h', 's', 'sdg', 't', 'tdg',
'swap', 'ccx', 'unitary', 'diagonal', 'initialize', 'cu1', 'cu2', 'cu3', 'cswap', 'mcx',
'mcy', 'mcz', 'mcu1', 'mcu2', 'mcu3', 'mcswap', 'multiplexer', 'kraus', 'roerror'],
conditional=True, coupling_map=None, description='A C++ simulator with realistic noise for
QASM Qobj files', gates=[GateConfig(u1, ['lam'], gate u1(lam) q { U(0,0,lam) q; }, True,
'Single-qubit gate [[1, 0], [0, exp(1j*lam)]]'), GateConfig(u2, ['phi', 'lam'], gate
u2(phi,lam) q { U(pi/2,phi,lam) q; }, True, 'Single-qubit gate [[1, -exp(1j*lam)],
[exp(1j*phi), exp(1j*(phi+lam))]]/sqrt(2)'), GateConfig(u3, ['theta', 'phi', 'lam'], gate
u3(theta,phi,lam) q { U(theta,phi,lam) q; }, True, 'Single-qubit gate with three rotation
angles'), GateConfig(cx, [], gate cx c,t { CX c,t; }, True, 'Two-qubit Controlled-NOT
gate'), GateConfig(cz, [], gate cz a,b { h b; cx a,b; h b; }, True, 'Two-qubit Controlled-Z
gate'), GateConfig(id, [], gate id a { U(0,0,0) a; }, True, 'Single-qubit identity gate'),
GateConfig(x, [], gate x a { U(pi,0,pi) a; }, True, 'Single-qubit Pauli-X gate'),
GateConfig(y, [], TODO, True, 'Single-qubit Pauli-Y gate'), GateConfig(z, [], TODO, True,
'Single-qubit Pauli-Z gate'), GateConfig(h, [], TODO, True, 'Single-qubit Hadamard gate'),
GateConfig(s, [], TODO, True, 'Single-qubit phase gate'), GateConfig(sdg, [], TODO, True,
'Single-qubit adjoint phase gate'), GateConfig(t, [], TODO, True, 'Single-qubit T gate'),
GateConfig(tdg, [], TODO, True, 'Single-qubit adjoint T gate'), GateConfig(swap, [], TODO,
True, 'Two-qubit SWAP gate'), GateConfig(ccx, [], TODO, True, 'Three-qubit Toffoli gate'),
GateConfig(cswap, [], TODO, True, 'Three-qubit Fredkin (controlled-SWAP) gate'),
GateConfig(unitary, ['matrix'], unitary(matrix) q1, q2,..., True, 'N-qubit unitary gate. The
parameter is the N-qubit matrix to apply.'), GateConfig(diagonal, ['diag_elements'], TODO,
True, 'N-qubit diagonal unitary gate. The parameters are the diagonal entries of the N-qubit
matrix to apply.'), GateConfig(initialize, ['vector'], initialize(vector) q1, q2,..., False,
'N-qubit state initialize. Resets qubits then sets statevector to the parameter vector.'),
GateConfig(cu1, ['lam'], TODO, True, 'Two-qubit Controlled-u1 gate'), GateConfig(cu2,
['phi', 'lam'], TODO, True, 'Two-qubit Controlled-u2 gate'), GateConfig(cu3, ['theta',
'phi', 'lam'], TODO, True, 'Two-qubit Controlled-u3 gate'), GateConfig(mcx, [], TODO, True,
'N-qubit multi-controlled-X gate'), GateConfig(mcy, [], TODO, True, 'N-qubit multi-
controlled-Y gate'), GateConfig(mcz, [], TODO, True, 'N-qubit multi-controlled-Z gate'),
GateConfig(mcu1, ['lam'], TODO, True, 'N-qubit multi-controlled-u1 gate'), GateConfig(mcu2,
['phi', 'lam'], TODO, True, 'N-qubit multi-controlled-u2 gate'), GateConfig(mcu3, ['theta',
'phi', 'lam'], TODO, True, 'N-qubit multi-controlled-u3 gate'), GateConfig(mcswap, [], TODO,
True, 'N-qubit multi-controlled-SWAP gate'), GateConfig(multiplexer, ['mat1', 'mat2',
'...'], TODO, True, 'N-qubit multi-plexer gate. The input parameters are the gates for each
value.'), GateConfig(kraus, ['mat1', 'mat2', '...'], TODO, True, 'N-qubit Kraus error
instruction. The input parameters are the Kraus matrices.'), GateConfig(roerror, ['matrix'],
TODO, False, 'N-bit classical readout error instruction. The input parameter is the readout
error probability matrix.')], local=True, max_shots=1000000, memory=True, n_qubits=30,
open_pulse=False, simulator=True, url='https://git×××/Qiskit/qiskit-aer')
```

图 7-2 模拟器的配置细节

仔细观察 `ibmq_qasm_simulator` 的细节（见图 7-3），就会发现这个非本地的 IBM Quantum 模拟器没有对应的描述信息。

```
ibmq_qasm_simulator
QasmBackendConfiguration(allow_object_storage=True, allow_q_object=True,
backend_name='ibmq_qasm_simulator', backend_version='0.1.547', basis_gates=['u1', 'u2', 'u3', 'cx',
'cz', 'id', 'x', 'y', 'z', 'h', 's', 'sdg', 't', 'tdg', 'ccx', 'swap', 'unitary', 'initialize',
'kraus'], conditional=True, coupling_map=None, gates=[GateConfig(u1, ['lambda'], gate u1(lambda) q {
U(0,0,lambda) q; }), GateConfig(u2, ['phi', 'lambda'], gate u2(phi,lambda) q { U(pi/2,phi,lambda) q;
}), GateConfig(u3, ['theta', 'phi', 'lambda'], u3(theta,phi,lambda) q { U(theta,phi,lambda) q; }),
GateConfig(cx, [], gate cx q1,q2 { CX q1,q2; })], local=False, max_experiments=300, max_shots=8192,
memory=True, n_qubits=32, online_date=datetime.datetime(2019, 5, 2, 8, 15, tzinfo=tzutc()),
open_pulse=False, simulator=True)
```

图 7-3　ibmq_qasm_simulator 没有对应的描述信息

完整起见，本书在这段代码中使用了一条 if/elif 命令，添加了对每个模拟器的 local 属性的描述。如果 local==False，就自行添加描述。

```
# Fish out criteria to compare
print("\n")
print("{0:25} {1:<10} {2:<10} {3:<10}".
    format("Name","#Qubits","Max shots","Description"))
print("{0:25} {1:<10} {2:<10} {3:<10}".
    format("----","-------","--------","------------"))
description=[]
for sim in range(0,len(simulators)):
    if simulators[sim].local==True:
        description.append(simulators[sim].description)
    elif simulators[sim].local==False:
        description.append("Non-local IBM Quantum simulator")
    print("{0:25} {1:<10} {2:<10} {3:<10}".
        format(simulators[sim].backend_name,
            simulators[sim].n_qubits,
            simulators[sim].max_shots, description[sim]))
```

上述示例代码的输出结果大致如图 7-4 所示。

```
Name                     #Qubits    Max shot   Description
----                     -------    --------   ------------
qasm_simulator           30         1000000    A C++ simulator with realistic noise for QASM Qobj files
statevector_simulator    30         1000000    A C++ statevector simulator for QASM Qobj files
unitary_simulator        15         1000000    A C++ unitary simulator for QASM Qobj files
pulse_simulator          20         1000000    A pulse-based Hamiltonian simulator for Pulse Qobj files
ibmq_qasm_simulator      32         8192       Non-local IBM Q simulator
```

图 7-4　模拟器的所选属性列表

该列表高度概括了各个模拟器的作用及其属性指标。

- qasm_simulator：用户可以用该模拟器模拟理想量子计算机，在理想量子计算机上运行自己的量子程序，并得到模拟器所返回的没有误差和噪声的输出结果；也可以选择添加误差和噪声的配置文件，模拟 NISQ 后端。该模拟器是用 C++编写的，可以在用户自己的设备上运行。

- statevector_simulator：态矢量模拟器用于模拟量子比特在量子线路中任意位置的态矢量。该模拟器是用 C++编写的，可以在用户自己的设备上运行。
- unitary_simulator：幺正模拟器用于计算量子线路的幺正矩阵。该模拟器是以本地 Python 模拟器的形式运行的。
- pulse_simulator：脉冲模拟器是一个用于脉冲 Qobj 类文件的基于脉冲的哈密顿量模拟器。可以用该模拟器绕过标准量子门，用基于脉冲的编程直接测试与后端量子比特的交互。
- ibmq_qasm_simulator：该模拟器是本组中唯一一个非本地模拟器。它的工作原理与本地的 qasm_simulator 模拟器非常类似，但性能更强劲。

读者现在已经了解了哪些模拟器可供使用，本章后续部分会进一步探究这些模拟器。唯一一个不会展开介绍的模拟器是 pulse_simulator，因为该模拟器的用法已经超出了本书的范畴。如果读者对其感兴趣，可以自行阅读参考资料中列出的“Get to the heart of real quantum hardware”。

7.2.3 知识拓展

观察两个 QASM 模拟器的性能参数——量子比特的数量和最大运行次数。可以发现，这两个模拟器都支持用户调用大约 30 个量子比特，每次也都可以运行几千次。那它们有什么区别呢？

运行模拟器时要记住的一点是，它们是在模拟量子计算机——人们所期望的那种可以进一步解决复杂问题、击败经典计算机的计算机。也就是说，在像你的设备这样的经典计算机上模拟量子计算机时，每增加一个量子比特，体系的复杂程度就会翻倍。

对于在线的 ibmq_qasm_simulator 模拟器，增加量子比特不会造成什么大问题，因为它是在 IBM POWER9™服务器上运行的，而这个服务器是一个相当大的硬件设备。用户可以将尺寸非常大的量子程序给它处理，它最高可支持 32 个量子比特。

但在用户自己的硬件上，大型量子程序会涉及不同的问题。本地 qasm_simulator 模拟器的性能取决于运行该模拟器的硬件。当你在本地设备上开始感受到滞后和缓慢时，就可以考虑换用在线的 ibmq_qasm_simulator 模拟器了。

7.2.4 参考资料

- 2018 年 5 月 1 日发表在 IBM Research Blog 上的“An Open High-Performance Simulator for Quantum Circuits”。

- 2019 年 12 月 12 日发表在 IBM Research Blog 上的“Get to the heart of real quantum hardware”。
- IBM Power systems，参见 IBM Quantum 官方网站的“IBM Power servers”页面。

7.3　比较 Qiskit Aer 模拟器和 IBM 量子计算机

在本节中，我们将创建一个很大的量子线路，在两个量子比特之间交换（swap）一次$|1\rangle$状态。你会发现，如果在本地的 Qiskit Aer 模拟器上运行该量子线路，会得到完美的输出结果；但是如果将其在真实的 IBM Quantum 设备上运行，输出结果就不那么完美了。

7.3.1　准备工作

可以从本书 GitHub 仓库对应第 7 章的目录中下载本节中示例的 Python 文件 ch7_r2_ootb.py。

7.3.2　操作步骤

（1）导入所需的 Qiskit 类和方法，并登录自己的账号。

```
# Import Qiskit
from qiskit import QuantumCircuit
from qiskit import Aer, IBMQ, execute

# Import visualization tools
from qiskit.tools.visualization import plot_histogram
from qiskit.tools.monitor import job_monitor

# Load account
if not IBMQ.active_account():
    IBMQ.load_account()
provider = IBMQ.get_provider()
```

（2）选择体系中所包含的 SWAP 门的数量。

```
# Enter number of SWAP gates to include with your circuit
# with (default 10)
user_input = input("Enter number of SWAP gates to use:")
try:
    n = int(user_input)
except ValueError:
    n=10
n_gates=n
```

（3）依次用所选的这些 SWAP 门搭建一个量子线路。

```
# Construct quantum circuit
circ = QuantumCircuit(2, 2)
circ.x(0)
while n >0:
    circ.swap(0,1)
    circ.barrier()
    n=n-1
circ.measure([0,1], [0,1])
print("Circuit with",n_gates,"SWAP gates.\n",circ)
```

（4）在 qasm_simulator 上运行该量子线路，获取结果。

```
# Select the QasmSimulator from the Aer provider
simulator = Aer.get_backend('qasm_simulator')

# Execute and get counts
result = execute(circ, simulator,
    shots=simulator.configuration().max_shots).result()
counts = result.get_counts(circ)
print("Simulated SWAP counts:",counts)
display(plot_histogram(counts, title='Simulated counts
    for '+str(n_gates)+' SWAP gates.'))
```

点击提示符，在 IBM Quantum 后端上再运行一次该量子线路，显示结果。

7.3.3 运行原理

在模拟器上运行该量子线路时，模拟器会将其模拟得非常完美，输出一个与预期结果完美相符的结果：

```
Simulated SWAP counts: {'01': 10000}
```

观察图 7-5 所示的量子线路，可以发现，我们首先用了一个 X 门将量子比特 q0 的状态设置为$|1\rangle$，然后将量子比特 q0 和 q1 的值交换 10 次。我们希望最后的结果是 q0 处于状态$|1\rangle$，而 q1 处于状态$|0\rangle$，即用双量子比特表示法表示为$|10\rangle$。

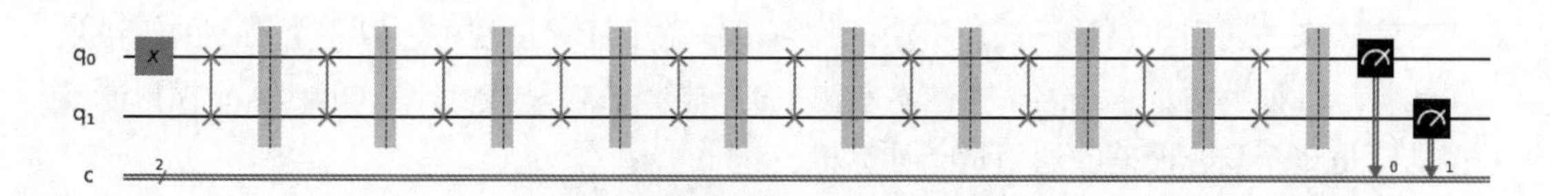

图 7-5　包含 10 个 SWAP 门的量子线路

> **小技巧**
>
> 注意此处的屏障函数量子门（barrier gate）。它们的作用是防止 Qiskit 转译器转译屏障函数之后的内容，即使 SWAP 门可以相互抵消，也不能简单地通过移除重复的 SWAP 门来简化量子线路。如果需要快速复习相关内容，可以翻阅 3.4 节。

运行这个包含 10 个 SWAP 门的量子线路，可以得到如下输出结果。

```
Simulated SWAP counts: {'01': 100000}
```

输出结果的量化表示及其对应的柱状图如图 7-6 所示。

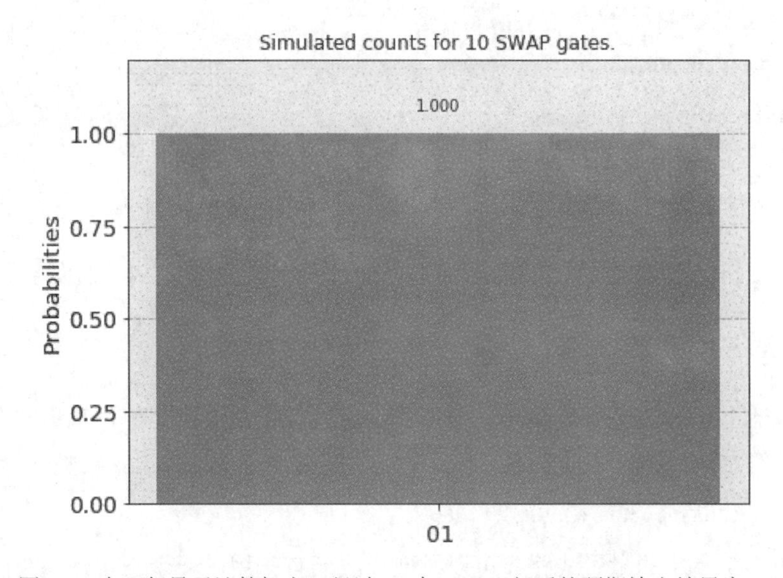

图 7-6　在理想量子计算机上，经过 10 个 SWAP 门后的预期输出结果为 01

由图可知，该量子线路的运行结果与预期完全相符，将开始时处于 $|1\rangle$ 状态的量子比特来回交换了 10 次，最后令其变回初始状态 $|1\rangle$，未出现误差。

在未来的通用纠错量子计算机中，你可以在整个计算过程中，以完全一致的纠错量子比特运行很大的量子线路，就像本示例中的一样。在默认设置下，Qiskit Aer 模拟器模拟的就是一个没有误差的通用量子计算机。

然而，当在如今的 NISQ 硬件上运行同一个量子线路时，随着用户量子线路的尺寸增大、运行时间变长，误差也会不断累积。要验证这一现象，可以现在就按回车键，在 IBM Quantum 后端上运行该量子线路。

此时需要导入具有 5 个量子比特的最空闲的后端，并在该后端上运行上述示例中提到的量子线路。

```
# Import the least busy backend
from qiskit.providers.ibmq import least_busy
backend = least_busy(provider.backends(n_qubits=5,
    operational=True, simulator=False))
print("Least busy backend:",backend)

# Execute and get counts
job = execute(circ, backend, shots=backend.configuration().max_shots)
job_monitor(job)
nisq_result=job.result()
nisq_counts=nisq_result.get_counts(circ)
print("NISQ SWAP counts:",nisq_counts)
display(plot_histogram(nisq_counts, title='Counts for '+str(n_gates)+' SWAP gates on
    '+str(backend)))
```

上述代码得到的结果大致如下。

```
Least busy backend: ibmq_vigo
Job Status: job has successfully run
NISQ SWAP counts: {'00': 1002, '10': 585, '11': 592, '01': 6013}
```

输出结果的量化表示及其对应的柱状图如图 7-7 所示。

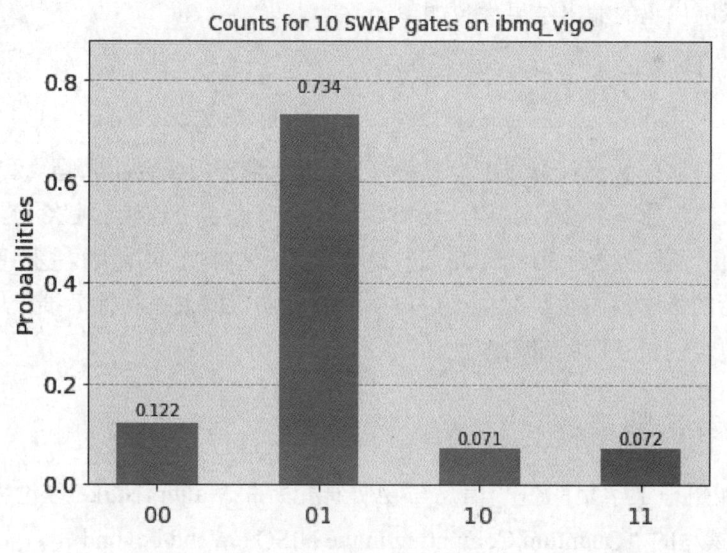

图 7-7 经过 10 个 SWAP 门后，开始出现一些误差；得到的输出结果不只是 01 了

正如你所看到的，在 IBM Quantum 设备上运行时，原本在 QASM 模拟器上运行时得到的非常清晰的结果变得有些模糊。很可能仍然能通过比较不同结果出现的概率推导出正确结果（01），但是也会出现一些错误的结果。

7.3.4　知识拓展

你可能会认为包含 10 个 SWAP 门的量子线路是一个相当小的量子线路，这种规模的量子线路中不应出现这样的误差。务必记住，上述示例中搭建的相对简单的量子线路会被转译为仅由后端所支持的基础门构成的量子线路，只有这样它才能在后端上运行。

使用如下 transpile 示例，输出后端的基础门，查看转译前后的 SWAP 门量子线路的量子门深度。

```
# Comparing the circuit with the transpiled circuit
from qiskit.compiler import transpile
trans_swap = transpile(circ, backend)
print(trans_swap)
print("Basis gates:",backend.configuration().basis_gates)
print("SWAP circuit depth:",circ.depth(),"gates")
print("Transpiled SWAP circuit depth:",trans_swap.depth(),"gates")
```

在 5 量子比特的 IBM Quantum 设备（如 ibmq_vigo）上运行上述代码，结果如图 7-8 所示。上述示例代码的输出结果大致如下。

```
Basis gates: ['u1', 'u2', 'u3', 'cx', 'id']
SWAP circuit depth: 12 gates
Transpiled SWAP circuit depth: 32 gates
```

当读者在真实的量子计算机上运行程序时，每个量子门都会引入噪声和量子门误差。如图 7-8 所示，单独一个 SWAP 门，转译后可能会变为 3 个连续的 CX 门，那依次添加 10 个 SWAP 门，就会得到 30 个 CX 门。这会引发一些潜在的重大误差。而且需要注意的是，转译后的量子门的数量取决于用户所选的后端，如果在其他后端上运行该程序，量子线路中包含的量子门数量可能比 30 还多。

7.3.5　参考资料

由美国加州理工学院的量子信息与物质研究所和 Walter Burke 理论物理研究所的 John Preskill 撰写的“Quantum Computing in the NISQ era and beyond”。

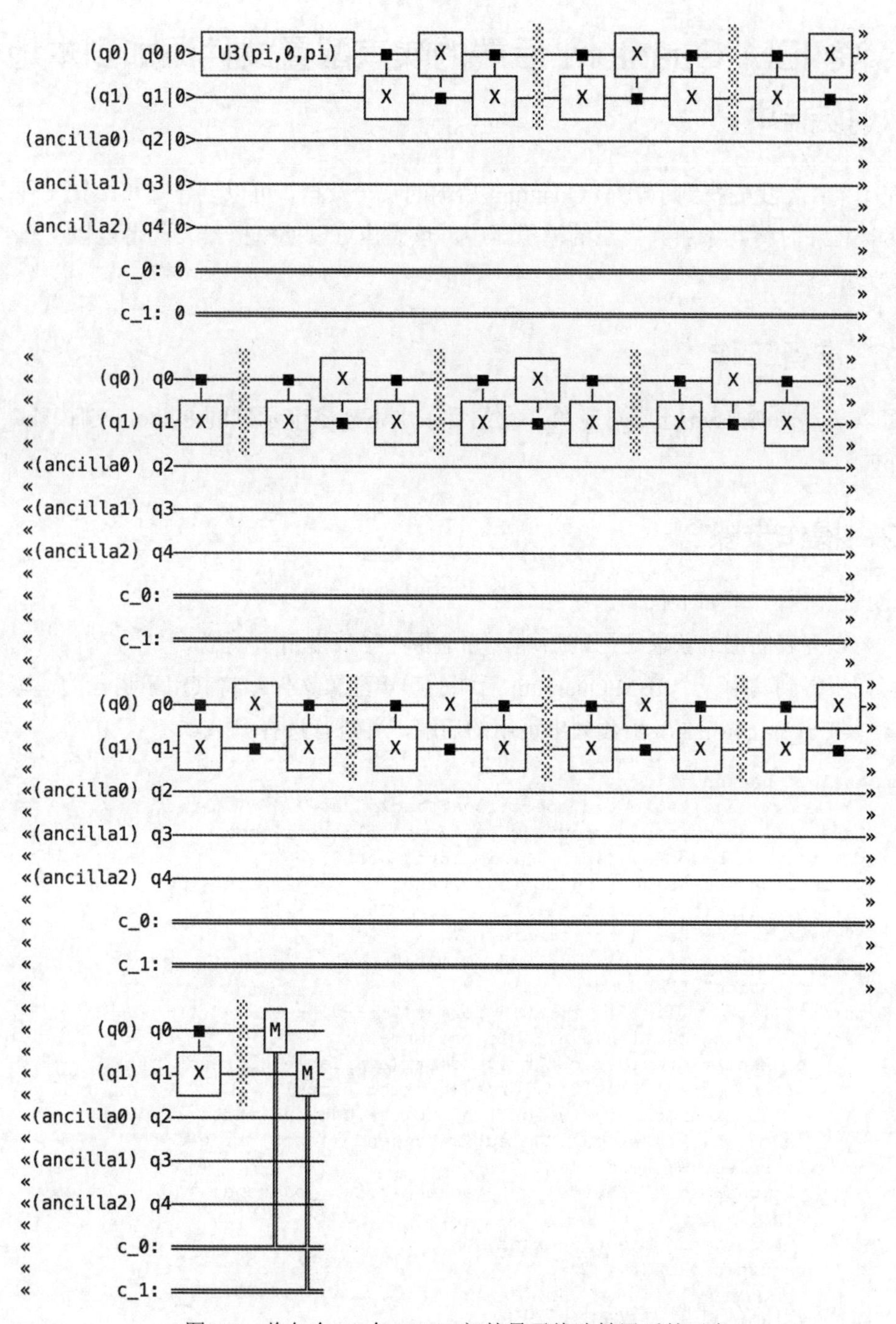

图 7-8　将包含 10 个 SWAP 门的量子线路转译后的示意

7.4　将 IBM Quantum 后端的噪声配置文件添加到本地模拟器中

在本节中，我们找到了 IBM Quantum 后端的噪声数据，可以创建噪声配置文件，然后在运行程序时将其添加到自己的模拟器中。该操作可以使模拟器表现得近似于真实的 NISQ 后端。

7.4.1　准备工作

可以从本书 GitHub 仓库对应第 7 章的目录中下载本节示例的 Python 文件 ch7_r3_noise.py。

7.4.2　操作步骤

让我们来看一下如下代码。

（1）以列表的形式获取可用的后端，并选择一个后端用于模拟。

我们将得到其中一个 IBM Quantum 后端的噪声配置文件，将其用于自己的模拟器。使用 select_backend() 函数列出可用的后端，并进行选择。

```
def select_backend():
    # Get all available and operational backends.
    available_backends = provider.backends(filters=lambda
        b: not b.configuration().simulator and
        b.configuration().n_qubits > 1 and
        b.status().operational)
    # Fish out criteria to compare
    print("{0:20} {1:<10} {2:<10}".format("Name",
        "#Qubits","Pending jobs"))
    print("{0:20} {1:<10} {2:<10}".format("----","-------","------------"))
    for n in range(0, len(available_backends)):
        backend = provider.get_backend(str(available_backends[n]))
        print("{0:20} {1:<10}".format(backend.name(),
            backend.configuration().n_qubits),backend.status().pending_jobs)
        select_backend=input("Select a backend ('exit' to end): ")
        if select_backend!="exit":
            backend = provider.get_backend(select_backend)
        else:
            backend=select_backend
        return(backend)
```

上述代码得到的结果大致如图 7-9 所示。

```
Name                #Qubits    Pending jobs
----                -------    ------------
ibmqx2              5          4
ibmq_16_melbourne   15         33
ibmq_vigo           5          23
ibmq_ourense        5          5
ibmq_valencia       5          13
ibmq_santiago       5          15
```

图 7-9 可用的 IBM Quantum 后端的列表

因为我们也会在后端上运行量子线路，所以尽量选择一个等待队列比较短的后端，避免等待结果的时间过长。

（2）获取噪声配置文件。可以使用 `NoiseModel.from_backend(backend)` 方法从后端中提取噪声模型。

```
def build_noise_model(backend):
    # Construct the noise model from backend
    noise_model = NoiseModel.from_backend(backend)
    print(noise_model)
    return(noise_model)
```

噪声模型会因用户选择不同的后端而有所不同。示例模型如图 7-10 所示。

```
NoiseModel:
  Basis gates: ['cx', 'id', 'u2', 'u3']
  Instructions with noise: ['id', 'u2', 'u3', 'measure', 'cx']
  Qubits with noise: [0, 1, 2, 3, 4]
  Specific qubit errors: [('id', [0]), ('id', [1]), ('id', [2]),
('id', [3]), ('id', [4]), ('u2', [0]), ('u2', [1]), ('u2', [2]),
('u2', [3]), ('u2', [4]), ('u3', [0]), ('u3', [1]), ('u3', [2]),
('u3', [3]), ('u3', [4]), ('cx', [0, 1]), ('cx', [1, 0]), ('cx', [1,
2]), ('cx', [1, 3]), ('cx', [2, 1]), ('cx', [3, 1]), ('cx', [3, 4]),
('cx', [4, 3]), ('measure', [0]), ('measure', [1]), ('measure', [2]),
('measure', [3]), ('measure', [4])]
```

图 7-10 一个 IBM Quantum 后端的噪声模型

此时，可以用该噪声模型以及其他参数运行对应的模拟器，将所选后端的 NISQ 特性应用于模拟器的运算过程中，使其行为更接近真实的物理后端，不再局限于模拟理想量子计算机。

（3）搭建一个 GHZ 态的量子线路，并在 4 个不同的后端上运行该量子线路。

GHZ 态是一种与我们之前提到过的双量子比特贝尔态类似的纠缠态，但它包含 3 个纠缠量子比特。

我们将在如下这些模拟器上运行该量子线路：

- 本地 QASM 模拟器，作为基准；

- 带有噪声模型的本地 QASM 模拟器；
- 带有噪声模型的 IBM Quantum QASM 模拟器；
- IBM Quantum 后端，用于比较。

本示例将使用 execute_circuit()函数在以上每一种情况的后端上运行量子线路。

首先，在 Python 编辑器中获取后端的基础门和耦合映射。

```
def execute_circuit(backend, noise_model):
    # Basis gates for the noise model
    basis_gates = noise_model.basis_gates
    # Coupling map
    coupling_map = backend.configuration().coupling_map
    print("Coupling map: ",coupling_map)
```

然后，搭建一个 GHZ 态的量子线路，在模拟器上运行该量子线路，并获取计数。

```
    circ = QuantumCircuit(3, 3)
    circ.h(0)
    circ.cx(0, 1)
    circ.cx(0, 2)
    circ.measure([0,1,2], [0,1,2])
    print(circ)
    # Execute on QASM simulator and get counts
    counts = execute(circ, Aer.get_backend('qasm_simulator')).result().get_counts(circ)
    display(plot_histogram(counts, title='Ideal counts for 3-qubit GHZ state on local
        qasm_simulator'))
```

之后，使用噪声模型和耦合映射，在本地模拟器和 IBM Quantum QASM 模拟器上执行带有噪声的模拟，并获取计数。

```
    counts_noise = execute(circ, Aer.get_backend(
       'qasm_simulator'), noise_model=noise_model, coupling_map=coupling_map,
        basis_gates=basis_gates).result().get_counts(circ)
    display(plot_histogram(counts_noise, title="Counts
        for 3-qubit GHZ state with noise model on local qasm simulator"))
    # Execute noisy simulation on the ibmq_qasm_simulator and get counts
    counts_noise_ibmq = execute(circ, provider.get_backend('ibmq_qasm_simulator'),
        noise_model=noise_model, coupling_map=coupling_map,
        basis_gates=basis_gates).result().get_counts(circ)
    display(plot_histogram(counts_noise_ibmq,
        title="Counts for 3-qubit GHZ state with noise model on IBMQ qasm simulator"))
```

接着，在 IBM Quantum 后端上执行该任务并获取计数。

```
    job = execute(circ, backend)
    job_monitor(job)
    counts_ibmq=job.result().get_counts()
    title="Counts for 3-qubit GHZ state on IBMQ backend "+ backend.name()
    display(plot_histogram(counts_ibmq, title=title))
```

最后，将收集到的所有运行结果显示出来。

```
display(plot_histogram([counts, counts_noise,
    counts_noise_ibmq, counts_ibmq], bar_labels=True,
    legend=["Baseline","Noise on simulator",
    "Noise on IBMQ simulator", "IBM Q backend"], title="Comparison"))
```

如果我们逐个讨论该 GHZ 态的量子线路的 4 次执行过程，就会发现最初仅含输出结果$|000\rangle$或$|111\rangle$且概率均为 50%的理想模拟是如何被误差“污染”的，实际得到的输出结果中包含所有可能的状态。

在最终输出中，我们将在所有模拟器上的运行结果与选定后端上的最终运行结果进行比较。运行该量子线路时，观察到的结果大致与以下这组图（见图 7-11~图 7-15）类似。

（1）运行没有噪声的模拟器，会得到图 7-11 所示的输出结果。

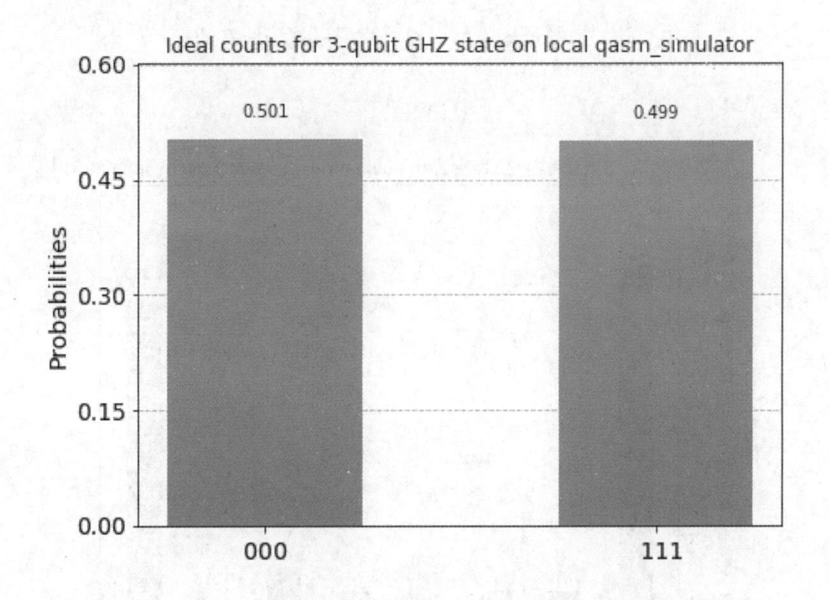

图 7-11　在本地模拟器上量子线路的理想运行结果

（2）加入噪声模型并再次运行该量子线路，输出结果如图 7-12 所示。

此时得到的结果不再是完美、清楚、理想的量子计算机的结果，而是更接近于在真实的 IBM Quantum 后端上运行该量子线路所得的结果。

（3）使用噪声模型在在线的 IBM Quantum QASM 模拟器上运行该量子线路，结果如图 7-13 所示。

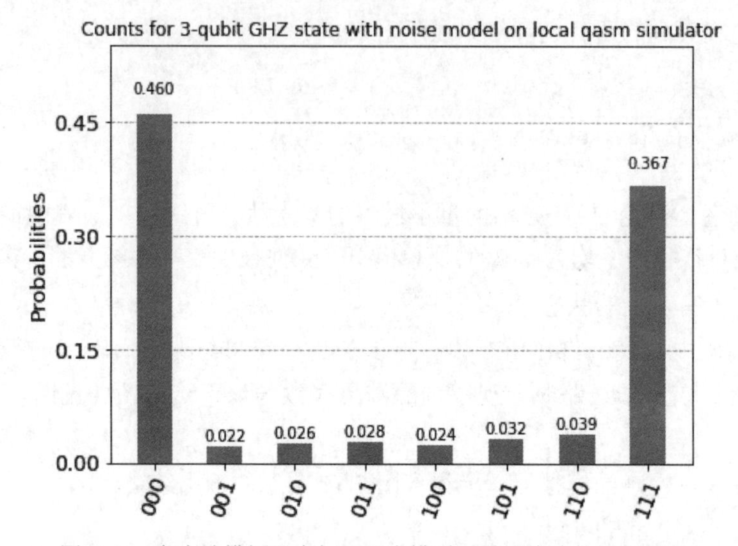

图 7-12　向本地模拟器中加入噪声模型后量子线路的运行结果

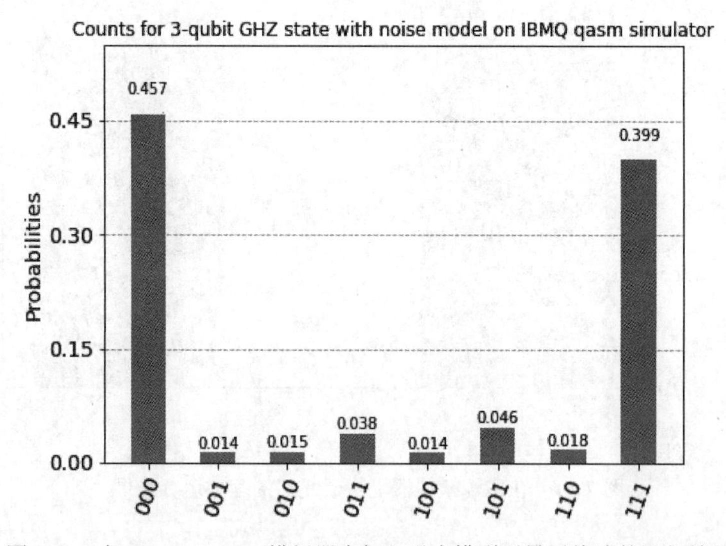

图 7-13　向 IBM Quantum 模拟器中加入噪声模型后量子线路的运行结果

（4）在开始所选择的后端上再运行一次该量子线路，结果如图 7-14 所示。

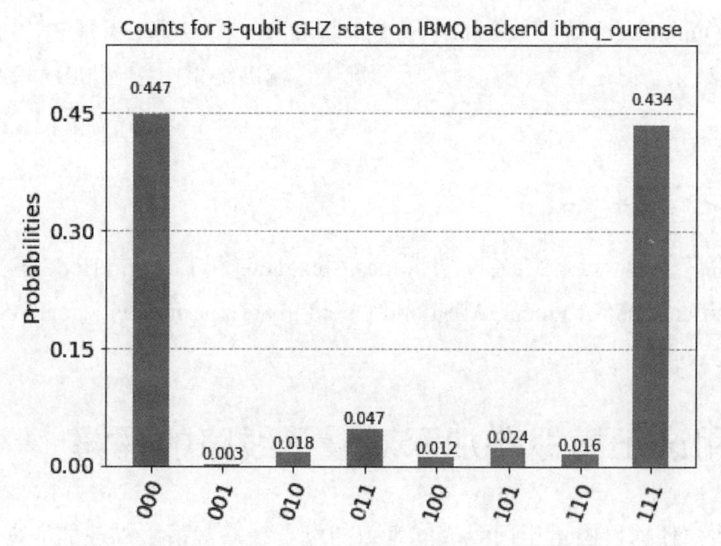

图 7-14 在 IBM Quantum 后端上量子线路的运行结果

这次的运行结果应该与基于从真实的 IBM Quantum 后端中提取的噪声模型而进行的模拟的结果类似。

此时可以把所有的结果合并到一幅图中进行比较，如图 7-15 所示。

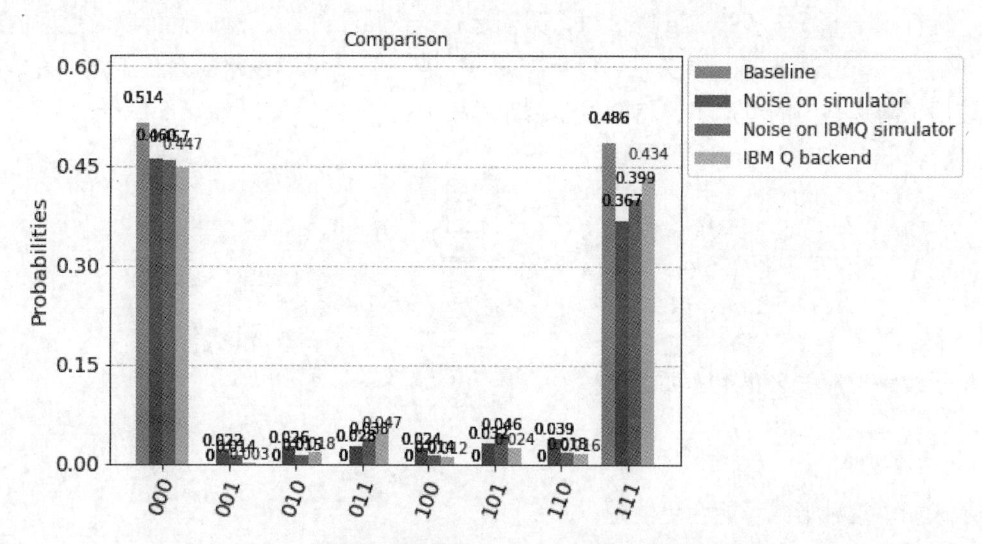

图 7-15 在模拟器和 IBM Quantum 后端上的结果的比较

由图 7-15 可知，至少从统计角度而言，添加了噪声模型的模拟器的行为与其模型所

对应的 IBM Quantum 后端类似。如你所见，**基准** Aer 模拟器中只能输出 GHZ 态预期的 $|000\rangle$ 和 $|111\rangle$ 结果，但是在其他几种运行情况中，输出结果中包含 $|001\rangle$ 和 $|010\rangle$ 等形式的噪声。

7.4.3　参考资料

IBM 研究院的 David C.McKay，Thomas Alexander 和 Luciano Bello 等撰写的“Qiskit Backend Specifications for OpenQASM and OpenPulse Experiments”，arXiv 预印版（2018 年 9 月 11 日）。

7.5　使用幺正模拟器加深对量子线路的理解

事实证明，任何仅由量子门组成的有效的量子线路，都可以被翻译为一个能够描述每一个可能的态矢量输入的预期输出结果的幺正矩阵。正如第 2 章提到的，每个量子门本身就是一种幺正矩阵，而组成完整的量子线路幺正矩阵组合本身就可以用一个幺正矩阵来描述。

Qiskit 支持 Qiskit Aer 的 `unitary_simulator` 模拟器，用户可以使用该模拟器返回量子线路对应的幺正矩阵。该模拟器的运行方式与 `qasm_simulator` 类似。

运行 `unitary_simulator` 时，只需运行一次量子线路，然后就可以对返回的结果使用 `get_unitary(qc)` 方法，以矩阵的方式查看每个量子线路的幺正矩阵。图 7-16 为使用了阿达马门的单量子比特的量子线路：

```
q_0: ┤ H ├

c_0: ═════
```

图 7-16　包含一个阿达马门的量子线路

该量子线路对应的幺正矩阵如下：

```
[[ 0.707+0.j  0.707+0.j]
 [ 0.707+0.j -0.707+0.j]]
```

表示成如下这种形式可能会更清楚：

$$\frac{1}{\sqrt{2}}\begin{bmatrix}1 & 1\\1 & -1\end{bmatrix}$$

你可能已经认出来了，这是阿达马门矩阵，的确如此。可以像这样使用幺正模拟器，返回任意有效量子线路的幺正矩阵。这就是本节想要探讨的内容。

在本节中，我们要创建一些简单的量子线路，使用幺正模拟器运行这些量子线路，并获取对应的幺正矩阵，然后比较 Qiskit 给出的幺正矩阵和物理推导出的用于表示该量子线路的量子门组合的幺正矩阵。

最后，我们还会在 qasm_simulator 上运行该量子线路，比较结果与输入的量子比特的态矢量[1,0]（对于单个量子比特）和[1,0,0,0]（对于两个量子比特）的计算结果，这两个矢量表示所有起始状态为$|0\rangle$的量子比特。

该脚本中包含一组用户自定义的函数，用于控制量子线路的创建和需要进行的其他运算。

例如，本示例会用 circuits()函数创建 3 个基础的量子线路，并将它们存储在一个列表中供后续使用。

该脚本还使用两个用户自定义函数 show_unitary()和 calc_unitary()处理幺正信息。

输入和函数的调用是由脚本末尾的 main()循环控制的。

7.5.1 准备工作

可以从本书 GitHub 仓库对应第 7 章的目录中下载本节中示例的 Python 文件 ch7_r4_unitary.py。

7.5.2 操作步骤

（1）在 Python 环境中运行 ch7_r4_unitary.py。

（2）初次启动脚本时，可以看到一个输入菜单，如图 7-17 所示。

```
Enter the number for the circuit to explore:
--------------------------------------------

0. Exit
1. One qubit superposition
2. Two qubit superposition
3. Two qubit entanglement
4. Import QASM from IBM Quantum Experience
```

图 7-17 输入菜单

输入一个数字来选择要使用的量子线路。选项 1~3 是脚本中预设的，而选项 4 允许用户在 IBM Quantum Experience 中输入 QASM 代码进行测试，这与 3.5 节中的操作非常类似。

> **重要提示：请勿输入测量量子线路**
>
> 如果你的量子线路中包含测量量子线路，在提交输入量子线路之前，必须先将这些测量量子线路去掉。如果代码中包含测量量子线路，模拟器会因 Aer 错误而崩溃。

（3）选定了想要探索的量子线路后，该程序会创建用户所需的量子线路，并以列表的形式将其返回。

```
def circuits():
    circuits=[]
    # Circuit 1 - one qubit in superposition
    circuit1 = QuantumCircuit(1,1)
    circuit1.h(0)
    # Circuit 2 - two qubits in superposition
    circuit2 = QuantumCircuit(2,2)
    circuit2.h([0,1])
    # Circuit 3 - two entangled qubits
    circuit3 = QuantumCircuit(2,2)
    circuit3.h([0])
    circuit3.cx(0,1)
    # Bundle the circuits in a list and return the list
    circuits=[circuit1,circuit2,circuit3]
    return(circuits)
```

（4）将选定的量子线路发送出去，输出对应的幺正矩阵。

在 `show_unitary()` 中，将后端设置为 `unitary_simulator`，然后运行该量子线路。程序会从运行结果中检索出返回的幺正矩阵，然后将其以矩阵的形式输出。

```
# Calculate and display the unitary matrix
def show_unitary(circuit):
    global unit
    backend = Aer.get_backend('unitary_simulator')
    unit=execute(circuit, backend).result().get_unitary(qc)
    print("Unitary matrix for the circuit:\n------------------------------- \n",unit)
```

（5）使用幺正矩阵计算量子线路的预测输出结果，并在 `qasm_simulator` 上运行该量子线路进行比较。

在 `calc_unitary()` 函数中，我们用量子线路和返回的幺正矩阵共同作为程序的输入；然后，基于量子线路中设定的量子比特的数量创建一个态矢量；再使用 NumPy 计算该态矢量与幺正矩阵的点积，从而得到量子比特参数。如需复习，请参见 2.4 节。

接着，把这些参数进行平方运算，再乘以运行次数，得到所有输出结果出现的概率。不同输出结果的出现概率就是这么算出来的。

最后，在 qasm_simulator 上运行该量子线路，比较通过计算得出的结果和通过模拟得到的结果。

```
def calc_unitary(circuit,unitary):
    # Set number of shots
    shots=1000
    # Calculate possible number of outcomes, 2^n qubits
    binary=int(pow(2,circuit.width()/2))
    # Set the binary key for correct binary conversion
    bin_key='0'+str(int(circuit.width()/2))+'b'
    # Create a qubit vector based on all qubits in the
    # ground state |0⟩ and a results list for all
    # possible outcomes.
    vector=[1]
    outcomes=[format(0, bin_key)+":"]
    for q in range (1,binary):
        vector.append(0)
        outcomes.append(format(q, bin_key)+":")
    qubits=np.array(vector)
    # Calculate the dot product of the unitary matrix and
    # the qubits set by the qubits parameter.
    a_thru_d=np.dot(unitary,qubits)
    # Print the probabilities (counts) of the calculated
    # outcome.
    calc_counts={}
    for out in range (0,len(a_thru_d)):
        calc_counts[outcomes[out]]=(int(pow(abs(a_thru_d[out]),2)*shots))
    print("\nCalculated counts:\n------------------\n",calc_counts)
    # Automate creation of measurement gates from number
    # of qubits
    # Run the circuit on the backend
    if circuit.width()==2:
        circuit.measure([0],[0])
    else:
        circuit.measure([0,1],[0,1])
    backend_count = Aer.get_backend('qasm_simulator')
    counts=execute(circuit, backend_count,shots=shots).
        result().get_counts(qc)
    # Print the counts of the measured outcome.
    print("\nExecuted counts:\n----------------\n",counts,"\n")
```

总而言之，运行该脚本，输入“1”，选择 one qubit in superposition，即单量子比特叠加，所得的结果大致如图 7-18 所示。

```
Selected circuit:
-----------------
     ┌───┐
q_0: ┤ H ├
     └───┘
c_0: ═════

Unitary matrix for the circuit:
-------------------------------
 [[ 0.707+0.00e+00j  0.707-8.66e-17j]
 [ 0.707+0.00e+00j -0.707+8.66e-17j]]

Calculated counts:
------------------
 {'0:': 500, '1:': 499}

Executed counts:
----------------
 {'0': 487, '1': 513}
```

图 7-18　单量子比特叠加的输出结果

（6）对于单量子比特叠加，程序将创建一个简单的、仅包含一个阿达马门的量子线路。该量子线路对应的幺正矩阵如下：

$$\frac{1}{\sqrt{2}}\begin{bmatrix}1 & 1\\1 & -1\end{bmatrix}$$

（7）计算得出的输出结果与在 QASM 模拟器上运行该量子线路得到的返回值非常吻合。

（8）试试选项 2 和选项 3，看看稍微复杂一些的量子线路对应的幺正矩阵是怎样表示的。当你觉得自己已经很好地掌握了这一部分的内容后，可以看看 7.6 节，以 QASM 字符串的形式导入任意量子线路。

7.6　使用态矢量模拟器进行诊断

本节将介绍态矢量模拟器，了解如何用其诊断量子线路，查看量子比特在量子线路中的状态。态矢量模拟器本质上并不是一种量子计算机模拟器，而是一种用于一次性运行用户的量子线路并返回量子比特的态矢量的工具。由于态矢量模拟器只是“模拟器”，用户实际上可以在不干扰量子比特、不破坏量子状态的前提下，用其对量子线路进行诊断性测试。

你可能注意到了，在之前的章节中已经用到过态矢量模拟器，用它将量子比特呈现为布洛赫球表示的形式，但当时并未深入研究任何相关的细节。对于单量子比特或多量子比特的可视化，如果每个量子比特都有一个可以投影到布洛赫球上的、简单的确定状态时，使用布洛赫球表示进行可视化的效果很好。

本节将涉及一种或几种不同的输出结果。每一种输出结果都可以表示测量前用户的量子比特在量子线路指定位置的状态。

态矢量模拟器返回一个态矢量，其形式与如下这些例子非常相似。

- 对于一个处于量子叠加态的量子比特：`[0.707+0.j 0.707+0.j]`。
- 对于一个处于贝尔态的纠缠量子比特对：`[0.707+0.j 0. +0.j 0. +0.j 0.707+0.j]`。

写成标准矩阵的形式，这些态矢量对应的表示如下。

- 处于量子叠加态的量子比特：

$$|\psi\rangle = \frac{1}{\sqrt{2}}\begin{bmatrix}1\\1\end{bmatrix}$$

- 纠缠量子比特对：

$$|\psi\rangle = \frac{1}{\sqrt{2}}\begin{bmatrix}1\\0\\0\\1\end{bmatrix}$$

可以使用 `plot_bloch_multivector()` 方法呈现这些态矢量。用这种方法进行可视化有助于观察在运行量子线路的过程中，每个量子比特自身是如何变化的，如图 7-19 所示。

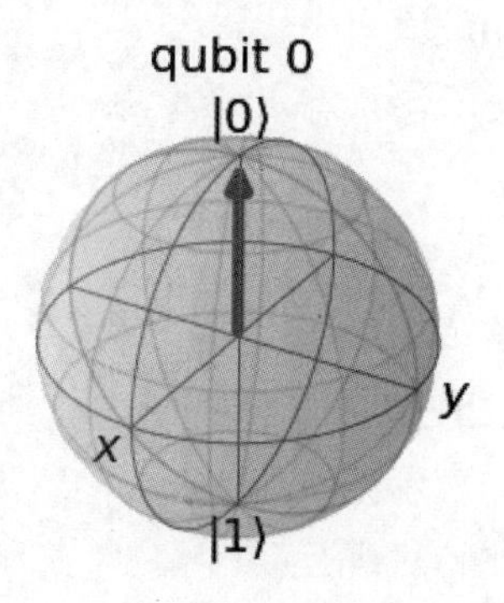

图 7-19　处于 $|0\rangle$ 状态的量子比特的布洛赫球表示

只要量子比特能够被单独表示，这种方法就很有效。但这种可视化方法无法表示处于纠缠态的量子比特，如图 7-20 所示。

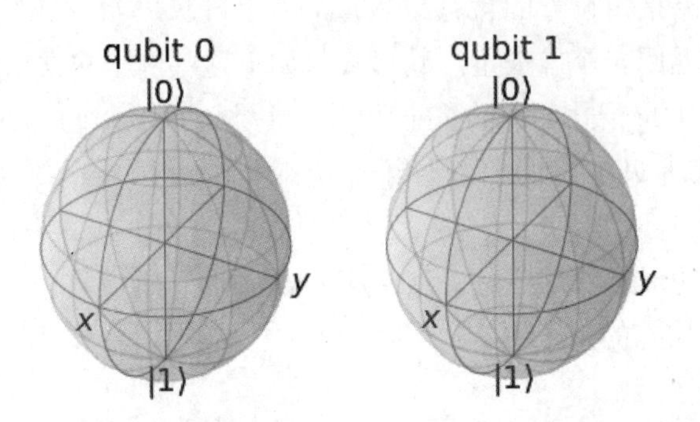

图 7-20　处于 $\frac{1}{\sqrt{2}}(|00\rangle+|11\rangle)$ 纠缠态的量子比特对的布洛赫球表示

如图 7-20 所示，处于纠缠态的量子比特不能被单独表示，只能表示为一个组合体，所以布洛赫球表示这种方法不适用于将纠缠态的量子比特可视化。对于像这样相对复杂的可视化，则需要用到 `plot_state_qsphere()` 方法。Q 球表示是 Qiskit 中独有的一种可视化方法，可以将量子态以一个或多个矢量的形式呈现在 Q 球上。

单量子比特状态的 Q 球表示是一个圆，而多量子比特状态的 Q 球表示则是一个球，其上用一个或多个矢量表示量子比特的状态。矢量顶端的圆的大小表示测得指定状态的概率；对于表示单量子比特的 Q 球，“北极点”表示基态 $|0\rangle$，“南极点”表示激发态 $|1\rangle$，而颜色表示该状态的相位，如图 7-21 所示。

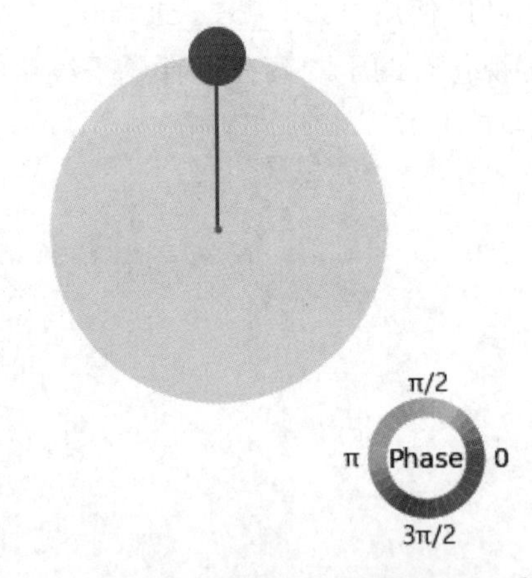

图 7-21　一个处于状态 $|0\rangle$ 且测量结果 100%为 0 的量子比特的 Q 球表示

例如，这个单量子比特的例子表明，测量 $|0\rangle$ 状态的量子比特，测量结果为 0 的概率是 1（矢量指向上），且相位为 0。可以使用 Q 球表示将布洛赫球表示无法可视化的、处于纠缠态的量子比特对进行可视化，如图 7-22 所示。

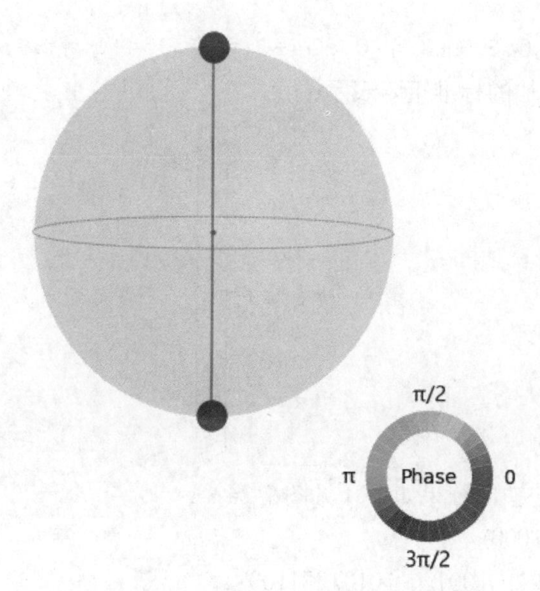

图 7-22 处于 $\frac{1}{\sqrt{2}}(|00\rangle+|11\rangle)$ 纠缠态的量子比特对的 Q 球表示，测量结果为 0 或 1 的概率均为 50%

在纠缠量子比特的例子中，可能的输出结果有两种，即 $|00\rangle$（矢量指向上）和 $|11\rangle$（矢量指向下），且其出现的概率相等，相位都是 0。

注意，在双量子比特的例子中，也能看到球体的“赤道”。出现“赤道”的原因是双量子比特体系的可能输出结果还有另外两种：$|01\rangle$ 和 $|10\rangle$。在双量子比特体系中，输出结果占据了“赤道”上两个相对的点：$|01\rangle$ 在最左边，而 $|10\rangle$ 在最右边，如图 7-23 所示。

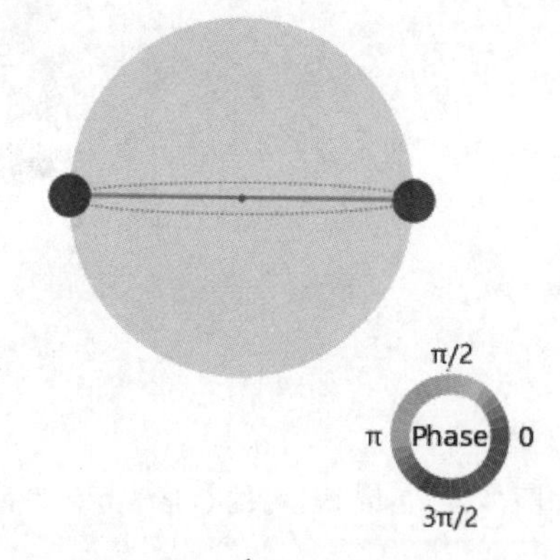

图 7-23 处于 $\frac{1}{\sqrt{2}}(|01\rangle+|10\rangle)$ 纠缠态的量子比特对的 Q 球表示，测量结果为 01 或 10 的概率均为 50%

如图 7-24 所示，如果向体系中加入更多量子比特，Q 球上会出现其他“纬线”，每条“纬线”都表示具有相等**汉明值**（Hamming value）的状态，或处于状态 $|1\rangle$ 的量子比特的数量。例如，一个 3 量子比特的 Q 球表示中，有两条“纬线”，分别表示 3 种可能的点。

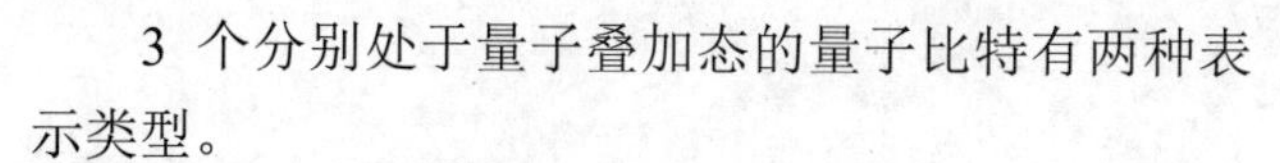

3 个分别处于量子叠加态的量子比特有两种表示类型。

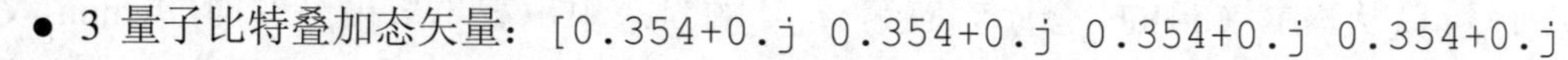

- 3 量子比特叠加态矢量：`[0.354+0.j 0.354+0.j 0.354+0.j 0.354+0.j`

`0.354+0.j 0.354+0.j 0.354+0.j 0.354+0.j]。`

- 3 量子比特叠加的标准矩阵表示：

$$|\psi\rangle = \frac{1}{\sqrt{8}}\begin{bmatrix}1\\1\\1\\1\\1\\1\\1\\1\end{bmatrix}$$

在 Q 球上呈现的输出结果如下（见图 7-24）。

- “北极点”：$|000\rangle$。
- 第一条“纬线”：$|001\rangle$、$|010\rangle$ 和 $|100\rangle$。
- 第二条“纬线”：$|011\rangle$、$|101\rangle$ 和 $|110\rangle$。
- “南极点”：$|111\rangle$。

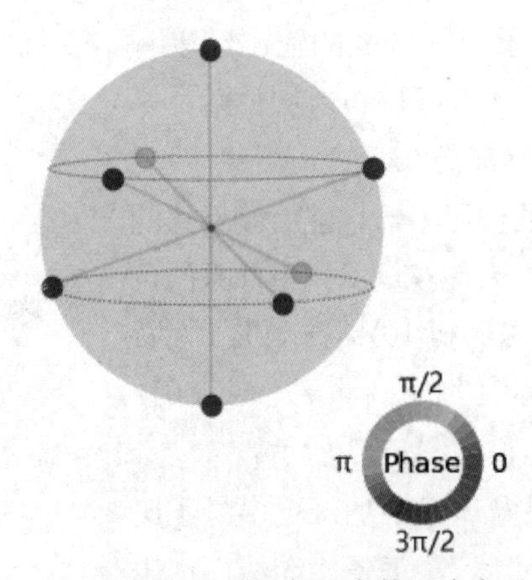

图 7-24　3 量子比特的 Q 球表示示例，所有输出结果都以点的形式表示，每种结果被测量到的概率相等（均为 $\frac{1}{8}$ 或 12.5%）

好了，了解完这些基础知识，让我们直接进入正题。

7.6.1　准备工作

可以从本书 GitHub 仓库对应第 7 章的目录中下载本节中示例的 Python 文件

ch7_r5_state_vector.py。

7.6.2　操作步骤

在本示例中，我们将搭建一个所有量子比特都处于简单叠加态的量子线路，或所有量子比特之间都存在纠缠的量子线路。搭建该量子线路时，需要测量每个量子门的态矢量，并将测量结果存储在一个列表中。然后将程序返回的态矢量输出，并将其绘制在布洛赫球和 Q 球上，以说明量子比特在量子线路运行过程中是如何来回变化的。

（1）设置量子比特的数量。

设置量子比特的数量，并使用 `s` 或 `e` 作为输入，选择搭建一个叠加量子线路或存在纠缠的量子线路，如图 7-25 所示。

```
Ch 7: Running "diagnostics" with the state vector simulator
-------------------------------------------------------------


Number of qubits:
3

Superposition 's or entanglement 'e'?
(To add a phase angle, use 'sp or 'ep'.)
ep
3 qubit quantum circuit:
-------------------------
```

图 7-25　选择量子比特的数量和量子线路的类型

然后，立刻创建该量子线路并调用 `s_vec()` 函数来显示态矢量。`s_vec()` 函数以量子线路作为输入，基于量子线路运行态矢量模拟器，并将结果以布洛赫球表示和 Q 球表示的形式呈现出来。它也可以显示该量子线路的态矢量。

```
def s_vec(circuit):
    backend = Aer.get_backend('statevector_simulator')
    print(circuit.num_qubits, "qubit quantum circuit:\n------------------------")
    print(circuit)
    psi=execute(circuit, backend).result().get_statevector(circuit)
    print("State vector for the",circuit.num_qubits,"qubit circuit:\n\n",psi)
    print("\nState vector as Bloch sphere:")
    display(plot_bloch_multivector(psi))
    print("\nState vector as Q sphere:")
    display(plot_state_qsphere(psi))
    measure(circuit)
    input("Press enter to continue...\n")
```

（2）使用如下命令选择态矢量模拟器。

```
backend = Aer.get_backend('statevector_simulator')
```

（3）选定模拟器后，当用户运行量子线路时，该模拟器会在第一时间一次性运行整个量子线路，并返回由量子比特计算得到的态矢量。一个双量子比特量子线路的输出结果大致如图 7-26 所示。

```
2 qubit quantum circuit:
---------------------------

q_0:

q_1:

State vector for the 2 qubit circuit:
 [1.+0.j 0.+0.j 0.+0.j 0.+0.j]
State vector as Bloch sphere:
```

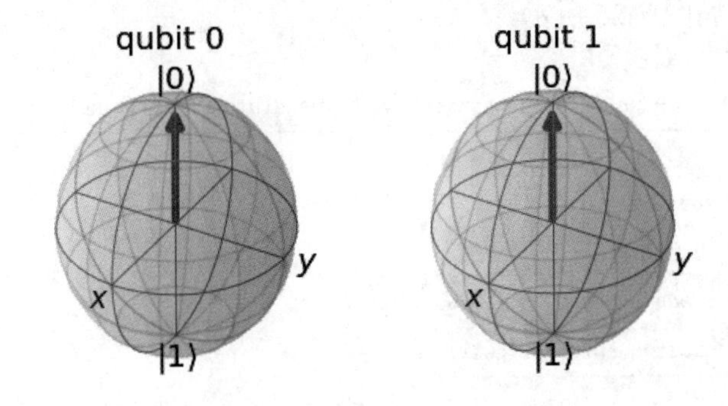


```
State vector as Q sphere:
```

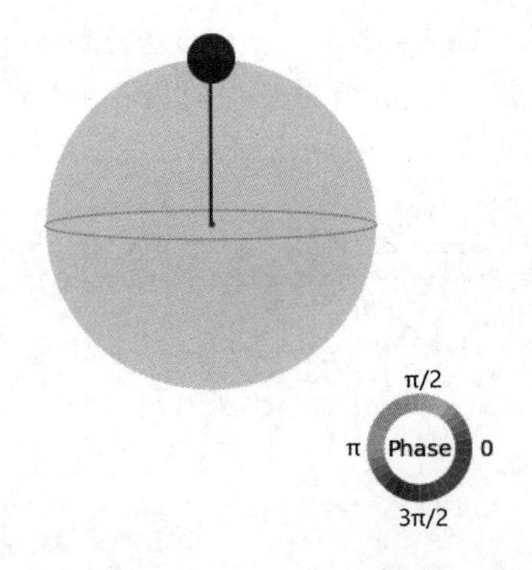


```
Outcome:
 {'00': 100.0}
```

图 7-26　双量子比特量子线路的布洛赫球表示和 Q 球表示

输出结果是在 measure()函数中通过在 Aer 的 qasm_simulator 模拟器上运行 10000 次该量子线路而计算出的。清楚起见，本示例使用 10000 次运行来获得一个良好的、均匀的分布，然后将输出结果转化为百分比的形式以方便解释。

```
def measure(circuit):
    measure_circuit=QuantumCircuit(circuit.width())
    measure_circuit+=circuit
    measure_circuit.measure_all()
    #print(measure_circuit)
    backend_count = Aer.get_backend('qasm_simulator')
    counts=execute(measure_circuit,
        backend_count,shots=10000).result().
        get_counts(measure_circuit)
    # Print the counts of the measured outcome.
    print("\nOutcome:\n",{k: v / total for total in
        (sum(counts.values()),) for k, v in counts.items()},"\n")
```

如你所见，在一个空的双量子比特量子线路中，预期测量结果为 00 的概率是 100%，这一点可以从如下态矢量中看出：

$$|\psi\rangle=\begin{bmatrix}1\\0\\0\\0\end{bmatrix}$$

你还会发现两个量子比特的态矢量都指向$|0\rangle$，而且 Q 球矢量指向$|00\rangle$。

（4）点击“Return”，对其中一个量子比特添加第一个阿达马门，并再次运行 display()函数，如图 7-27 所示。

此时，我们已经了解了将第二个量子比特设置为量子叠加态（布洛赫矢量指向$|+\rangle$）对态矢量的影响。观察 Q 球，可以看到两种可能的输出结果，即$|00\rangle$和$|10\rangle$，且其出现的概率相同。

（5）再次点击“Return”，添加第二个阿达马门并将显示该体系的态矢量，如图 7-28 所示。

我们已经一步一步地完成了量子叠加操作。

在最后一步中，你会发现两个量子比特的布洛赫矢量都指向$|+\rangle$，形成了一种$|++\rangle$量子叠加。可以将该态矢量理解为：

在最终输出结果中，如图 7-28 中的 Q 球表示所示，$|00\rangle$、$|01\rangle$、$|10\rangle$和$|11\rangle$状态出现的概率均为 25%。

（6）此时可以再次运行该双量子比特量子线路，选择表示量子纠缠的 e，一步一步地观察量子比特的行为。

```
2 qubit quantum circuit:
-------------------------

q_0: ─────

q_1: ┤ H ├

State vector for the 2 qubit circuit:

 [0.707+0.j 0.    +0.j 0.707+0.j 0.    +0.j]

State vector as Bloch sphere:
```

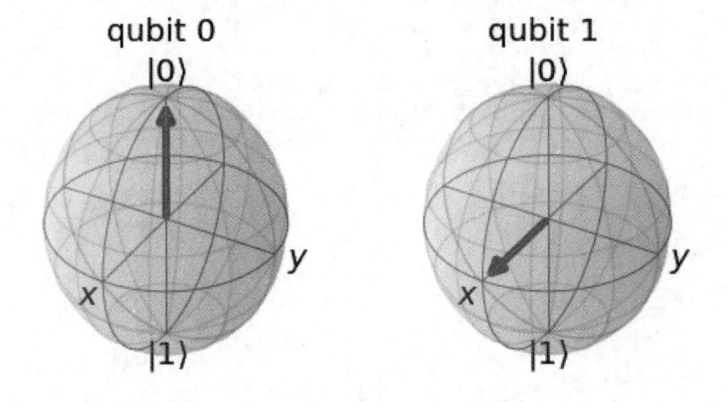


```
State vector as Q sphere:
```

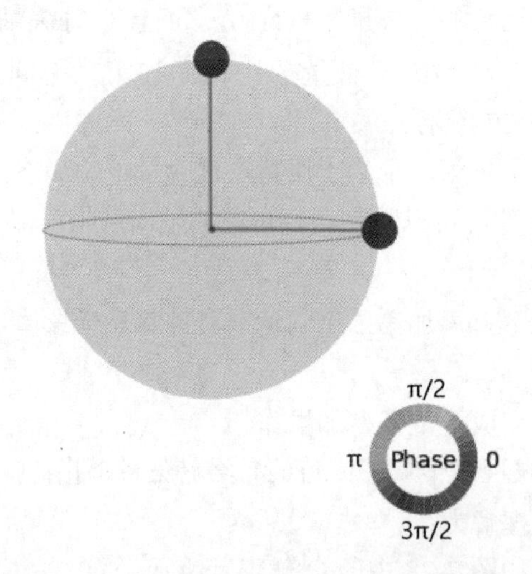


```
Outcome:
 {'00': 50.01, '10': 49.99}
```

图 7-27　两个量子比特（其中一个处于叠加态）的布洛赫球表示和 Q 球表示

```
2 qubit quantum circuit:
------------------------
      ┌───┐
q_0: ┤ H ├
      ├───┤
q_1: ┤ H ├
      └───┘
State vector for the 2 qubit circuit:

 [0.5+0.j 0.5+0.j 0.5+0.j 0.5+0.j]

State vector as Bloch sphere:
```

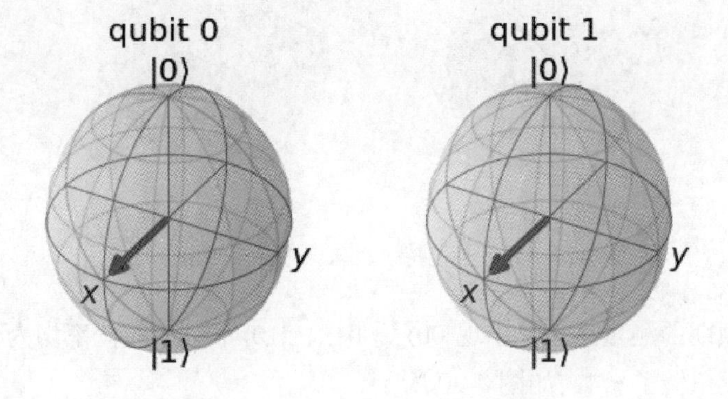


```
State vector as Q sphere:
```

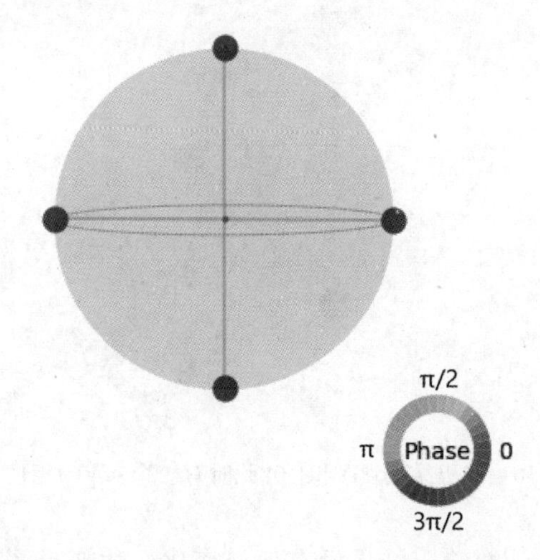


```
Outcome:
 {'11': 24.48, '00': 25.81, '01': 24.67, '10': 25.04}
```

图 7-28　两个处于叠加态的量子比特的布洛赫球表示和 Q 球表示

（7）读者可以尝试用 sp 或 ep 作为输入，运行该量子线路，即通过对最后一个量子比特添加一个 T 门，在叠加量子线路或纠缠量子线路中增加一个相位。你可能会想起第 6 章的内容，该操作会为该量子比特引入一个 π/4 的相位，而相位的变化会反映在 Q 球中，如图 7-29 所示。

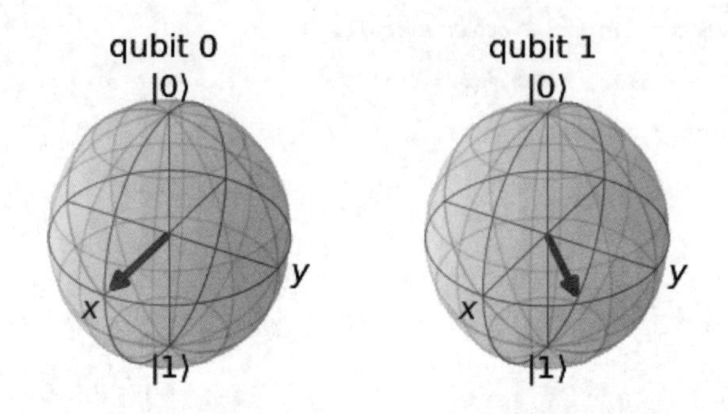

图 7-29　为量子比特 1 引入一个 π/4 的相位

同样，观察预期的测量结果，出现|00⟩ 、|01⟩ 、|10⟩ 和|11⟩ 的概率均为 25%，但|11⟩ 和|10⟩ 状态的相位扭转了 π/4，如图 7-30 所示。

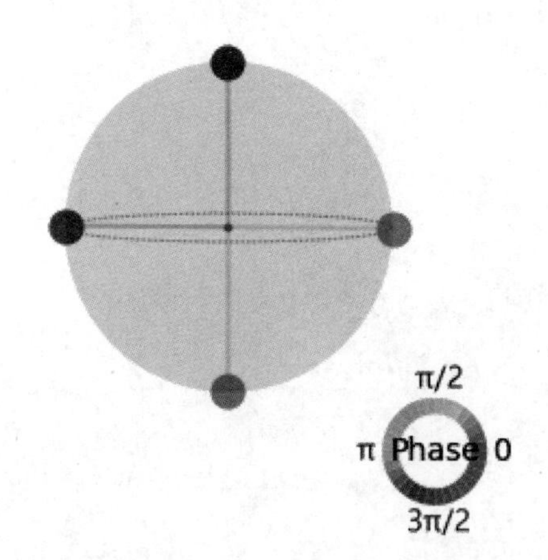

图 7-30　输出结果|11⟩ 和|10⟩ 此时有一个 π/4 的相位

注意，添加相位后，计数输出结果没有任何变化；改变量子比特的相位不影响输出结果的出现概率。这个相位在一些更复杂的量子算法中可能会非常有用，详情参见第 9 章。

7.6.3 知识拓展

你可能会觉得本示例中用到的方法似曾相识，你的感觉是对的，之前的示例中确实用过这种方法。翻到 3.3 节，看一下当时探讨过的“Inspect”功能。本示例中所探讨的方法与在 Qiskit 中检测量子线路的方法是类似的。

以上就是对 Qiskit 中所含模拟器的简要介绍。本章介绍了编写量子程序时需要用到的所有最基础的功能及其用法，但仅仅触及了这些可用功能的表面。你可继续探索这些功能，动手试一试，体会这些功能的用法，在真正开发自己的量子算法时学以致用。

第 8 章 使用 Ignis 清理量子操作

在之前的示例中，读者已经尝试过在理想化的 Qiskit Aer 模拟器上运行量子程序，并亲自动手使用真实的 IBM 量子设备。我们已经知道了真实的量子比特是存在噪声的，（目前还）不能指望量子计算机解决现实世界中的重大问题。如何降低噪声和减少误差将是量子计算机在未来的产业化过程中必须解决的问题，而 Qiskit Ignis 是降低噪声和减少误差的工具之一。

Qiskit 具有很多自动化功能，例如根据连接性和性能来优化量子比特的分配，但是这种自动化在一定程度上受限于量子芯片的物理布局，因为物理布局决定了量子比特之间的通信方式。通过研究量子比特的性能，指定量子程序中需要用到的量子比特物理实体，可以优化量子线路，例如获得最佳的量子纠缠和最长的退相干时间。

本章将介绍如何在同一后端的不同量子比特集合上运行程序，以获得不同的结果。我们将使用 Qiskit Ignis 方法，在模拟器和实体硬件上对比较简单的算法进行读出校正。

最后，本章还会介绍使用 Shor 码的量子纠错，使读者了解如何使用几个实体量子比特进行量子纠错来创建一个量子比特。

本章主要包含以下内容：

- 探索量子比特，理解 T1、T2、误差和量子门；
- 比较同一块芯片上的量子比特；
- 估算可用时间内的量子门的数量；
- 用读出校正来纠正预期结果；
- 用量子纠错减轻意外情况造成的影响。

8.1 技术要求

本章中探讨的量子程序参见本书 GitHub 仓库中对应第 8 章的目录。

8.2 探索量子比特，理解 T1、T2、误差和量子门

让我们快速回顾用户将经过模拟器验证后的量子程序发送给真实的量子计算机实体的过程，思考其中哪些环节可能会出错。一旦离开了模拟的理想量子比特，开始使用按照量子力学规律运作的实体量子比特，就不得不与现实中的另一种物理特性——噪声，进行抗衡。

量子计算机中的噪声千差万别，不同的后端、同一个后端上的不同量子比特、不同种类的量子门以及每个量子比特的读出情况都会产生不同的噪声。这使得搭建量子计算机和编写量子程序颇为复杂。

8.2.1 准备工作

可以从本书 GitHub 仓库中对应第 8 章的目录中下载本节示例的 Python 文件 ch8_r1_gates_data.py。

本示例是基于第 5 章的工作编写的，但着重研究的是量子比特的属性，这些属性可能导致输出结果出错。

本节将使用 `backend.properties()` 这个 Qiskit 方法调出如下量子比特的属性。

- `t1()`：给定量子比特的退相干时间 T1，即弛豫时间。
- `t2()`：给定量子比特的退相干时间 T2，即退相（位）时间。
- `readout_error()`：测量过程中误读量子比特的风险。
- `gate_length()`：量子门的持续时间，以 s 为单位。
- `gate_error()`：预估的量子门误差。

示例代码

（1）导入所需的 Qiskit 类并登录自己的账号。

```
from qiskit import IBMQ
print("Getting providers...")
if not IBMQ.active_account():
    IBMQ.load_account()
provider = IBMQ.get_provider()
```

（2）此处使用 `select_backend()` 来加载并显示可用后端的数据，然后根据提示符选择一个后端。

```
def select_backend():
```

```
    # Get all available and operational backends.
    print("Getting backends...")
    available_backends = provider.backends(filters=lambda
        b: not b.configuration().simulator and
        b.configuration().n_qubits > 0 and
        b.status().operational)
    # Fish out criteria to compare
    print("{0:20} {1:<10}".format("Name","#Qubits"))
    print("{0:20} {1:<10}".format("----","-------"))
    for n in range(0, len(available_backends)):
        backend = provider.get_backend(str(available_backends[n]))
        print("{0:20} {1:<10}".format(backend.name(),
            backend.configuration().n_qubits))
    select_backend=input("Select a backend ('exit' to end): ")
    if select_backend!="exit":
        backend = provider.get_backend(select_backend)
    else:
        backend=select_backend
    return(backend)
```

（3）使用 `display_information(backend)` 函数检索后端量子比特的信息，如量子比特的数量和量子比特的耦合映射；然后循环检索后端的量子比特的 T1、T2、读出误差和量子门信息。该函数包括两部分。

首先，收集量子比特的信息。

```
def display_information(backend):
    basis_gates=backend.configuration().basis_gates
    n_qubits=backend.configuration().n_qubits
    if n_qubits>1:
        coupling_map=backend.configuration().coupling_map
    else:
        coupling_map=[]
    micro=10**6
```

然后，将量子比特的基本信息和每个量子门的特定量子比特信息输出。

```
    for qubit in range(n_qubits):
        print("\nQubit:",qubit)
        print("T1:",int(backend.properties().t1(qubit)*micro),"\u03BCs")
        print("T2:",int(backend.properties().t2(qubit)*micro),"\u03BCs")
        print("Readout error:",round(backend.
            properties().readout_error(qubit)*100,2),"%")
        for bg in basis_gates:
            if bg!="cx":
                if backend.properties().gate_length(bg,[qubit])!=0:
                   print(bg,round(backend.properties().gate_length(bg,[0])*micro,2),"\
                       u03BCs", "Err:",round(backend.properties().gate_error(bg,
                       [qubit])*100,2),"%")
                else:
                    print(bg,round(backend.properties().gate_length(bg,[0])*micro,2),"\
                        u03BCs", "Err:",round(backend.properties().gate_error
                        (bg,[qubit])*100,2),"%")
```

```
        if n_qubits>0:
            for cm in coupling_map:
                if qubit in cm:
                    print("cx",cm,round(backend.properties().gate_
                        length("cx",cm)*micro,2),"\u03BCs", "Err:",
                        round(backend. properties().gate_
                        error("cx",cm)*100,2),"%")
```

（4）主函数调用 select_backend()函数和 display_information (backend)函数，帮助用户查看所选后端的所有量子比特信息。

```
def main():
    backend=select_backend()
    display_information(backend)

if __name__ == '__main__':
    main()
```

8.2.2　操作步骤

按照以下步骤探索特定后端的量子比特的属性。

（1）在 Python 后端中运行 ch8_r1_gates_data.py。

该脚本用于加载 Qiskit，抓取可用的后端并将其以列表的形式显示出来，如图 8-1 所示。

```
Ch 8: Qubit properties
----------------------
Getting providers...
Getting backends...
Name                #Qubits
----                -------
ibmqx2              5
ibmq_16_melbourne   15
ibmq_vigo           5
ibmq_ourense        5
ibmq_valencia       5
ibmq_armonk         1
ibmq_athens         5
ibmq_santiago       5

Select a backend ('exit' to end): ibmq_vigo
```

图 8-1　选择一个想要了解的后端

（2）出现提示符时，输入想要查看的 IBM Quantum 后端的名称。

该脚本为所选后端调用了 backend.properties()，并从调用结果中筛选如下这些参数，包括该后端的量子比特读出误差、退相干时间 T1 和 T2、量子门长度和所有基础量子门的误差，将其显示出来，如图 8-2 所示。

```
Qubit: 0
T1: 93 µs
T2: 16 µs
Readout error: 1.83 %
id 0.04 µs Err: 0.05 %
u1 0.0 µs Err: 0 %
u2 0.04 µs Err: 0.05 %
u3 0.07 µs Err: 0.11 %
cx [0, 1] 0.52 µs Err: 1.17 %
cx [1, 0] 0.55 µs Err: 1.17 %

Qubit: 1
T1: 118 µs
T2: 146 µs
Readout error: 1.78 %
id 0.04 µs Err: 0.05 %
u1 0.0 µs Err: 0 %
u2 0.04 µs Err: 0.05 %
u3 0.07 µs Err: 0.09 %
cx [0, 1] 0.52 µs Err: 1.17 %
cx [1, 0] 0.55 µs Err: 1.17 %
cx [1, 2] 0.23 µs Err: 0.79 %
cx [1, 3] 0.5 µs Err: 1.1 %
cx [2, 1] 0.26 µs Err: 0.79 %
cx [3, 1] 0.46 µs Err: 1.1 %

Qubit: 2
T1: 84 µs
T2: 92 µs
Readout error: 1.67 %
id 0.04 µs Err: 0.05 %
u1 0.0 µs Err: 0 %
u2 0.04 µs Err: 0.05 %
u3 0.07 µs Err: 0.1 %
cx [1, 2] 0.23 µs Err: 0.79 %
cx [2, 1] 0.26 µs Err: 0.79 %

Qubit: 3
T1: 110 µs
T2: 104 µs
Readout error: 2.7 %
id 0.04 µs Err: 0.05 %
u1 0.0 µs Err: 0 %
u2 0.04 µs Err: 0.05 %
u3 0.07 µs Err: 0.1 %
cx [1, 3] 0.5 µs Err: 1.1 %
cx [3, 1] 0.46 µs Err: 1.1 %
cx [3, 4] 0.27 µs Err: 0.91 %
cx [4, 3] 0.31 µs Err: 0.91 %

Qubit: 4
T1: 103 µs
T2: 48 µs
Readout error: 2.01 %
id 0.04 µs Err: 0.08 %
u1 0.0 µs Err: 0 %
u2 0.04 µs Err: 0.08 %
u3 0.07 µs Err: 0.16 %
cx [3, 4] 0.27 µs Err: 0.91 %
cx [4, 3] 0.31 µs Err: 0.91 %
```

图 8-2　ibmq_vigo后端的量子比特的参数

8.2.3 运行原理

尽管图 8-2 所示的数据看起来相当多，但这只是程序收集到的一个特定后端的一小部分数据。如需复习，参见 5.7 节。

我们所看到的数据的第一部分是 T1、T2 和**读出误差**（readout error），如图 8-3 所示。这部分表示用户在后端上运行量子代码时可能得不到预期输出结果的物理原因。

```
Qubit: 0
T1: 93 µs
T2: 16 µs
```

图 8-3 量子比特 0 的数据

- **退相干时间 T1，即弛豫时间**：T1 值是一个表示量子比特从激发态 $|1\rangle$ 自发弛豫到基态 $|0\rangle$ 所需的时间的统计值，在图 8-3 中以 µs 为单位。T1 值本质上是系统预估的允许用户对量子比特执行高质量操作的时间。
- **退相干时间 T2，即退相（位）时间**：与 T1 值类似，T2 值用于衡量量子比特丢失相位信息所需的时间，在图 8-3 中以 µs 为单位。状态 $|+\rangle$ 自发地变为状态 $|-\rangle$ 的过程就是一个相位发生变化的例子。一旦量子线路的运行时间快要接近 T2，读出数据的质量就会受到影响。

现在说说其他数据。

参数 readout_error、gate_length 和 gate_error 可以表征用户能够在每个量子比特上运行的量子门的质量。

- readout_error：简单来说，读出误差就是读取量子比特时得到错误值的概率，在图 8-4 中以百分比形式显示。例如，一个处于状态 $|0\rangle$ 的量子比特会被读取为状态 $|1\rangle$。事实上，该参数与其他量子比特操控无关，因为量子比特在被测量时会发生量子坍缩，所以读出误差仅仅是指最终读出时的错误率。如果能求出每个量子比特的统计图像，可能会减少读出误差。在 8.5 节的示例中将用到这种方法。
- gate_length：量子门长度表示量子门对与之对应的量子比特进行调整所需的时间，在图 8-4 中以 µs 为单位。如果你观察一些返回的数据，就会发现 U3 门的量子门长度在 20 µs 左右，而 T1 和 T2 可能比这长得多。但这并不意味着用户在这个时间跨度内加入成百上千个量子门后，还能得到很好的输出结果，因为还有量子门误差。

```
Readout error: 1.83 %
id 0.04 µs Err: 0.05 %
u1 0.0 µs Err: 0 %
u2 0.04 µs Err: 0.05 %
u3 0.07 µs Err: 0.11 %
cx [0, 1] 0.52 µs Err: 1.17 %
cx [1, 0] 0.55 µs Err: 1.17 %
```

图 8-4 量子比特 0 的数据

- gate_error：量子门误差是一个统计值，表示运行量子门时得到预期输出结果的准确程度，在图 8-4 中以百分比形式显示。误差的范围为从 0.05%到百分之几。

对于只包含几个量子门的小型量子线路，即使出现了量子门误差，用户也可以通过多次运行该量子线路，从统计角度得出正确的值。但对于包含成百上千个量子门的大型量子线路，即使量子门误差很小，也会对最终输出结果产生影响。在第 9 章中，本书会带领读者搭建包含几百个量子门的量子线路。

回忆一下 5.2 节的内容，量子门并非物理实体，与构成经典计算中的逻辑门的晶体管并不相同。相反，量子门构成了一系列微波脉冲，这些微波脉冲会被下发到实体硬件上，与被低温制冷的量子比特发生相互作用。因此，影响量子门的质量的因素有很多：构成实体量子比特的约瑟夫森结和谐振器电路的物理特性、载波和门编码波被封装时的准确性、微波谐振器、低温恒温器等。

8.2.4　知识拓展

还可以从 IBM Quantum Experience 处获取后端的量子比特信息。

具体操作步骤如下。

（1）登录 IBM Quantum Experience。

（2）在“Welcome”页面右侧的列表中列出了可用的后端，如图 8-5 所示。

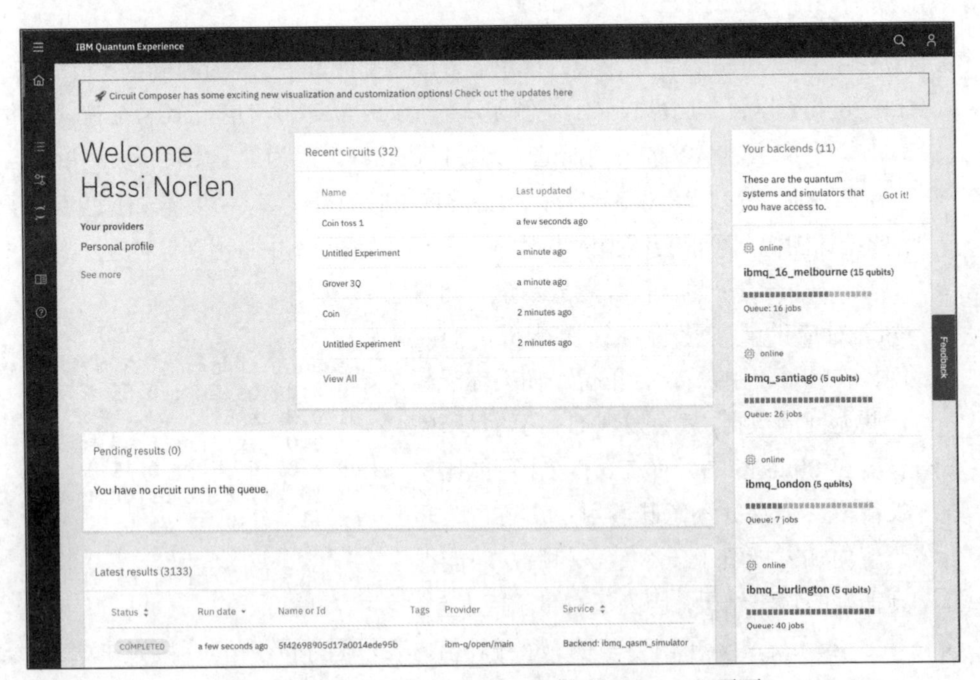

图 8-5　IBM Quantum Experience 的“Welcome”页面

（3）点击你感兴趣的后端，如 ibmq_vigo，查看其芯片布局和其他信息，如图 8-6 所示。

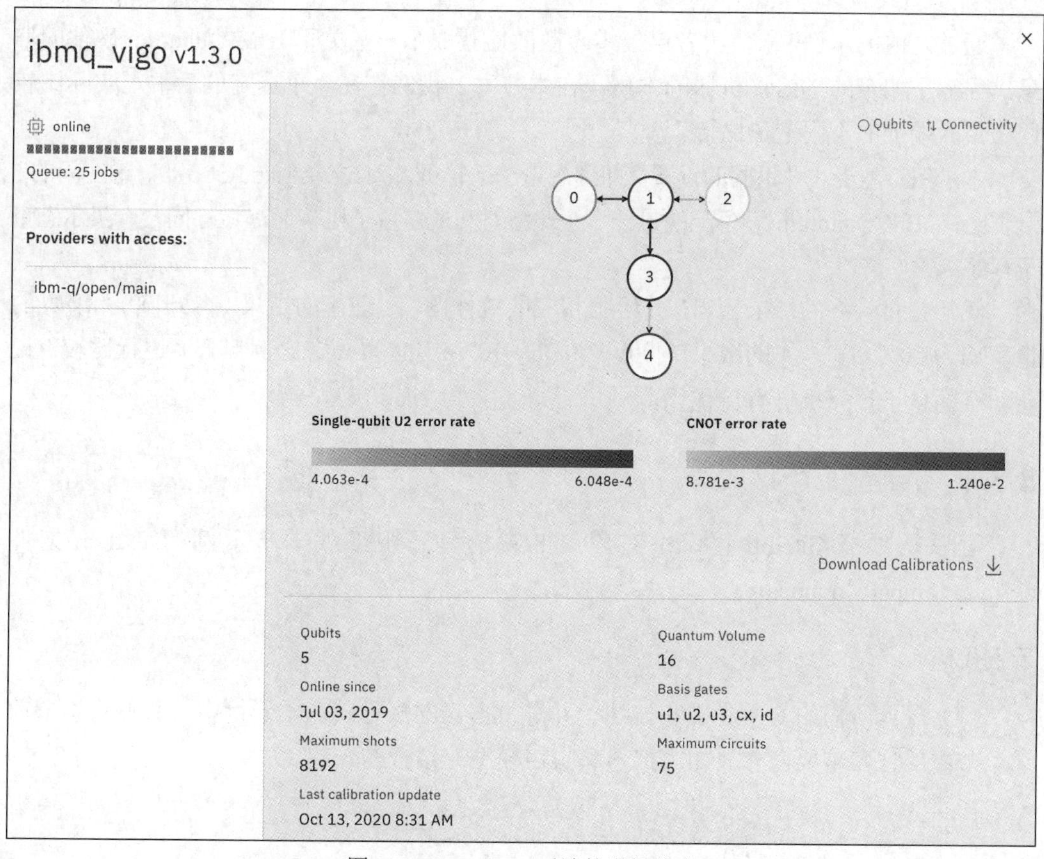

图 8-6 ibmq_vigo 后端的详细信息

（4）点击"Download Calibrations"，获取一个含有量子比特信息的 CSV 文件。下载的校准数据如图 8-7 所示。

ibmq_vigo-2

Qubit	T1 (µs)	T2 (µs)	Frequency (GHz)	Readout error	Single-qubit U2 error rate	CNOT error rate	Date
Q0	94.99779317925870	16.52662928895190	4.7965644703119	1.92E-02	4.71893729593176E-04	cx0_1: 1.240e-2	Tue Oct 13 2020 08:31:43 GMT+0200 (CEST)
Q1	97.89170449552520	124.18246510920700	4.940125153482980	1.56000000000001E-02	4.94750894148581E-04	cx1_0: 1.240e-2, cx1_2: 9.416e-3, cx1_3: 1.062e-2	Tue Oct 13 2020 08:31:43 GMT+0200 (CEST)
Q2	76.39544621056470	103.35797439661400	4.833512167245430	1.67E-02	4.06313522225801E-04	cx2_1: 9.416e-3	Tue Oct 13 2020 08:31:43 GMT+0200 (CEST)
Q3	104.84875727693000	112.91856732113500	4.807966949671630	1.65E-02	5.18861513327645E-04	cx3_1: 1.062e-2, cx3_4: 8.781e-3	Tue Oct 13 2020 08:31:43 GMT+0200 (CEST)
Q4	103.68926775564000	39.80339963770080	4.7496676750753100	1.82E-02	6.04798203587688E-04	cx4_3: 8.781e-3	Tue Oct 13 2020 08:31:43 GMT+0200 (CEST)

图 8-7 从 IBM Quantum Experience 下载的校准数据

然后就可以将数据导入你常用的电子表格软件，根据需要进行后续数据处理。

8.3　比较同一块芯片上的量子比特

通过之前的示例，相信读者已经零零散散地获取了一些关于 IBM Quantum 硬件的信息，了解了如今的 NISQ 机器的本质。在本节中，我们将在一个选定的后端上实际比较同一个后端上的不同量子比特。

本示例将基于 3 种不同的设置，即理想量子计算机（qasm_simulator）、最空闲的 5 量子比特 IBM Quantum 设备上的最佳量子比特对和最差量子比特对，运行同一个贝尔态量子程序。

我们会将最终的结果输出，并绘制相应的统计图，对理想的结果（得到$|00\rangle$和$|11\rangle$的概率均为 50%）和真实的结果（$|00\rangle$、$|01\rangle$、$|10\rangle$和$|11\rangle$按一定比例混合）进行比较，说明如今的量子计算机仍有待优化。

8.3.1　准备工作

可以从本书 GitHub 仓库中对应第 8 章的目录中下载本节示例的 Python 文件 ch8_r2_compare_qubits.py。

示例代码

（1）导入所需的 Qiskit 类和方法，并登录自己的账号。在本示例中，我们将本书前述章节中的许多重要概念（如模拟器和噪声模型）结合在一起。

```
from qiskit import IBMQ, Aer, QuantumCircuit,
ClassicalRegister, QuantumRegister, execute
from qiskit.tools.monitor import job_monitor
from qiskit.visualization import plot_histogram,plot_error_map
from IPython.core.display import display
print("Getting provider...")
if not IBMQ.active_account():
    IBMQ.load_account()
provider = IBMQ.get_provider()
```

（2）使用函数 select_backend()选择一个可用的后端（也可以使用系统推荐的最空闲后端）。

```
def select_backend():
    # Get all available and operational backends.
    available_backends = provider.backends(filters=lambda
        b: not b.configuration().simulator and
        b.configuration().n_qubits > 1 and
        b.status().operational)
```

```
    # Fish out criteria to compare
    print("{0:20} {1:<10} {2:<10}".
        format("Name","#Qubits","Pending jobs"))
    print("{0:20} {1:<10} {2:<10}".format("----","-------","------------"))
    for n in range(0, len(available_backends)):
        backend = provider.get_backend(str(available_backends[n]))
        print("{0:20} {1:<10}".format(backend.name(),backend.configuration().
            n_qubits),backend.status().pending_jobs)
    select_backend=input("Select a backend ('LB' for least busy): ")
    if select_backend not in ["LB","lb"]:
        backend = provider.get_backend(str(select_backend))
    else:
        from qiskit.providers.ibmq import least_busy
        backend = least_busy(provider.backends(filters=lambda b: not b.configuration().
            simulator and b.configuration().n_qubits > 1 and b.status().operational))
    print("Selected backend:",backend.status().backend_name)
    return(backend)
```

（3）调出性能最好和性能最差的 CX 门的信息，然后遍历 CX 门耦合，找出表现得最好和表现得最差的连接，再将所得信息以 cx_best_worst 列表的形式返回，以供后续使用。此时，可以查看一下已存储的表现得最好和表现得最差的 CX 门的信息。为了验证我们所获取的信息的准确性，可以绘制后端的误差图，检测程序所返回的 CX 连接体是否真的是性能最好的和性能最差的。

```
def get_gate_info(backend):
    # Pull out the gates information.gates=backend.properties().gates
    #Cycle through the CX gate couplings to find the best and worst
    cx_best_worst = [[[0,0],1],[[0,0],0]]
    for n in range (0, len(gates)):
        if gates[n].gate == "cx":
            print(gates[n].name, ":", gates[n].parameters[0].name,"=",
                gates[n].parameters[0].value)
            if cx_best_worst[0][1]>gates[n].parameters[0].value:
                cx_best_worst[0][1]=gates[n].parameters[0].value
                cx_best_worst[0][0]=gates[n].qubits
            if cx_best_worst[1][1]<gates[n].parameters[0].value:
                cx_best_worst[1][1]=gates[n].parameters[0].value
                cx_best_worst[1][0]=gates[n].qubits
    print("Best cx gate:", cx_best_worst[0][0], ",",
        round(cx_best_worst[0][1]*100,3),"%")
    print("Worst cx gate:", cx_best_worst[1][0], ",",
        round(cx_best_worst[1][1]*100,3),"%")

    return(cx_best_worst)
```

（4）根据所选后端，创建两个尺寸合适的量子线路。根据收集的量子比特信息，我们可以创建一个量子程序，为性能最好的和性能最差的量子比特对指定 CX 门。我们需要在此处使用前面调出的量子比特变量。首先，搭建两个有合适数量的量子比特的量子线路（qc_best 和 qc_worst），量子线路中的量子比特的数量需要根据选定的后端来确定，可以使用 backend.configuration().n_qubits 方法获取相关信息。使用之前创建的 cx_best_worst 列表将 H 门和 CX 门放置在正确的量子比特上，然后输出量子线路。

```
def create_circuits(backend, cx_best_worst):
    print("Building circuits...")
    q1 = QuantumRegister(backend.configuration().n_qubits)
    c1 = ClassicalRegister(backend.configuration().n_qubits)
    qc_best = QuantumCircuit(q1, c1)
    qc_worst = QuantumCircuit(q1, c1)

    #Best circuit
    qc_best.h(q1[cx_best_worst[0][0][0]])
    qc_best.cx(q1[cx_best_worst[0][0][0]], q1[cx_best_worst[0][0][1]])
    qc_best.measure(q1[cx_best_worst[0][0][0]], c1[0])
    qc_best.measure(q1[cx_best_worst[0][0][1]], c1[1])
    print("Best CX:")
    display(qc_best.draw('mpl'))

    #Worst circuit
    qc_worst.h(q1[cx_best_worst[1][0][0]])
    qc_worst.cx(q1[cx_best_worst[1][0][0]], q1[cx_best_worst[1][0][1]])
    qc_worst.measure(q1[cx_best_worst[1][0][0]], c1[0])
    qc_worst.measure(q1[cx_best_worst[1][0][1]], c1[1])

    print("Worst CX:")
    display(qc_worst.draw('mpl'))

    return(qc_best,qc_worst)
```

（5）在后端上运行最好的量子线路和最差的量子线路。完成所有的准备工作后，我们就可以先运行最好的量子线路，再运行最差的量子线路。当然，我们还想在理想的 qasm_simulator 模拟器上执行一个相似的任务，作为后续比较的基准，其量子比特数量与我们在实体后端上运行的量子线路的量子比特的数量相同。在本地模拟器上创建并运行一个基准量子线路。输出最好的量子比特对、最差的量子比特对和基准量子比特对，并将这些结果绘制在一个统计图中。我们也可以使用 Qiskit 中的直方图功能，在统计图中清晰地呈现这些结果。

（6）先将最好的和最差的 CX 量子比特对量子线路输出，再在选定的后端上运行这些量子线路。

```
def compare_cx(backend,qc_best,qc_worst):
    print("Comparing CX pairs...")
    print("Best CX 2:")
    display(qc_best.draw('mpl'))
    job_best = execute(qc_best, backend, shots=8192)
    job_monitor(job_best)
    print("Worst CX 2:")
    display(qc_worst.draw('mpl'))
```

```
    job_worst = execute(qc_worst, backend, shots=8192)
    job_monitor(job_worst)
```

（7）搭建一个通用 CX 量子线路（贝尔态量子线路），接着在本地模拟器上运行该量子线路，将其结果作为后续比较的基准。

```
    q = QuantumRegister(backend.configuration().n_qubits)
    c = ClassicalRegister(backend.configuration().n_qubits)
    qc = QuantumCircuit(q, c)
    qc.h(q[0])
    qc.cx(q[0], q[1])
    qc.measure(q[0], c[0])
    qc.measure(q[1], c[1])
    backend_sim = Aer.get_backend('qasm_simulator')
    job_sim = execute(qc, backend_sim)
```

（8）把最好的量子线路、最差的量子线路和基准量子线路的输出结果收集到一起。将它们输出，用它们绘制统计图并进行比较。

```
    best_result = job_best.result()
    counts_best = best_result.get_counts(qc_best)
    print("Best qubit pair:")
    print(counts_best)
    worst_result = job_worst.result()
    counts_worst = worst_result.get_counts(qc_worst)
    print("Worst qubit pair:")
    print(counts_worst)
    sim_result = job_sim.result()
    counts_sim = sim_result.get_counts(qc)
    print("Simulated baseline:")
    print(counts_sim)
    display(plot_histogram([counts_best, counts_worst, counts_sim], title = "Best
                           and worst qubit pair for: " + backend.name(),
                           legend = ["Best qubit pair","Worst qubit pair",
                           "Simulated baseline"],sort = 'desc',figsize = (15,12),
                           color = ['green','red','blue'],bar_labels = True))
```

（9）结尾处使用 main() 函数将所有操作整合起来。

```
def main():
    backend=select_backend()
    cx_best_worst=get_gate_info(backend)
    qc_best, qc_worst=create_circuits(backend,cx_best_worst)
    compare_cx(backend,qc_best,qc_worst)

if __name__ == '__main__':
    main()
```

8.3.2 操作步骤

IBM Quantum 后端是半导体逻辑电路物理实体，每个后端的行为都有些许不同。此外，后端中的量子比特是通过物理方式连接的，所以用户可以在量子程序中直接指定量子比特之间的纠缠方式。但由于耦合映射的限制，这种类型的量子比特通信只能直接进行（5.7 节曾介绍过耦合映射）。

在本节中，我们将从选定的后端中提取两个量子比特之间通信的错误率，然后挑选性能最好的量子比特对和性能最差的量子比特对，在两个量子比特对上运行一个相同的量子程序，观察程序的输出结果有何不同。

具体操作步骤如下。

（1）在 Python 环境中运行 ch8_r3_time.py。该脚本会加载 Qiskit，抓取并以列表的形式显示可用的后端，如图 8-8 所示。

输入想要用于测试的后端的名称，或输入 LB 使用系统推荐的最空闲后端。

```
Getting provider...
Name                #Qubits    Pending jobs
----                -------    ------------
ibmqx2              5          19
ibmq_16_melbourne   15         9
ibmq_vigo           5          24
ibmq_ourense        5          5
ibmq_valencia       5          3
ibmq_athens         5          4
ibmq_santiago       5          3

Select a backend ('LB' for least busy): ibmq_santiago
```

图 8-8　选择用于测试的后端，如 ibmq_santiago

（2）显示性能最好的 CX 门和性能最差的 CX 门的信息列表以及误差图，如图 8-9 所示。

```
Select a backend ('LB' for least busy): ibmq_santiago
Selected backend: ibmq_santiago
cx0_1 : gate_error = 0.007239607077796195
cx1_0 : gate_error = 0.007239607077796195
cx1_2 : gate_error = 0.006826760905151O525
cx2_1 : gate_error = 0.006826760905151O525
cx2_3 : gate_error = 0.008142773411309812
cx3_2 : gate_error = 0.008142773411309812
cx3_4 : gate_error = 0.00867161203710265
cx4_3 : gate_error = 0.00867161203710265
Best cx gate: [1, 2] , 0.683 %
Worst cx gate: [3, 4] , 0.867 %
```

图 8-9　ibmq_santiago 中的各种量子比特组合的 CX 门的误差

为了验证我们所获取的信息的准确性，绘制后端的误差图。

看一下图 8-10 中的 CX 门误差的图例，验证我们所选择的性能最好的 CX 连接体确实是[1,2]，最差的确实是[3,4]。

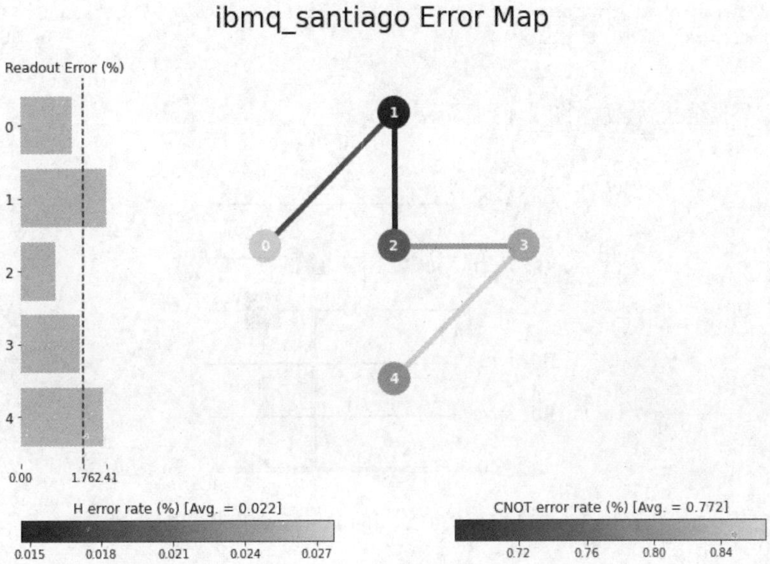

图 8-10 误差图说明 ibmq_santiago 上性能最好的 CX 连接体是[1,2]，最差的是[3,4]

（3）根据所选后端，创建两个尺寸合适的量子线路，并绘制示意图。这两个量子线路体现了该后端上性能最好的 CX 连接体和性能最差的 CX 连接体。图 8-11 展示了该后端性能最好的 CX 门的贝尔态量子线路。图 8-12 展示了该后端性能最差的 CX 门的贝尔态量子线路。

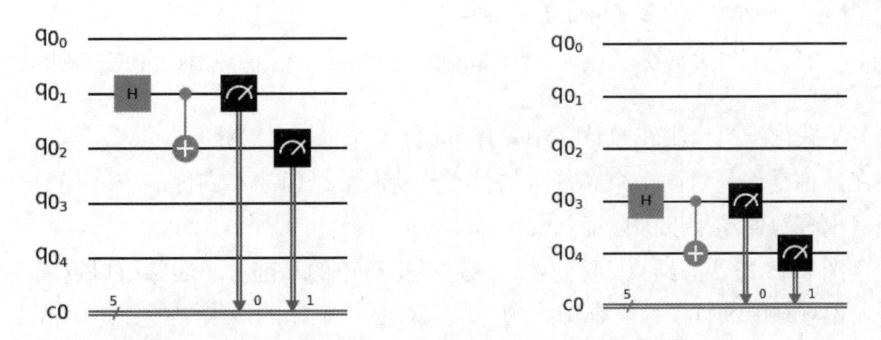

图 8-11 性能最好的 CX 门的贝尔态量子线路　　图 8-12 性能最差的 CX 门的贝尔态量子线路

如果你对将要在后端上运行的转译量子线路的实际情况感兴趣，可以先通过 `create_circuits()`创建量子线路，再添加一个如下的测试转译命令：

```
...
trans_qc_best = transpile(qc_best, backend)
```

```
print("Transpiled qc_best circuit:")
display(trans_qc_best.draw())
...
```

上述代码的结果大致如图 8-13 所示。

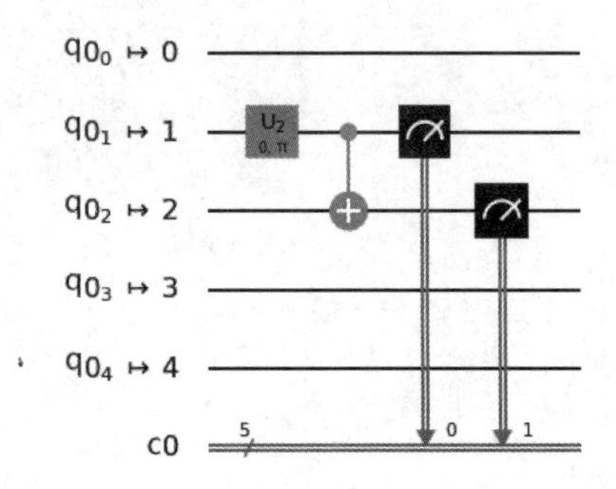

图 8-13　性能最好的 CX 门的贝尔态量子线路的转译

（4）分别在后端性能最好的 CX 连接体和性能最差的 CX 连接体上运行创建的量子线路，同时在 Aer 模拟器上运行相同的量子线路作为比较基准，结果如图 8-14 所示。

```
Job Status: job has successfully run
Best qubit pair:
{'00000': 4107, '00001': 130, '00010': 95, '00011': 3860}
Worst qubit pair:
{'00000': 4343, '00001': 154, '00010': 231, '00011': 3464}
Simulated baseline:
{'00000': 491, '00011': 533}
```

图 8-14　性能最好的 CX 门量子比特对、性能最差的 CX 门量子比特对和基准 CX 门量子比特对的结果

（5）将输出结果绘制在统计图中，进行比较，如图 8-15 所示。

现在，你是不是对同一个芯片上的量子比特和量子门的不同性能表现有了一个直观的认识，也有数值结果以供佐证。

观察图 8-15 所示的结果。我们希望通过模拟得出的基准量子线路可以返回完美的结果，即仅出现 $|00\rangle$ 和 $|11\rangle$ 且概率均约为 50%。注意模拟器的结果中不含 $|01\rangle$ 和 $|10\rangle$。

如图 8-15 中最差量子比特对结果和最好量子比特对结果的条形所示，在真实的量子设备上，输出结果受到量子比特误差的影响，IBM 后端会返回带有噪声的结果。输出结果中包含所有可能的情况——$|00\rangle$、$|01\rangle$、$|10\rangle$ 和 $|11\rangle$，而最好量子比特对的噪声仅比最差量子比特对的噪声稍微低了一点。

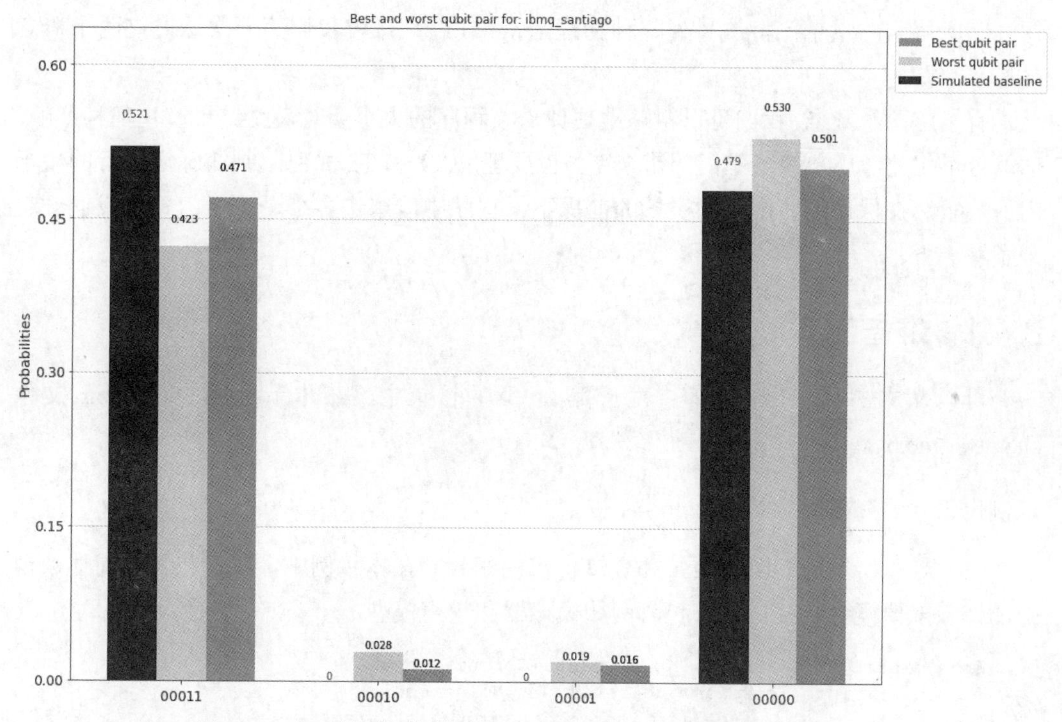

图 8-15 在 5 量子比特的后端 ibmq_santiago 上运行的基准结果、最好量子比特对结果和最差量子比特对结果

8.3.3 知识拓展

记住，你所看到的结果不仅仅是 CX 门耦合误差造成的，也受到了用户量子比特的误差、读写误差等因素的影响。读者需要考虑如何减少误差，才能更深入地理解这些运行结果。

8.3.4 参考资料

IBM 研究院的 David C. McKay，Tomas Alexander 和 Luciano Bello 等撰写的“Qiskit Backend Specifi cations for OpenQASM and OpenPulse Experiments”，arXiv 预印版（2018 年 9 月 11 日）。

8.4 估算可用时间内的量子门的数量

除了我们在 8.2 节和 8.3 节中探讨过的量子门误差，示例的最终输出结果还取决于运行程序所用到的量子比特的另外一种物理因素：T1 和 T2。我们第一次探讨这两个概念是在 8.2 节中。

有了这两个数据，我们可以粗略地估计一下程序的大小会对最终结果产生何种影响。估算时不仅要考虑单个量子门的错误率，也要理解 T1 和 T2 如何限制实际可运行的量子门的数量。在保证返回结果的质量的前提下，程序中能塞进多少个量子门？让我们一起来了解一下。

8.4.1　准备工作

可以从本书 GitHub 仓库中对应第 8 章的目录中下载本节示例的 Python 文件 ch8_r3_time.py。

示例代码

（1）导入所需的 Qiskit 类，并登录自己的账号。在本示例中，我们将本书前述章节中的许多重要概念结合在了一起，例如模拟器和噪声模型。

```
from qiskit import Aer, IBMQ, QuantumCircuit, execute
from qiskit.providers.aer.noise import NoiseModel
from qiskit.tools.visualization import plot_histogram
from qiskit.tools.monitor import job_monitor
from IPython.core.display import display
print("Getting providers...")
if not IBMQ.active_account():
    IBMQ.load_account()
provider = IBMQ.get_provider()
```

（2）使用 `select_backend()` 函数选择一个可用的后端。

```
def select_backend():
    # Get all available and operational backends.
    print("Getting backends...")
    available_backends = provider.backends(filters=lambda
        b: not b.configuration().simulator and
        b.configuration().n_qubits > 0 and
        b.status().operational)
    # Fish out criteria to compare
    print("{0:20} {1:<10} {2:<10}".format("Name","#Qubits","Pending jobs"))
    print("{0:20} {1:<10} {2:<10}".format("----","-------","------------"))
    for n in range(0, len(available_backends)):
        backend = provider.get_backend(str(available_backends[n]))
        print("{0:20} {1:<10}".format(backend.name(),backend.configuration().
            n_qubits),backend.status().pending_jobs)
    select_backend=input("Select a backend:\n")
    backend = provider.get_backend(select_backend)
    return(backend)
```

（3）将IBM Quantum后端的名称作为参数传递给`display_information(backend, n_id,ttype)`函数，该函数会提取该后端的T1、T2、读出误差和量子比特0的ID门的长度。

```
def display_information(backend,n_id,ttype):
    micro=10**6
    qubit=0
    T1=int(backend.properties().t1(qubit)*micro)
    T2=int(backend.properties().t2(qubit)*micro)
    id_len=backend.properties().gate_length("id",[0])*micro
    if ttype=="T1":
        T=T1
    else:
        T=T2
    print("\nBackend data:")
    print("\nBackend online since:",backend.
        configuration().online_date.strftime('%Y-%m-%d'))
    print("Qubit:",qubit)
    print("T1:",T1,"\u03BCs")
    print("T2:",T2,"\u03BCs")
    print("Readout error:",round(backend.properties().readout_error(qubit)*100,2),"%")
    print("Qubit",qubit,"Id length:",round(id_len,3),"\u03BCs")
    print(ttype,"-id =", round(T-n_id*id_len,2),"\u03BCs",int((100*n_id*id_len)/T),"%")
    return(T)
```

（4）`build_circuit(ttype,n_id)`函数接收一个数字，并创建一个包含ID门的基础量子线路，这个数字就是线路中ID门的个数。该函数会用一个X门将量子比特置于状态$|1\rangle$，也就是激发态，以触发量子线路。该量子线路先等待一段时间，然后测量该量子比特，因此ID门是最适用于该量子线路的量子门。ID门不做任何量子比特操控，但执行前仍需要一段特定长度的时间。如果我们等待得足够久，该量子比特会自发弛豫到基态，也就是状态$|0\rangle$。该量子线路需要多少个量子门取决于该量子比特的T1值。

根据`ttype`参数的值，可搭建不同类型的量子线路。

`T1`：创建一个简单量子线路，将量子比特置于状态$|1\rangle$，然后在量子线路中加入一定数量的ID门，以控制其运行时间，最后对不同长度的量子线路的结果进行测量。

`T2`：同理，创建一个简单量子线路，将量子比特置于状态$|1\rangle$，再将其与$|+\rangle$进行量子叠加，使其相位变为π。然后在量子线路中加入一定数量的ID门进行延时，最后对量子比特应用 H门，并对其进行测量。如果该量子比特仍处于状态$|+\rangle$，测量的结果就会是$|1\rangle$，但如果它自发地改变了相位，接近$|-\rangle$，它就会有一定的概率被读作$|0\rangle$。

```
def build_circuit(ttype,n_id):
    qc = QuantumCircuit(1,1)
    qc.x(0)
    if ttype in ["T2","t2"]:
        qc.h(0)
```

```
    for n in range(int(n_id)):
        qc.id(0)
        qc.barrier(0)
    if ttype in ["T2","t2"]:
        qc.h(0)
    qc.measure(0,0)
    return(qc)
```

（5）如果在模拟器上运行该量子线路，可以使用 build_noise_model(backend) 函数对选定的后端构建一个噪声模型。之后可以在 execute_circuit() 的运行过程中使用该噪声模型，模拟在真实后端上运行该量子线路时的情况。

```
def build_noise_model(backend):
    print("Building noise model...")
    # Construct the noise model from backend
    noise_model = NoiseModel.from_backend(backend)
    return(noise_model)
```

（6）根据我们在 build_noise_model() 中创建的噪声模型，使用 execute_circuit(backend, circuit,noise_model, n_id) 函数在选定的后端的模拟器上运行该量子线路。

```
def execute_circuit(backend, circuit,noise_model, n_id):
    # Basis gates for the noise model
    basis_gates = noise_model.basis_gates
    # Coupling map
    coupling_map = backend.configuration().coupling_map
    # Execute noisy simulation on QASM simulator and get
    # counts
    noisy_counts = execute(circuit,Aer.get_backend('qasm_simulator'),
        noise_model=noise_model, coupling_map=coupling_map,
        basis_gates=basis_gates).result().get_counts(circuit)
    return(noisy_counts)
```

（7）main() 函数用于将一系列过程整合起来，从输入和信息部分开始。

```
def main():
    # Set the time type
    ttype="T1"
    # Select the backend to simulate or run on
    backend=select_backend()
    back_sim=input("Enter Q to run on the selected
        backend, S to run on the simulated backend:\n")
    if back_sim in ["Q","q"]:
        sim=False
    else:
        sim=True
        noise_model=build_noise_model(backend)
    n_id=int(input("Number of id gates:\n"))
    t=display_information(backend,n_id,ttype)
    qc=build_circuit(ttype,n_id)
```

```
# Print sample circuit
print("\nSample 5-Id gate",ttype,"circuit:")
display(build_circuit(ttype,5).draw('mpl'))
```

在处理好所有的输入和噪声模型，创建好初始量子线路之后，就可以先在一个普通模拟器上运行该量子线路，然后在选定的后端（可以是模拟器后端，也可以是 IBM Quantum 后端）上再运行一次。我们将结果存储在数据字典 entry 中，将所运行的量子线路的长度存储在数组 legend 中，然后用它们呈现最终的结果。

```
job = execute(qc, backend=Aer.get_backend('qasm_simulator'), shots=8192)
results = job.result()
sim_counts = results.get_counts()
print("\nRunning:")
print("Results for simulator:",sim_counts)
# Run the circuit
entry={'sim':sim_counts}
legend=['sim']
length=n_id
while length!=0:
    qc=build_circuit(ttype,length)
if sim:
    noisy_counts=execute_circuit(backend,qc,noise_model,length)
else:
    job = execute(qc, backend=backend,shots=8192)
    job_monitor(job)
    results = job.result()
    noisy_counts = results.get_counts()
print("Results for",length,"Id gates:",noisy_counts)
entry.update({str(length):noisy_counts})
legend.append(str(length))
length=int(length/4)
```

（8）将数据字典中的输出结果整合到数组 results_array 中，与数组 legend 中的长度进行匹配，再将所有输出结果绘制在组合图中。

```
results_array=[]
for i in legend:
    results_array.append(entry[i])
# Display the final results
title="ID-circuits on "+str(backend)+" with "+ttype+"= "+str(t)+" \u03BCs"
if sim:
    title+=" (Simulated)"
title+=" \nOnline since: "+str(backend.configuration().online_date.
    strftime('%Y-%m-%d'))
display(plot_histogram(results_array, legend=legend, title=title))
```

8.4.2 操作步骤

要了解量子比特如何从激发态 $|1\rangle$ 弛豫到基态 $|0\rangle$，可以按照以下步骤进行操作。

（1）在 Python 环境中运行 ch8_r3_time.py。

该脚本会加载 Qiskit，获取可用的后端，并以列表的形式将其显示出来。输入想要用于测试的后端的名称，然后输入 S 以在带有模拟噪声的后端上运行程序。之后，输入量子线路所需的 ID 门的数量，如 1024（见图 8-16）。

```
Ch 8: How many gates do I have time for
----------------------------------------
Getting providers...
Getting backends...
Name                #Qubits    Pending jobs
----                -------    ------------
ibmqx2              5          5
ibmq_16_melbourne   15         12
ibmq_vigo           5          7
ibmq_ourense        5          3
ibmq_valencia       5          2
ibmq_armonk         1          10
ibmq_athens         5          3
ibmq_santiago       5          22

Select a backend:
ibmq_valencia

Enter Q to run on the selected backend, S to run on the simulated backend:
S
Building noise model...

Number of id gates:
1024
```

图 8-16　选择一个后端，可以是实体后端，也可以是模拟器后端，然后输入 ID 门的数量

（2）屏幕上会显示所选后端的第一个量子比特的各种数据，如图 8-17 所示。重点关注 T1 值和 ID 门的长度。通过这些数据可以预估量子线路的运行时间，以及运行量子线路所消耗的时间占 T1 的百分比。无须太在意量子门误差，因为 ID 门实际上不执行任何量子比特操控，仅仅是一个延时量子门。

```
Backend data:

Backend online since: 2019-07-03
Qubit: 0
T1: 157 µs
T2: 67 µs
Readout error: 3.65 %
Qubit 0 Id length: 0.036 µs
T1 -id = 120.59 µs 23 %
```

图 8-17　后端的数据

（3）我们还展示了一个具有代表性的示例量子线路，线路中包含 5 个 ID 门，如图 8-18 所示。尽管实际的量子线路可能会比这个线路大得多，但其结构与该量子线路是类似的，都包含一长串的屏障函数和 ID 门。

Sample 5-Id gate T1 circuit:

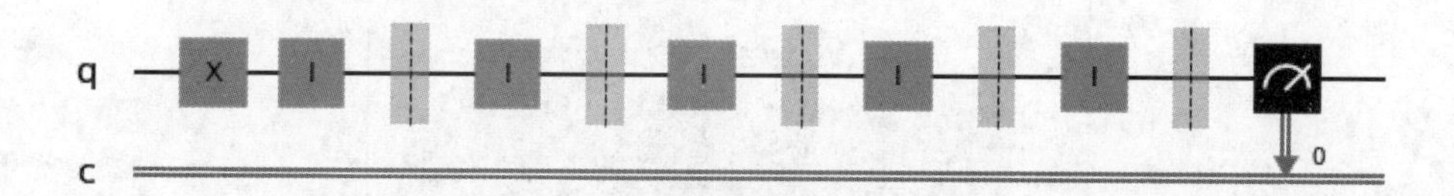

图 8-18 ID 门量子线路示例

（4）运行该量子线路，先在内置的 Qiskit Aer 模拟器 qasm_simulator 上运行以获得一个清晰的结果，然后在模拟器后端或实体后端上运行。先运行用户自定义的、包含指定数量 ID 门的量子线路，然后依次运行更小的量子线路，直到运行到仅包含一个 ID 门的量子线路，结果如图 8-19 所示。

```
Running:
Results for simulator: {'1': 1024}
Results for 1024 Id gates: {'0': 313, '1': 711}
Results for 256 Id gates: {'0': 128, '1': 896}
Results for 64 Id gates: {'0': 67, '1': 957}
Results for 16 Id gates: {'0': 44, '1': 980}
Results for 4 Id gates: {'0': 54, '1': 970}
Results for 1 Id gates: {'0': 52, '1': 972}
```

图 8-19 在模拟的后端 ibmq_valencia 上运行 T1 量子线路的原始结果

（5）程序会收集所有运行的结果，并将这些结果绘制在同一幅统计图中，如图 8-20 所示。

那么，这些结果代表什么呢？让我们一起来了解一下。

如图 8-20 所示，随着量子线路中的 ID 门数量的增加，得到$|1\rangle$的概率越来越低。当量子线路中包含 1024 个 ID 门时，结果为$|1\rangle$的概率下降至 70%左右，接近仅含噪声的情况。试着将 ID 门的数量增加一倍，达到 2048 个，观察结果为$|1\rangle$的概率是否会降至 50%左右。那么，到底怎么做才能从量子线路中真正地得到好的结果呢？再观察一下图 8-20——这次注意观察包含一个 ID 门的量子线路的结果，得到$|1\rangle$的概率约为 93%~95%，这里的一些不确定性是读出误差导致的，本示例中的读出误差约为 3.5%。这说明一旦量子线路的长度超过 64，结果就开始变得不稳定。

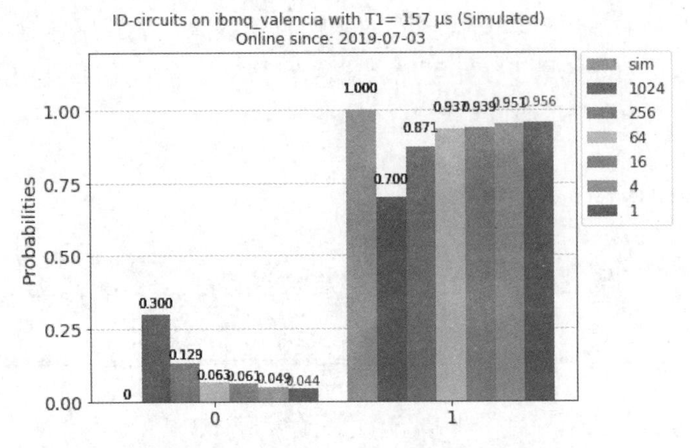

图 8-20　在模拟的后端 ibmq_valencia 上运行 T1 量子线路的结果

此外，还要注意，该实验仅供参考，因为测量中仅考虑了 T1，并且只真正测量了仅使用 ID 门的不同长度的量子线路中的量子比特的性能，而 ID 门在实际搭建量子线路时并没有真正的作用。

对于实际情况中的有用的量子门，还需要考虑量子门误差和转译结果等其他因素。也就是说，仅从该实验的结果中无法推断出质量还满足要求的情况下，量子线路中的量子门的数量，并将该数量设置为后端的量子门上限。请回顾一下 7.3 节的示例，该示例是一个基础示例，阐释了量子门误差对大型量子线路的影响。

8.4.3　知识拓展

在完整地运行完一次示例脚本后，可以测试一下下文中所讨论的其他情况。

1．比较不同的后端

试着在不同的后端上运行同一个量子线路，观察结果有何不同。因为 IBM Quantum 致力于研发出更好的量子比特和控制电路，所以你可以发现越新的后端，通常其 T1 和 T2 就越大，其量子比特的性能也越好。可以通过查看类似图 8-21 中的“Online since”估计后端有多“老”。

例如，图 8-21 是包含 1024 个 ID 门的量子线路在 2017 年 1 月上线的后端 `ibmqx2` 上运行的结果。将该结果与我们之前在 2019 年 7 月上线的后端 `ibmq_valencia` 上得到的输出结果进行比较。

比较图 8-20（`ibmq_valencia`）和图 8-21（`ibmqx2`）中的数据可知，较新的后端 `ibmq_valencia` 的 T1 比老后端的两倍还大，并且在 1024 个 ID 门之后得到正确结果的概率要高得多（从约 46%提高到约 70%）。

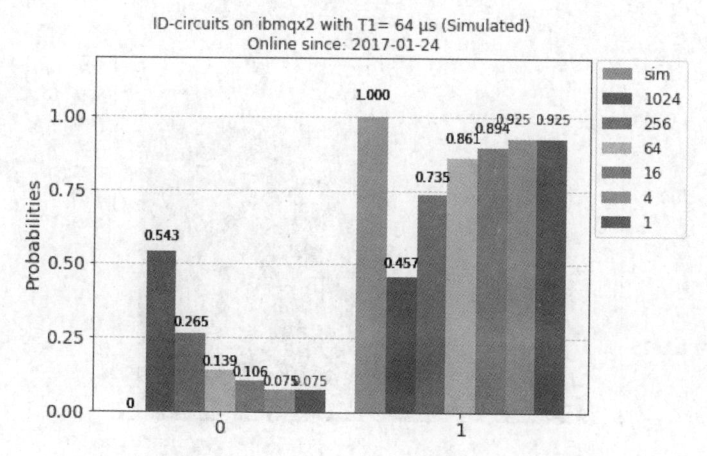

图 8-21 在上线时间较早、T1 较小的 ibmqx2 上运行的结果

2. 在 IBM Quantum 后端上运行

试着在实体后端上进行同一个实验。再次运行示例脚本 ch8_r3_time.py，出现提示符时，输入 `Q`。

> **选择一个合适的后端**
>
> 因为我们需要运行几个独立的作业，所以整个运行过程可能需要一些时间，所需时间的长短取决于正在该后端上运行作业的用户数。在选择用于运行程序的后端之前，应先查看一下该后端的**待处理作业**（pending job）数。

在实体后端上运行程序时，作业监视器会提供目前的排队情况信息，告知用户的作业在队列中的位置。以 `ibmq_valencia` 后端为例，作业监视器所给出的信息的形式大致如图 8-22 所示。

```
Running:
Results for simulator: {'1': 8192}
Job Status: job has successfully run
Results for 1024 Id gates: {'0': 2312, '1': 5880}
Job Status: job has successfully run
Results for 256 Id gates: {'0': 825, '1': 7367}
Job Status: job has successfully run
Results for 64 Id gates: {'0': 497, '1': 7695}
Job Status: job has successfully run
Results for 16 Id gates: {'0': 389, '1': 7803}
Job Status: job has successfully run
Results for 4 Id gates: {'0': 333, '1': 7859}
Job Status: job has successfully run
Results for 1 Id gates: {'0': 344, '1': 7848}
```

图 8-22 在后端 ibmq_valencia 上运行 T1 量子线路的原始结果

将这些结果并排绘制，就可以直观地进行比较，如图 8-23 所示。

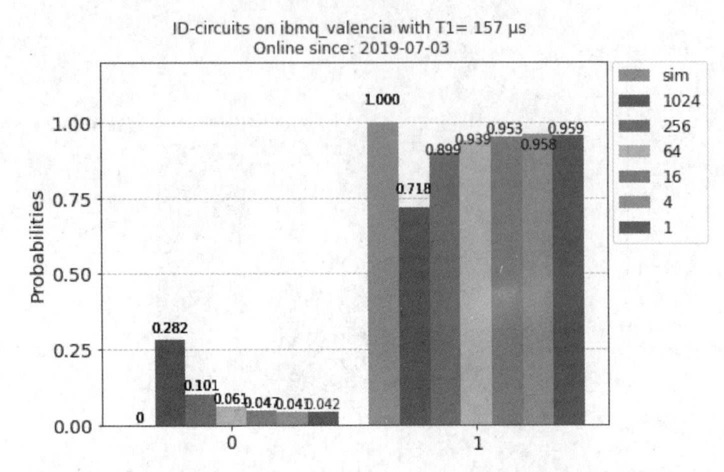

图 8-23　在后端 ibmq_valencia 上运行 T1 量子线路的结果

观察随着 ID 门数量的增多，量子比特是如何从$|1\rangle$弛豫到$|0\rangle$，从而导致等待时间变长。请思考如何使实体后端的结果与模拟后端的结果相吻合。

3. 测试 T2

你可以通过将示例代码中的类型参数从"T1"变成"T2"，来测试 T2 值，了解量子比特是如何退相位的。

```
# Main
def main():
    # Set the time type
    ttype="T2"
```

在这种情况下，示例量子线路有何不同？因为 T2 是一个用于表征退相干时间的参数，所以我们必须先设置量子比特，使其真正拥有相位信息。先在量子线路中加入一个 X 门，将量子比特的状态设置为$|1\rangle$状态，然后添加一个 H 门，用于将量子比特的状态变为$|-\rangle$状态，$|-\rangle$状态相当于将$|+\rangle$状态的相位移动 π，如图 8-24 所示。

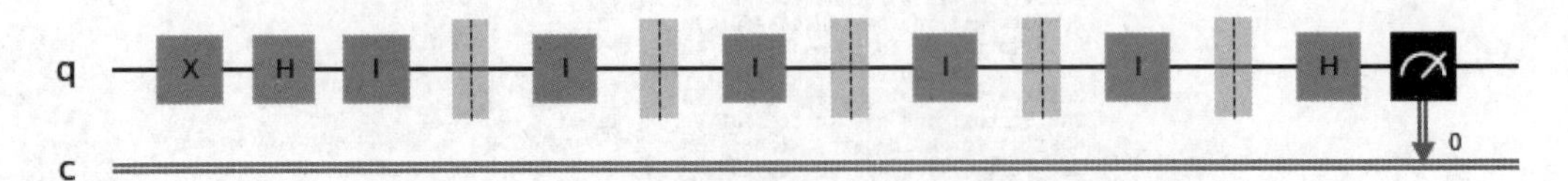

图 8-24　包含 H 门的 T2 量子线路，H 门用于将量子比特的状态变为相位为 π 的$|-\rangle$状态

等待一段时间，让量子比特有机会从初始相位 π 退相位。再添加一个 H 门，回到基础计算模式，以能够对该量子比特进行测量，输出结果如图 8-25 所示。

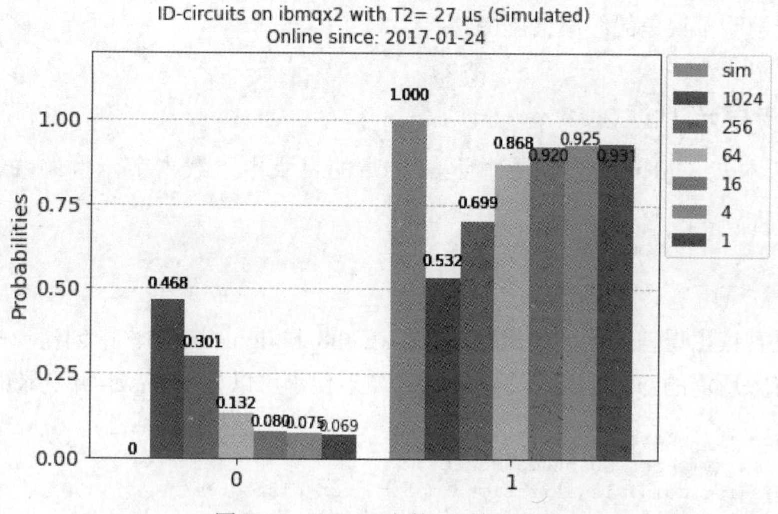

图 8-25　ibmqx2 上的 T2 输出结果

现在，查看图 8-25 和图 8-21，你就可以全面地了解 T1 和 T2 对量子比特的影响。你还可以试着加入更多 ID 门，运行程序，观察量子比特的行为如何变化。

8.4.4 参考资料

如果想更详细地了解 T1 和 T2，以及如何对其进行测量，可以阅读 Robert Loredo 撰写的 *Learn Quantum Computing with Python and IBM Quantum Experience* 的第 11 章。该书由 Packt 出版社于 2020 年出版。

8.5 用读出校正来纠正预期结果

我们已经对使用量子比特进行量子计算时可能会出现的误差有了一些了解，那么有什么办法可以减少误差呢？减少误差的方法基本上可以分为两种，至少对我们已经能够熟练使用的小规模量子比特后端来说是这样。

第一种：将量子程序的运行时间控制在量子比特因退相干而丢失之前，使其有机会在我们之前所学习过的退相干时间 T1 和 T2 之内成功运行完。也就是说，需要把程序做得很短。

第二种：认真观察不同的读出误差，看看能否减少这些误差。在第 7 章中，我们把实体后端的量子比特数据导入 qasm_simulator 中，让模拟器后端表现出 NISQ 后端的行为。在此，我们可以反其道而行之，分析后端的测量误差，并用这些误差数据创建一个用于抵消测量误差的缓解措施图。

8.5.1 准备工作

可以从本书 GitHub 仓库中对应第 8 章的目录中下载本节示例的 Python 文件 ch8_r4_ignis.py。

示例代码

为了处理读出误差的创建和运行，我们在 ch8_r4_ignis.py 脚本中创建一些函数。

（1）导入所需的 Qiskit 类和方法。运行如下代码可以导入 Qiskit 并登录账号。

```
from qiskit import Aer, IBMQ, QuantumRegister, execute
from qiskit import QuantumCircuit
from qiskit.tools.visualization import plot_histogram
from qiskit.tools.monitor import job_monitor
from IPython.core.display import display
print("Getting providers...")
if not IBMQ.active_account():
    IBMQ.load_account()
provider = IBMQ.get_provider()
```

（2）使用 select_backend()加载并显示可用后端的数据，然后提示选择一个后端。

```
def select_backend():
    # Get all available and operational backends.
    available_backends = provider.backends(filters=lambda
        b: not b.configuration().simulator and
        b.configuration().n_qubits > 1 and
        b.status().operational)
    # Fish out criteria to compare
    print("{0:20} {1:<10} {2:<10}".format("Name","#Qubits","Pending jobs"))
    print("{0:20} {1:<10} {2:<10}".format("----","-------","------------"))
    for n in range(0, len(available_backends)):
        backend = provider.get_backend(str(available_backends[n]))
        print("{0:20} {1:<10}".format(backend.name(),backend.configuration().
            n_qubits),backend.status().pending_jobs)
    select_backend=input("Select a backend ('exit' to end): ")
    if select_backend!="exit":
        backend = provider.get_backend(select_backend)
    else:
        backend=select_backend
    return(backend)
```

（3）使用 create_circuit()创建一个已知预期输出结果为$|000\rangle$和$|111\rangle$的基础的 GHZ 态的量子线路。

```
def create_circuit():
     #Create the circuit
    circuit = QuantumCircuit(3)
    circuit.h(0)
    circuit.cx(0,1)
    circuit.cx(0,2)
    circuit.measure_all()
    print("Our circuit:")
    display(circuit.draw('mpl'))
    return(circuit)
```

（4）用 simulator_results(circuit)在本地的 Qiskit Aer 模拟器上运行在上一步中生成的量子线路。

```
def simulator_results(circuit):
    # Run the circuit on the local simulator
    job = execute(circuit, backend=Aer.get_backend('qasm_simulator'), shots=8192)
    job_monitor(job)
    results = job.result()
    sim_counts = results.get_counts()
    print("Simulator results:\n",sim_counts)
    return(sim_counts)
```

（5）使用 noisy_results(circuit,backend)在程序提供的后端上运行该量子线路。

```
def noisy_results(circuit,backend):
    # Select backend and run the circuit
    job = execute(circuit, backend=backend, shots=8192)
    job_monitor(job)
    results = job.result()
    noisy_counts = results.get_counts()
    print(backend,"results:\n",noisy_counts)
    return(noisy_counts,results)
```

（6）函数 mitigated_results(backend,circuit,results)是我们创建的主要函数，用于基于后端的误差测量数据，减少给定结果的误差。

```
def mitigated_results(circuit,backend,results):
    # Import the required methods
    from qiskit.providers.aer.noise import NoiseModel
    from qiskit.ignis.mitigation.measurement import
        (complete_meas_cal,CompleteMeasFitter)
    # Get noise model for backend
    noise_model = NoiseModel.from_backend(backend)
    # Create the measurement fitter
    qr = QuantumRegister(circuit.num_qubits)
    meas_calibs, state_labels = complete_meas_cal(qr=qr,circlabel='mcal')
```

```
    job = execute(meas_calibs, backend=Aer.get_backend('qasm_simulator'), shots=8192,
        noise_model=noise_model)
    cal_results = job.result()
    meas_fitter = CompleteMeasFitter(cal_results,state_labels, circlabel='mcal')
    # Plot the calibration matrix
    print("Calibration matrix")
    meas_fitter.plot_calibration()
    # Get the filter object
    meas_filter = meas_fitter.filter
    # Results with mitigation
    mitigated_results = meas_filter.apply(results)
    mitigated_counts = mitigated_results.get_counts(0)
    print("Mitigated",backend,"results:\n",mitigated_counts)
    return(mitigated_counts)
```

（7）函数 main()可以把函数流封装起来，并进行最终的数据呈现。

```
def main():
    backend=select_backend()
    circ=create_circuit()
    sim_counts=simulator_results(circ)
    noisy_counts,results=noisy_results(circ,backend)
    # Analyze and error correct the measurements
    mitigated_counts=mitigated_results(circ,backend,results)
    # Show all results as a comparison
    print("Final results:")
    display(plot_histogram([sim_counts, noisy_counts,
        mitigated_counts], legend=['sim','noisy','mitigated']))
```

8.5.2 操作步骤

（1）在本地的 Qiskit 环境中运行 ch8_r4_ignis.py，然后选择一个用于测试的可用的后端，如图 8-26 所示。

```
Ch 8: Correct for the expected
-------------------------------
Getting providers...
Name                  #Qubits    Pending jobs
----                  -------    ------------
ibmqx2                5          4
ibmq_16_melbourne     15         12
ibmq_vigo             5          3
ibmq_ourense          5          5
ibmq_valencia         5          20
ibmq_athens           5          5
ibmq_santiago         5          2

Select a backend ('exit' to end): ibmqx2
```

图 8-26　选择一个可用的后端

（2）创建一个用于测试的 GHZ 态的量子线路，如图 8-27 所示。因为我们知道该量

子线路的预期输出结果是 $|000\rangle$ 和 $|111\rangle$，所以可以用这一信息验证量子线路在选定后端上运行得如何，以及纠错的效果如何。

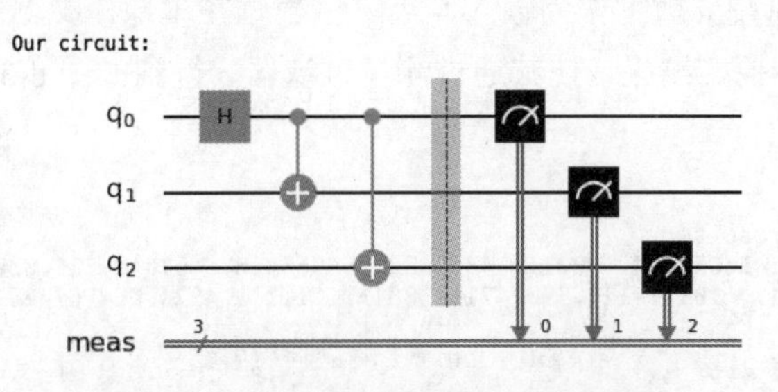

图 8-27　用于测试的 GHZ 态的量子线路

（3）现在在本地模拟器和选定的后端上运行该量子线路，结果如图 8-28 所示。

```
Job Status: job has successfully run
Simulator results:
 {'000': 4101, '111': 4091}
Job Status: job has successfully run
ibmqx2 results:
 {'000': 3477, '001': 240, '010': 180, '011': 131, '100': 69, '101': 213, '110': 246,
'111': 3636}
```

图 8-28　在本地模拟器 qasm_simulator 和后端 ibmqx2 上的结果

（4）现在我们已经有了在后端上运行该量子线路的结果，可以从后端中提取实体量子比特和量子门的信息，并创建一个噪声模型。

该模型中包含后端的量子比特被测量时的行为的统计信息，如图 8-29 所示。

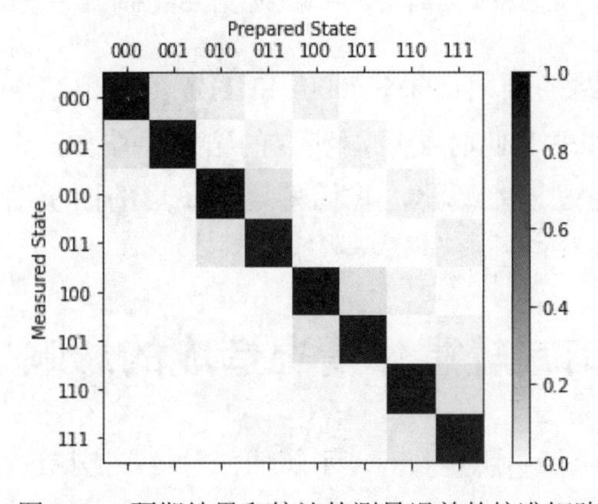

图 8-29　预期结果和统计的测量误差的校准矩阵

在图 8-29 中，对角线上是预期结果，而远离对角线的灰色阴影是统计的测量误差。阴影的颜色越深，得到该结果的概率就越高。

我们可以以测量校准数据作为输入，用这些数据在本地模拟器上重新运行该量子线路。然后，我们运行原始结果，使其通过测量过滤器，得到如图 8-30 所示的误差缓解的结果。

```
Mitigated ibmqx2 results:
 {'000': 3796.9401456056394, '001': 43.78835359865318, '010': 111.03029097839597,'011'
1.5865949701636701, '101': 114.59024711838815, '111': 4124.064367728765}
```

图 8-30　ibmqx2 的误差缓解结果

（5）绘制模拟器的结果、后端的原始结果和误差缓解结果，以供比较，如图 8-31 所示。

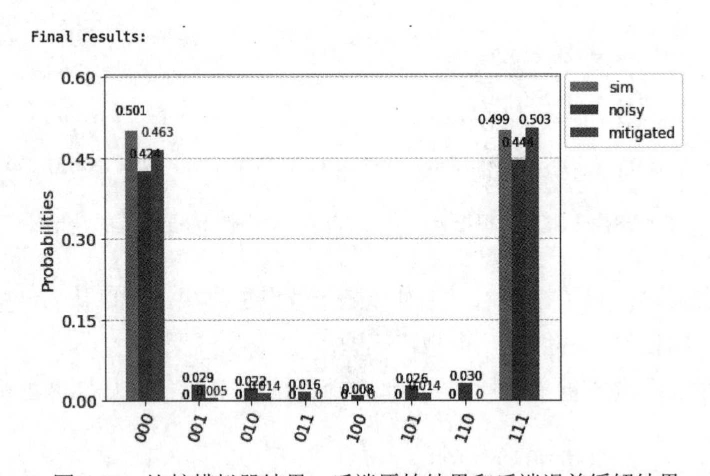

图 8-31　比较模拟器结果、后端原始结果和后端误差缓解结果

GHZ 态的量子线路的预期结果是 $|000\rangle$ 和 $|111\rangle$，两种结果出现的概率分别大约为 50%；但由图 8-31 可知，此时从后端获取的结果并非如此。在预期结果之间有很多表示噪声的条形。通过误差缓解，我们将这些条形的面积缩小，使得结果更接近预期。

8.6　用量子纠错减轻意外情况造成的影响

正如我们在之前的示例中所看到的，了解如何对量子比特进行测量有助于从统计学角度进行读出误差校正。但归根结底，测量只是一种测量。对量子比特进行测量，得到

的结果要么是 0，要么是 1。如果你测量出的量子比特的状态是$|1\rangle$，而不是预期的$|0\rangle$，那么从统计学角度纠正测量错误也没有用，你的量子比特 100%丢失了。

有很多东西可能扰乱量子比特，包括量子门误差、导致量子比特退相干或退相位的谱图物理（回忆一下 T1 和 T2）。在经典计算领域，用户可以定期检查自己的比特，运行纠错程序以确保比特的行为是正常的。实现数字通信，播放 CD、DVD、蓝光光盘等数字媒介并且听到或看到自己期望的内容，需要用到数字纠错。

一种经典的纠错方法是先将自己要传输的 1 个比特复制为 3 个比特，经过传输后再将该比特与复制而得的其他比特进行比较。如果它们不相同，那么至少有一个比特产生了异常（errored）。简单来说，之后就可以按照大多数比特的取值，对反常的比特的值进行取反，从而将其变回传输前的状态。

但对于量子比特，这样操作有些困难。例如，你无法像复制经典比特一样复制量子比特。我们必须利用量子叠加和量子纠缠。

我们在 2.2 节中详细讨论了量子叠加，在 4.7 节中探讨过量子纠缠。可以随时回看之前的内容，进行复习。

让我们用量子叠加和量子纠缠进一步探索！

8.6.1 准备工作

可以从本书 GitHub 仓库中对应第 8 章的目录中下载本节示例的 Python 文件 ch8_r5_shor.py。

示例代码

为了处理 Shor 码算法的创建和运行，我们在 ch8_r5_shor.py 脚本中创建一些函数。

（1）导入所需的 Qiskit 类，并设置后端。

```
from qiskit import QuantumCircuit, execute, Aer
from qiskit.visualization import plot_bloch_multivector,
plot_state_qsphere
# Supporting methods
from math import pi
from random import random
from IPython.core.display import display
# Set the Aer simulator backend
backend = Aer.get_backend('qasm_simulator')
```

（2）函数 get_psi(qc) 是我们的“老朋友”了，此处我们用它返回量子线路的态矢量并显示在布洛赫球和 Q 球上。

```
def get_psi(qc):
```

```
    global psi
    backend = Aer.get_backend('statevector_simulator')
    result = execute(qc, backend).result()
    psi = result.get_statevector(qc)
    return(psi)
```

（3）本示例使用函数 add_error(error, circuit,ry_error, rz_error) 创建 4 种不同类型——比特翻转、比特翻转+相位翻转、$\theta+\phi$ 相位偏移和随机的误差，而不是等待系统自然产生第一个量子比特误差。

```
def add_error(error, circuit,ry_error, rz_error):
    circuit.barrier([x for x in range(circuit.num_qubits)])
    if error=="1": #Bit flip error
        circuit.x(0)
    elif error=="2": #Bit flip plus phase flip error
        circuit.x(0)
        circuit.z(0)
    else: #Theta plus phi shift and Random
        circuit.ry(ry_error,0)
        circuit.rz(rz_error,0)
    circuit.barrier([x for x in range(circuit.num_qubits)])
    return(circuit)
```

（4）函数 not_corrected(error, ry_error, rz_error) 用于创建一个简单的单量子比特量子线路，并引入我们在主过程中选择的错误，然后将结果呈现在布洛赫球和 Q 球上。我们还会在 Qiskit Aer 的 qasm_simulator 模拟器上运行该量子线路，观察被“污染”的量子比特的结果。

```
def not_corrected(error, ry_error, rz_error):
    # Non-corrected code
    qco = QuantumCircuit(1,1)
    print("\nOriginal qubit, in state |0⟩")
    display(plot_bloch_multivector(get_psi(qco)))
    display(plot_state_qsphere(get_psi(qco)))
    # Add error
    add_error(error,qco, ry_error, rz_error)
    print("\nQubit with error...")
    display(plot_bloch_multivector(get_psi(qco)))
    display(plot_state_qsphere(get_psi(qco)))
    qco.measure(0,0)
    display(qco.draw('mpl'))
    job = execute(qco, backend, shots=1000)
    counts = job.result().get_counts()
    print("\nResult of qubit error:")
    print("-----------------------")
    print(counts)
```

（5）现在是时候加入 Peter Shor 开发的量子纠错码了。我们搭建一个与之前相同的量子线路，但量子线路中包含 8 个用于处理量子比特信息的**辅助量子比特**（ancilla qubit）。

我们创建的是 3 量子比特的相位翻转码和 3 量子比特的比特翻转码的组合。这样的量子线路可以显示量子比特的状态（事实上可以将全部 9 个量子比特的状态都显示出来，但我们主要关注的是第一个量子比特的状态，即狄拉克右矢符号表示法中最低有效位：$|...0\rangle$）。它还可以显示经过量子纠错后测得的量子比特的最终结果。

该函数包含几个部分。

相位翻转纠错的前半部分：此处，我们创建了量子线路，并将量子线路中相位翻转纠错码的开始部分整合到一起。

```
def shor_corrected(error, ry_error, rz_error):
    # A combination of a three qubit phase flip code, and
    # 3 bit flip codes
    qc = QuantumCircuit(9,1)
    print("\nOriginal LSB qubit, in state |...0⟩")
    display(plot_state_qsphere(get_psi(qc)))
    # Start of phase flip code
    qc.cx(0,3)
    qc.cx(0,6)
    qc.h(0)
    qc.h(3)
    qc.h(6)
    qc.barrier([x for x in range(qc.num_qubits)])
```

比特翻转纠错的前半部分：此时必须保护每一个用于相位翻转纠错的量子比特，防止它们 3 个发生相位翻转。将 9 个量子比特都加入进来，帮助我们实现这一目的。

```
    qc.cx(0,1)
    qc.cx(3,4)
    qc.cx(6,7)
    qc.cx(0,2)
    qc.cx(3,5)
    qc.cx(6,8)
```

给第一个量子比特引入错误：在创建量子线路的这个阶段，需要使用函数 `add_error()` 给第一个量子比特引入一些错误。这一步的作用是模拟量子比特在真实世界中所受到的扰动。

```
    add_error(error,qc, ry_error, rz_error)
    print("Qubit with error... LSB can be in |...0⟩ and in |...1⟩,
        with various phase.")
    display(plot_state_qsphere(get_psi(qc)))
    display(qc.draw('mpl'))
```

比特翻转纠错的后半部分：引入错误后，再次开始收集量子比特。先完成比特翻转纠错，如有需要，还可以对每个相位翻转的量子比特进行调整。

```
    qc.cx(0,1)
    qc.cx(3,4)
```

```
    qc.cx(6,7)
    qc.cx(0,2)
    qc.cx(3,5)
    qc.cx(6,8)
    qc.ccx(1,2,0)
    qc.ccx(4,5,3)
    qc.ccx(8,7,6)
```

相位翻转纠错的后半部分：像完成比特翻转纠错一样，完成相位翻转纠错。此时关闭相位翻转纠错，对第一个量子比特应用任何必要的纠错。

```
    qc.h(0)
    qc.h(3)
    qc.h(6)
    qc.cx(0,3)
    qc.cx(0,6)
    qc.ccx(6,3,0)
```

测量并输出：测量该量子比特，并打印结果。

```
    qc.barrier([x for x in range(qc.num_qubits)])
    qc.measure(0,0)
    print("Error corrected qubit... LSB in |…0⟩ with phase 0.")
    display(plot_state_qsphere(get_psi(qc)))
    display(qc.draw('mpl'))
    job = execute(qc, backend, shots=1000)
    counts = job.result().get_counts()
    print("\nResult of qubit error after Shor code correction:")
    print("--------------------------------------------------")
    print(counts)
```

（6）程序会提示用户输入一个数字，选择需要引入的错误，然后运行函数 not_corrected()和 shor_corrected()。

```
def main():
    error="1"
    ry_error=0
    rz_error=0
    while error!="0":
        error=input("Select an error:\n1. Bit flip\n2.
            Bit flip plus phase flip\n3. Theta plus phi shift\n4. Random\n")
        if error=="3":
            ry_error=float(input("Enter theta:\n"))
            rz_error=float(input("Enter phi:\n"))
        if error=="4":
            ry_error=pi*random()
            rz_error=2*pi*random()
        not_corrected(error, ry_error, rz_error)
        input("Press enter for error correction...")
        shor_corrected(error, ry_error, rz_error)
```

此时，我们搭建的 Shor 码就可以运行了，可以模拟处于任何相位、存在任何比特扰动的量子比特的量子纠错。

8.6.2　操作步骤

让我们一起尝试一下 Shor 码。

（1）在 Python 环境中运行 ch8_r5_shor.py。

（2）出现提示符时，输入比特翻转的错误类型：1。

（3）屏幕上会显示没有引入错误的量子比特，如图 8-32 所示。

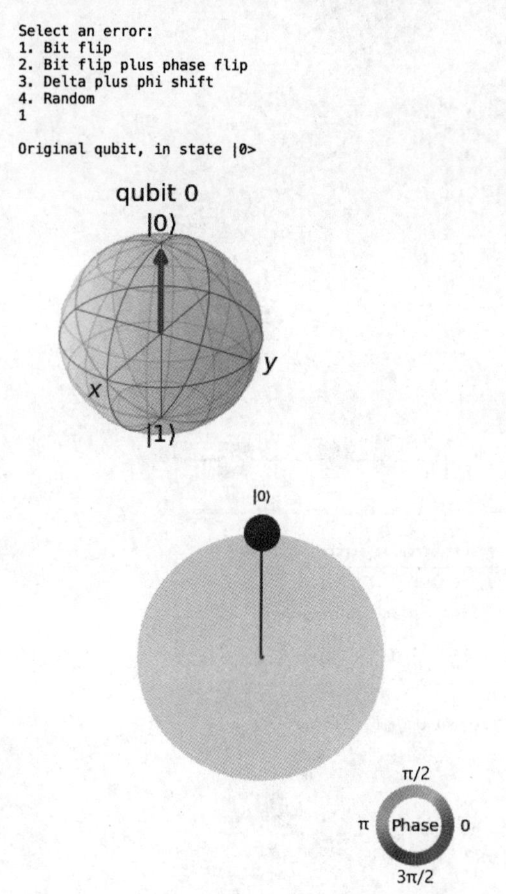

图 8-32　处于状态$|0\rangle$的、没有引入错误的量子比特

（4）在量子比特中引入所选类型的错误，显示结果。此时，该量子比特的状态从$|0\rangle$翻转为$|1\rangle$，如图 8-33 所示。

（5）按回车键创建一个新的量子线路，显示未受干扰的量子比特及其对应的 8 个辅助量子比特。Q 球展示了这种未受干扰的量子线路的可能的输出结果，9 个量子比特都处于状态$|0\rangle$，如图 8-34 所示。

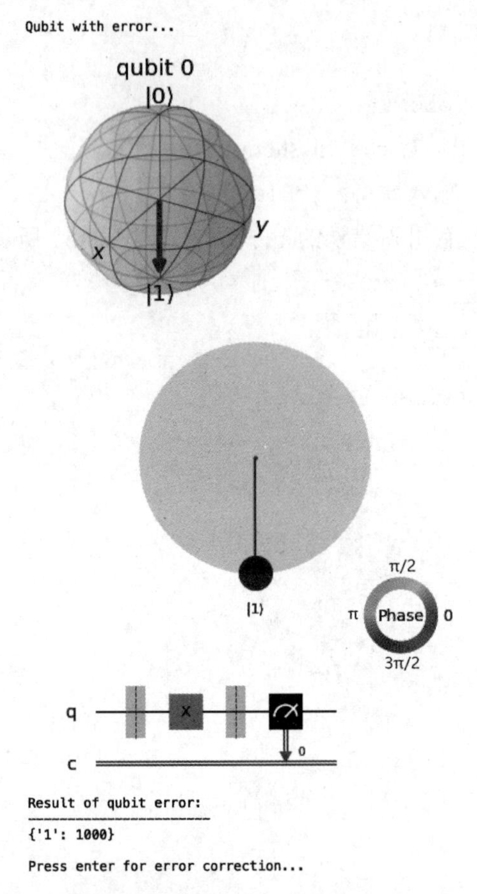

图 8-33　具有所选比特翻转错误的量子比特，该错误将量子比特的状态从 |0⟩ 变为 |1⟩

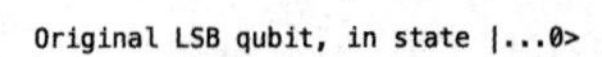

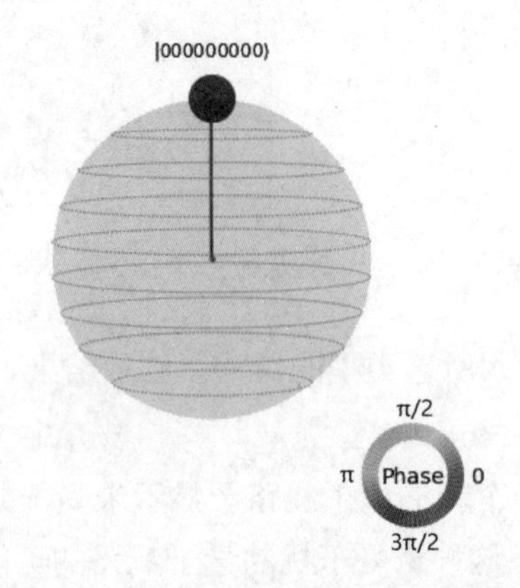

图 8-34　有 8 个辅助量子比特的未受干扰的量子比特

（6）现在可以开始创建 Shor 码，并添加模拟的错误。此时，Q 球显示的是一些可能的结果（量子比特 0、3、6 处于叠加态），给出了这些量子比特及与其纠缠的量子比特的概率结果。注意，量子比特 0 此时可以同时处于状态|...0⟩和|...1⟩，如图 8-35 所示。

Qubit with error... LSB can be in |...0> and in |...1>, with various phase.

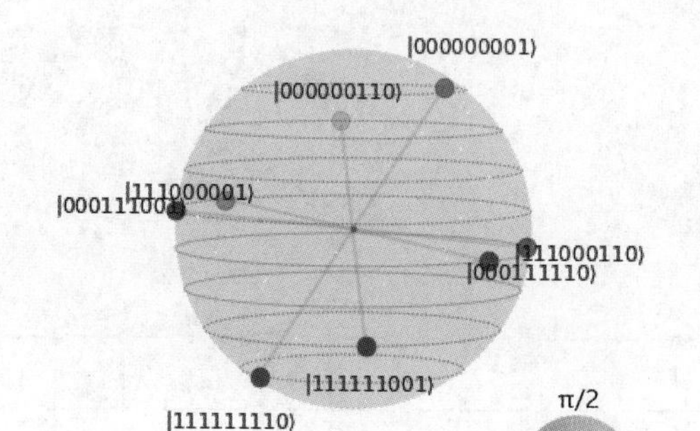

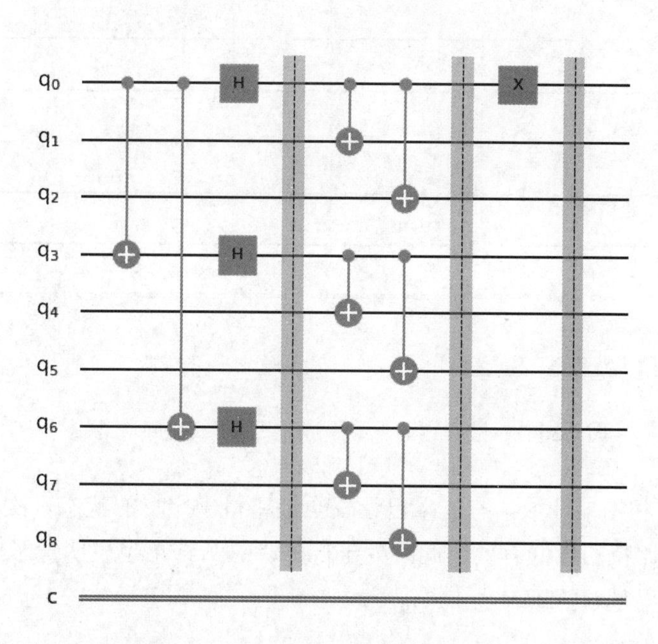

图 8-35　添加了比特翻转错误的量子比特，该错误将量子比特的状态从|0⟩变为|1⟩

（7）完成 Shor 码，显示该量子线路的预期结果，然后在 Aer 的 `qasm_simulator` 模拟器上运行该程序，结果如图 8-36 所示。

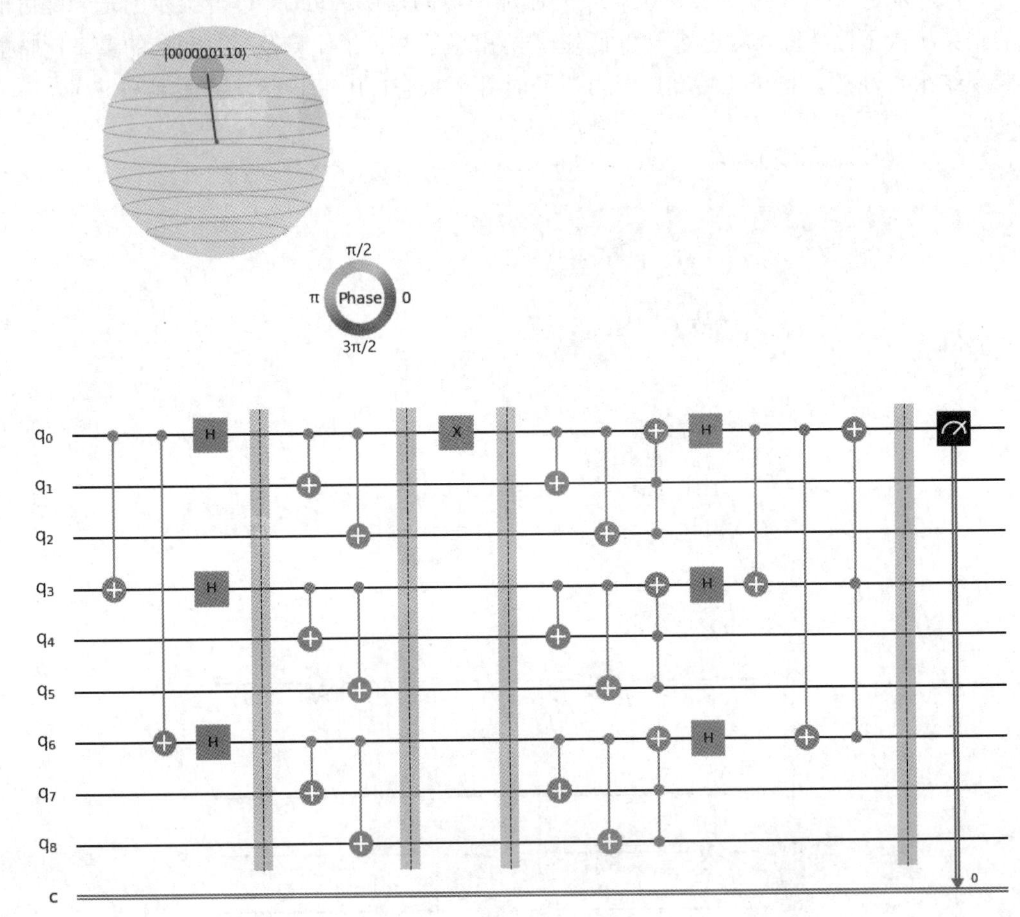

图 8-36　纠错后的量子比特的结果，再次变回 |0⟩ 状态

观察该 Q 球和结果计数。态矢量已经安全地将量子比特的状态再次置于 |0⟩。注意，代表第一个量子比特的最低有效位此时处于 |...0⟩。这个结果也表明量子比特已经安全地经过了纠错，结果是 0 的概率为 100%。

8.6.3　运行原理

简单地解释一下量子比特纠错的原理。先将量子比特与另外两个辅助量子比特纠缠，创建一个所谓的**校验子**（syndrome）。相互纠缠的量子比特以一个实体的形式随机运动，彼此无法区分，除了一种情况：量子比特上发生的错误不是纠缠态的，而是每个量子比特特有的。

在使用量子比特进行任何操作之前，我们要先将其与另外两个辅助量子比特分离，使其再次变为一个独立的量子比特，然后使用校验子来纠错。

为了进行这个实验，我们需要设置一个 Toffoli 门（CCX 门），用两个校验量子比特控制想要研究的量子比特。如果校验量子比特与初始量子比特不同，也就是说，量子比特已经被干扰了，那么 CCX 门会将量子比特进行翻转，使其再次处于正确的状态。

就是这样。很简单，是吗？好吧，让我们一起来仔细看一下。

对于两种不同的量子比特错误，我们可以使用的纠错方法有两种。

- **比特翻转纠错**：纠正翻转的量子比特，使其状态从$|1\rangle$变为$|0\rangle$，或从$|0\rangle$变为$|1\rangle$。
- **相位翻转纠错**：纠正翻转的相位，使量子比特的状态从$|+\rangle$变为$|-\rangle$，或从$|-\rangle$变为$|+\rangle$。

1. 比特翻转纠错

在比特翻转纠错方法中，我们需要用第一个量子比特作为 CXX 门（或两个 CX 门）的控制位量子比特，设置一个 GHZ 态的纠缠量子线路，而另外两个辅助量子比特仅作为纠错校验子使用，不用于最终的测量。

（1）如果第一个量子比特的状态是$|..1\rangle$，此时，我们将得到$|111\rangle$；如果第一个量子比特的状态是$|..0\rangle$，我们将得到$|000\rangle$——此处不涉及新的知识点。

（2）设置好初始量子比特及对应的辅助量子比特后，我们将真实世界中会发生的扰动作用在第一个量子比特上，引入可能的比特翻转错误，例如把$|..1\rangle$变为$|..0\rangle$。

图 8-37 展示了用比特翻转纠错方法进行量子纠错的量子线路。

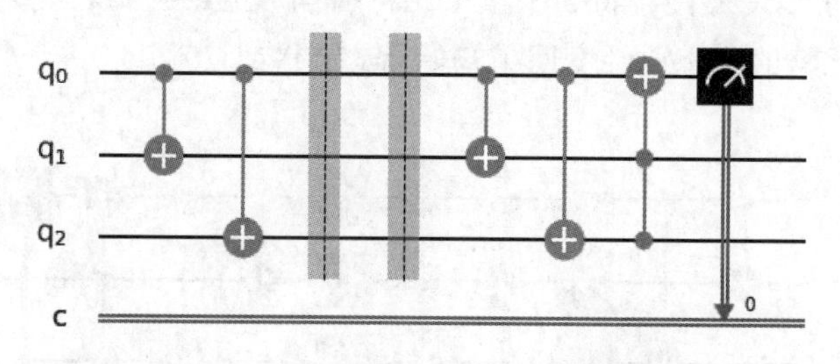

图 8-37　用比特翻转纠错方法进行量子纠错的量子线路

（3）此时，3 个量子比特处于两种可能的状态：$|110\rangle$或$|001\rangle$。

（4）运行第二个 GHZ 态纠缠线路，将第一个量子比特分离出来，最终会得到如下状态。

如果此时第一个量子比特处于$|..0\rangle$状态，无须进行任何变换，使 3 个量子比特保持$|110\rangle$；如果第一个量子比特处于$|..1\rangle$状态，将 3 个量子比特变为$|111\rangle$。

（5）添加一段极其巧妙的代码——加入一个 Toffoli 门，其中两个校验量子比特作为控制位量子比特，而将第一个量子比特作为受控位量子比特。然后会发生什么呢？

$|110\rangle$变为了$|111\rangle$，而$|111\rangle$变为了$|110\rangle$，就像变魔术一样，第一个量子比特的状态已经变回了初始状态$|..1\rangle$或$|..0\rangle$。

2．相位翻转纠错

但量子比特与经典比特还有一个重要的区别：除了 0 和 1，量子比特还存在一个相位值，因此会引入相位错误。我们是否能纠正相位错误？事实证明，我们可以，方法也基本相同，即加入另一个巧妙的量子门（如图 8-38 所示）。

（1）与之前一样，我们先从 3 个量子比特和 GHZ 态开始：$|111\rangle$和$|000\rangle$。

（2）向每个量子比特添加一个阿达马门，将测量基础态转换为一种能够体现相位信息的状态。此时，量子比特变更为两种状态：$|---\rangle$和$|+++\rangle$。

（3）将真实世界中会发生的扰动作用在第一个量子比特上，使其发生可能的相位偏移，就像$|--+\rangle$和$|++-\rangle$。

在图 8-38 中，错误发生在处于 H 门之间的两个屏障函数之间。

（4）与比特翻转的例子一样，此时再次对量子比特应用阿达马门和 GHZ 态创建的 CXX 门，最终得到如下结果：

经过 H 门后变为$|110\rangle$和$|001\rangle$；

经过 CXX 门后变为$|110\rangle$和$|111\rangle$。

（5）Toffoli 门（CCX 门）将 3 个量子比特所构成的纠缠组合变为$|111\rangle$和$|110\rangle$。

第一个量子比特的状态已经变回了初始状态$|..1\rangle$或$|..0\rangle$。

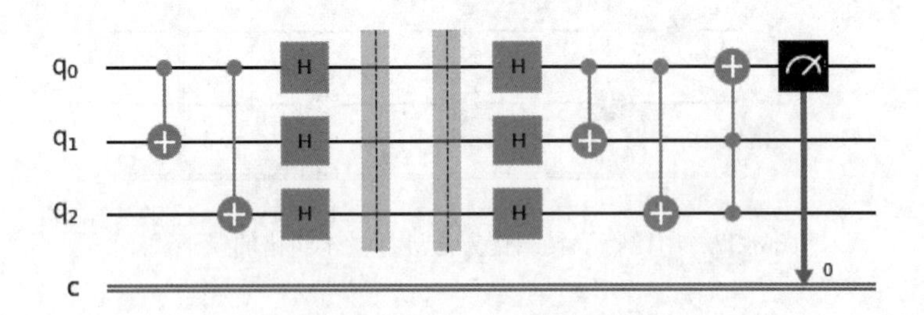

图 8-38　用相位翻转方法进行量子纠错的量子线路

3. Shor 码

我们可以处理比特翻转错误和相位翻转错误。但如果两种类型的错误同时发生了怎么办？毕竟，量子比特不是物理实体，谁知道它们的真实行为？然而事实证明，我们也可以处理这种情况。以 Shor 算法闻名的 Peter Shor 发明了共使用 9 个量子比特将相位翻转方法和比特翻转方法结合的 Shor 码，其中，第一个量子比特是我们需要对其进行量子纠错的量子比特，而后面的 8 个量子比特是辅助量子比特，仅用于纠错。Shor 码的量子线路如图 8-39 所示，简要描述如下。

（1）使用量子比特 0、3 和 6 设置相位翻转量子线路的前半部分。

（2）为量子比特 0、3 和 6 设置 3 量子比特翻转量子线路的前半部分。

（3）留出一些余地，使量子比特 0 受到自然扰动，产生错误。在 3 个 CX 门之前设置两个屏障函数。

（4）为量子比特 0、3 和 6 设置 3 量子比特翻转量子线路的后半部分，有效地纠正这 3 个量子比特的任何比特翻转错误。

（5）为量子比特 0、3 和 6 设置相位翻转量子线路的后半部分，纠正这 3 个量子比特的任何相位移动错误。

（6）测量量子比特 0。

此时，该量子线路的数学表示变得有些复杂，9 个量子比特的狄拉克右矢表示看起来都像 $|011000101\rangle$ 这样，更不用说 9 量子比特量子线路的幺正矩阵了。

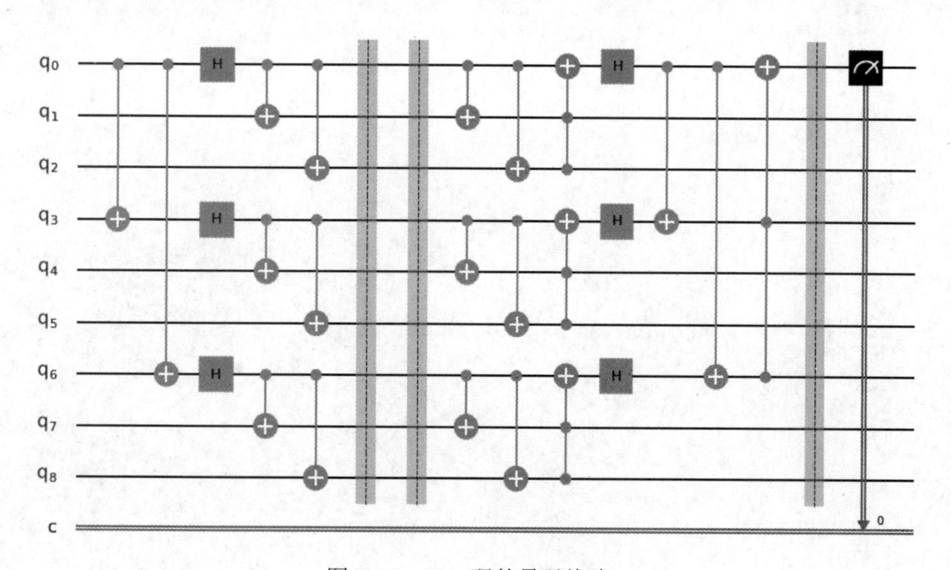

图 8-39 Shor 码的量子线路

8.6.4 知识拓展

本节的第一个示例是一个简单的关于比特翻转错误的示例，并没有充分发挥 Shor 码的作用。读者可以尝试其他选项，模拟预期可能发生的、从简单到非常复杂的任何类型的错误。

可用的选项如下。

- **比特翻转**：这种错误会将量子比特上下翻转，将其状态从 $|0\rangle$ 变为 $|1\rangle$ 。
- **比特翻转+相位翻转**：比特翻转和相位翻转的叠加。
- **$\theta+\varphi$ 相位偏移**：输入 θ 和 φ，令量子比特的态矢量指向布洛赫球上的任意位置，创建自定义错误。可以快速浏览 2.3 节复习这两个角度的含义。
- **随机**：随机发生的错误。

8.6.5 参考资料

- William J. Munro 和 Kae Nemoto 撰写的“Quantum Error Correction for Beginners”（2013 年 6 月 24 日）。
- Michael A. Nielsen 和 Isaac L. Chuang 撰写的 *Quantum Computation and Quantum Information* 的 10.2 节，该书由剑桥大学出版社于 2010 年出版。

第 9 章 Grover 搜索算法

本章将介绍非常著名的量子算法：**Grover 搜索算法**（Grover's search algorithm）。我们将通过搭建不同版本（包括双量子比特的版本、3 量子比特的版本、4 量子比特及更多量子比特的版本）的量子线路来学习如何编写代码，观察量子线路的复杂程度是如何随量子比特数量的增长而增加的。

我们会在本地模拟器和 IBM Quantum 后端上运行该算法，会观察到该算法在相对比较小的量子线路上运行得很好，仅需要双量子比特 Grover 算法；而在需要更多量子比特的更大的量子线路上运行得却不怎么好。随着线路中的量子门的数量逐渐增多，第 8 章提到过的各种错误也开始成为影响输出结果的重要因素。

本章主要包含以下内容：

- 了解量子相位反冲；
- 经典搜索算法简介；
- 搭建 Grover 搜索算法；
- 使用 3 量子比特 Grover 算法进行搜索；
- 在 Grover 搜索过程中加入更多量子比特；
- 在代码中使用 Grover 量子线路。

9.1 技术要求

本章中探讨的量子程序参见本书 GitHub 仓库中对应第 9 章的目录。

就像在第 6 章中那样，我们创建一个包含我们将用到的复杂的函数的主 Python 文件：ch9_grover_functions.py，该文件包含一系列用于搭建 Grover 算法的核心函数。

- `create_oracle()`：该函数用于搭建一个 2～5 量子比特的正确解的 oracle。
- `create_amplifier()`：该函数用于搭建 Grover 量子线路的相位放大部分。

- `create_grover()`：该函数可以将各个部分组合在一起，返回一个可以在模拟器或实体量子计算机上正常运行的 Grover 量子线路。

我们会在 9.4 节中进一步讨论这些函数。可以说，搭建 Grover 算法只需用到这些核心函数，而文件中的其他函数的作用有助于将搜索过程可视化。

ch9_grover_functions.py 文件中包含的其他函数如下。

- `print_psi()`：该函数用于以规范的格式输出量子线路的态矢量。
- `get_psi()`：该函数用于返回量子线路的态矢量，并将其显示为 Q 球表示、布洛赫球表示或平面矢量的形式。
- `print_unitary()`：该函数用于输出量子线路的幺正矩阵。因为按照预期，本章中的幺正矩阵没有虚部，所以我们将情况进行简化，仅输出实部的值，并使用 BasicAer 的 `unitary_simulator` 模拟器创建幺正矩阵。
- `display_circuit()`：该函数用于显示量子线路，可以选择显示量子线路的态矢量的 Q 球视图和量子线路的幺正矩阵。

在 ch9_grover_functions.py 文件中还有一组用于在模拟器、量子计算机或转译器上运行量子线路的函数。

- `run_grover()`：完整起见，使用该函数在模拟器或 IBM Quantum 后端上运行 Grover 量子线路。
- `mitigated_results()`：重温第 8 章，我们使用该函数减小双量子比特的 Grover 量子线路的误差。但我们会在后续示例中发现，在 3 量子比特、4 量子比特及更多量子比特的量子线路上运行减小误差的函数，不会产生更好的结果。
- `transpile()`：为了提供深入的理解，我们会再次用到 6.10 节中曾经使用的转译功能。

但是在深入研究 Grover 算法之前，我们先了解一个包括 Grover 算法在内的很多量子算法都需要用到的基础原理——量子相位反冲。

9.2　了解量子相位反冲

本节将仔细研究许多量子算法都需要用到的一个重要分量——量子相位反冲（quantum phase kickback，简称相位反冲），它可以在不改变量子比特的相位的前提下，令一个或多个量子比特提取该量子比特的相位。在 9.4 节中，我们会用相位反冲识别搜索过程中的正确解，并放大测量到正确解的概率。

需要用一些数学知识来解释本节示例的过程和结果中的一些不太直观的方面，但本书会一笔带过。这确实是一个很好的起点，可以让我们了解到量子算法的惊人之处。

9.2.1　准备工作

可以从本书 GitHub 仓库中对应第 9 章的目录中下载本节示例的 Python 文件 ch9_r1_kickback.py。

本示例本身是非常简单的，所包含的步骤将引导你了解相位反冲的过程，先在单个量子比特上进行实验，然后扩展到两个量子比特。

在每个步骤中，我们都会用 ch9_grover_functions.py 中的 display_circuit() 函数来观察量子比特发生的变化。display_circuit() 函数如下。

```
def display_circuit(circuit,psi,unitary):
    disp=True
    if disp:
        display(circuit.draw(output="mpl"))
        if psi:
            get_psi(circuit,"Q")
        if unitary:
            print_unitary(circuit)
```

display_circuit() 是函数集合中核心的可视化函数，它以一个量子线路 circuit 和两个逻辑参数作为输入。如果 psi=True，程序会调用 get_psi() 函数，以 Q 球的形式显示量子线路的结果，并调用 print_psi() 函数，以规范的格式输出量子线路的态矢量。如果 unitary=True，那么程序会调用 print_unitary() 函数，显示量子线路的幺正矩阵。

在本节中，我们将条件设置为 unitary=False，重点关注态矢量的可视化结果。

9.2.2　操作步骤

本节将探讨如何为量子比特添加相位分量。

（1）导入所需的 Qiskit 类和方法，以及用于显示我们正在做的操作的 display_circuit() 函数。

```
from qiskit import QuantumCircuit
from ch9_grover_functions import display_circuit
```

（2）创建一个被初始化到状态 $|0\rangle$ 的单量子比特。

```
qc1 = QuantumCircuit(1)
display_circuit(qc1,True,False)
```

display_circuit() 函数向我们展示了被初始化到状态 $|0\rangle$ 的量子比特的 Q 球视

图，如图 9-1 所示。

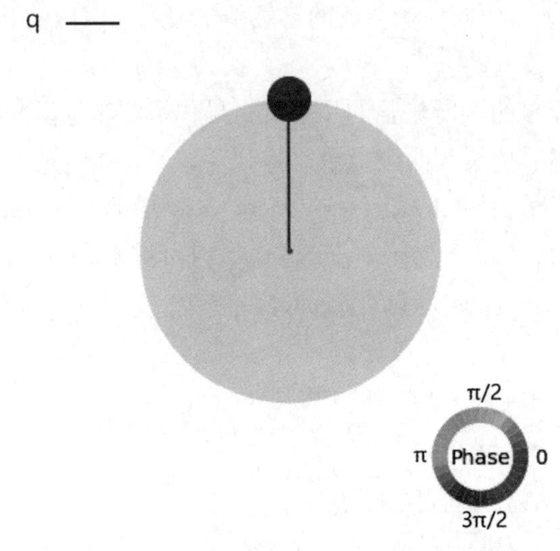

图 9-1　状态被设置为 $|0\rangle$ 的单个量子比特

让我们来看看其底层的数学逻辑（在第 2 章中讨论过）。此处的操作实际上是创建一个可以表示为如下形式的态矢量：

$$|\psi\rangle = a|0\rangle + b|1\rangle$$

或者描述为角和的形式：

$$|\psi\rangle = \cos\frac{\theta}{2}|0\rangle + \mathrm{e}^{\mathrm{i}\varphi}\sin\frac{\theta}{2}|1\rangle$$

对于被初始化到状态 $|0\rangle$ 的量子比特，因为 $\theta = 0$，$\sin 0 = 0$，$\cos 0 = 1$，态矢量被化解为

$$|\psi\rangle = |0\rangle$$

（3）将量子比特设置为叠加态。

```
qc1.h(0)
display_circuit(qc1,True,False)
```

对于处于叠加态的量子比特，由其 Q 球表示可知，得到 $|0\rangle$ 和 $|1\rangle$ 的概率是相等的，

如图 9-2 所示。

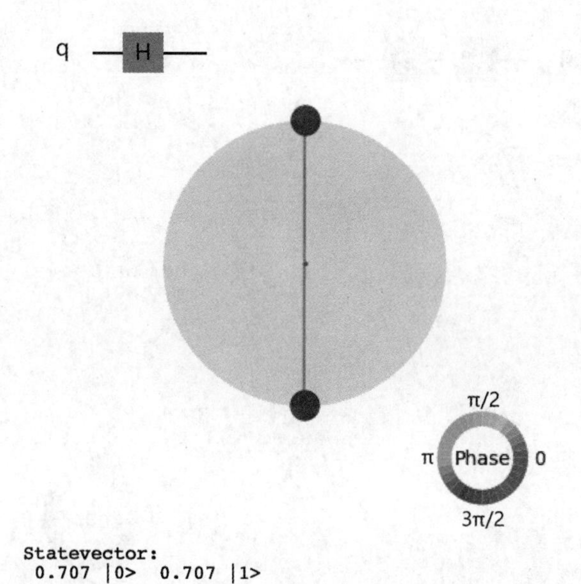

图 9-2　处于叠加态的单个量子比特

对于处于叠加态的量子比特，$\theta=\pi/2$，上一步中的公式转化为如下形式：

$$|\psi\rangle=\frac{1}{\sqrt{2}}|0\rangle+\frac{e^{i\varphi}}{\sqrt{2}}|1\rangle$$

也就是说，可以用角 φ 来描述量子比特的相对相位。如果 $\varphi=\pi$，那么 $e^{i\pi}=-1$，此时，该量子比特的相位与 φ 取 0 或 2π、$e^{i\pi}=1$ 时的相位相反。由上式可知，相位只影响量子比特 $|1\rangle$ 的部分。这是下一步的一个重要前提。

（4）使用 Z 门给第二个量子比特添加一个相位变量。

从这里开始，我们不再写出 display_circuit(qc1,True,False)代码，而是假设每一步操作之后都包含它，以显示操作过程。

```
qc1.z(0)
```

记住，Q 球表示量子比特的终止状态，矢量顶端圆的大小表示测量到对应结果的相对概率，而颜色表示结果的相对相位。

相位对量子比特的测量结果没有影响，只影响得到某个结果的概率。此处，你可以看到，相位为 0 的状态 $|0\rangle$ 有 50%的概率得到输出结果 0；相位为 π 的状态 $|1\rangle$ 有 50%的

概率得到输出结果 1，如图 9-3 所示。

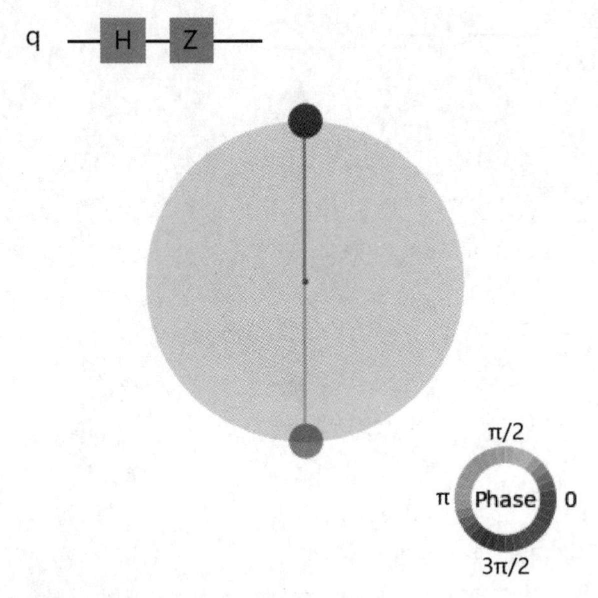


```
Statevector:
 0.707 |0>  -0.707 |1>
```

图 9-3　相位为 π 的、处于叠加态的单个量子比特

在本示例中，我们将用到 Z 门（也叫相位门），将状态 $|1\rangle$ 的相位变为 π：

$$Z:\begin{bmatrix} 1 & 0 \\ 0 & -1 \end{bmatrix}$$

如果用前面的态矢量来表示这种变换，如下所示。

处于叠加态且相位为 0（或相位为 2π）的量子比特：

$$|\psi\rangle = \frac{1}{\sqrt{2}}\left(|0\rangle + |1\rangle\right)$$

处于叠加态且相位为 π（经过 Z 门）的量子比特：

$$|\psi\rangle = \frac{1}{\sqrt{2}}\left(|0\rangle - |1\rangle\right)$$

注意，$|1\rangle$ 前面的“+”号是如何变为“－”号的，这种变化表示比特翻转。

（5）可以对两个量子比特进行同样的操作，将相位都变为 π。

```
qc = QuantumCircuit(2)
qc.h([0,1])
qc.z(1)
qc.z(0)
```

跳过中间步骤，使用两次 print_psi()函数输出上述代码的最终运行结果，如图 9-4 所示。

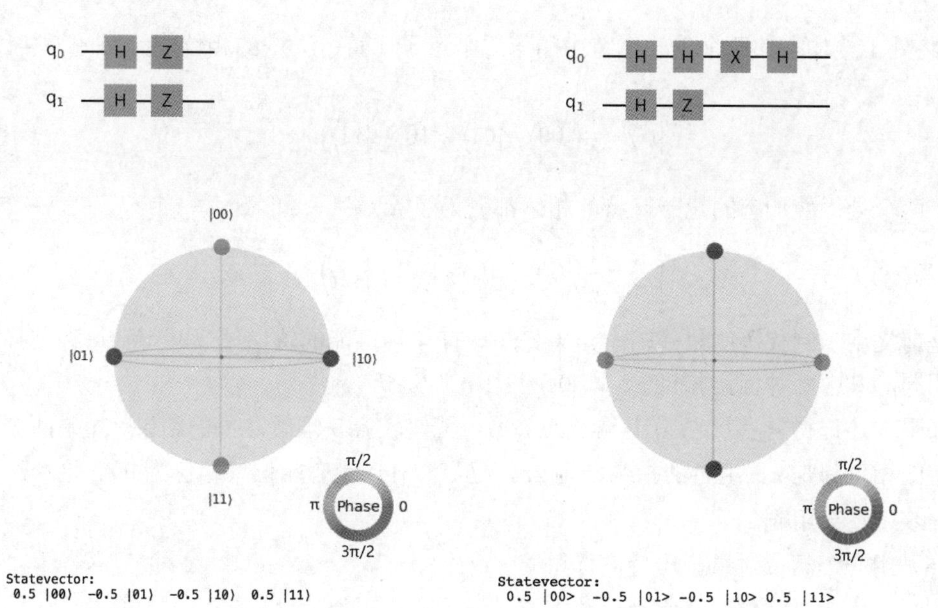

图 9-4　处于叠加态的、相位均为 π 的两个量子比特

直观来看，对两个处于叠加态的量子比特进行相位变换，似乎比之前的单个量子比特的示例混乱了一些，我们可以一步一步地来实现。

像单量子比特的示例一样，每个量子比特都可以表示为

$$|\psi_0\rangle = a_0|0\rangle + b_0|1\rangle \text{ 和 } |\psi_1\rangle = a_1|0\rangle + b_1|1\rangle$$

将量子比特的状态设置为叠加态，可以将其表示为

$$|\psi\rangle = a_0 a_1|00\rangle + a_1 b_0|01\rangle + b_0 a_0|10\rangle + b_0 b_1|11\rangle$$

从简化的叠加态的角度而言，上述表达式还可以转化为

$$|\psi_0\rangle = \frac{1}{\sqrt{2}}\left(|0\rangle + \mathrm{e}^{\mathrm{i}\varphi_0}|1\rangle\right) \text{ 和 } |\psi_1\rangle = \frac{1}{\sqrt{2}}\left(|0\rangle + \mathrm{e}^{\mathrm{i}\varphi_1}|1\rangle\right)$$

$$|\psi\rangle = \frac{1}{2}\left(|00\rangle + e^{i\varphi_0}|01\rangle + e^{i\varphi_1}|10\rangle + e^{i(\varphi_0+\varphi_1)}|11\rangle\right)$$

可以按照如下步骤对两个量子比特进行相位偏移变换。

首先，两个处于叠加态且相位为 0（或 2π）的量子比特（$e^{i0}=1$）可以表示为

$$|\psi\rangle = \frac{1}{2}\left(|00\rangle + |01\rangle + |10\rangle + |11\rangle\right)$$

然后，将处于叠加态的两个量子比特中的第二个量子比特（$|\psi_1\rangle$）的相位变为 π（$e^{i\pi}=-1$）：

$$|\psi\rangle = \frac{1}{2}\left(|00\rangle + |01\rangle - |10\rangle - |11\rangle\right)$$

最后，两个处于叠加态的量子比特的相位都变为了 π（$e^{i\pi}=-1$，$e^{i2\pi}=1$）：

$$|\psi\rangle = \frac{1}{2}\left(|00\rangle - |01\rangle - |10\rangle + |11\rangle\right)$$

这就是前文中示例代码的最终输出结果。Q 球有 4 种可能的输出结果，得到每种结果的概率相同，其中两种标记相位 π，即 $|01\rangle$ 和 $|10\rangle$。

如果你还记得只有状态 $|1\rangle$ 包含相位参数，就比较容易理解这里的结果。如果两个量子比特的相位都是 π，组合的指数和为 2π，这导致 $|11\rangle$ 没有相位（相位为 0）。这个结果在下一步中还会用到。

（6）用一个相位对量子比特进行纠缠。

到目前为止，相位改变都是用数学方式表示的，正如我们在第一个示例中所看到的，相位改变都是 Qiskit 帮助用户实现的。你可以在不影响其他量子比特的情况下，改变一个量子比特的相位。当你用 CX 门对量子比特进行纠缠，控制位为 0 号量子比特、受控位为 1 号量子比特时，就会发现真正有趣的现象，如图 9-5 所示。

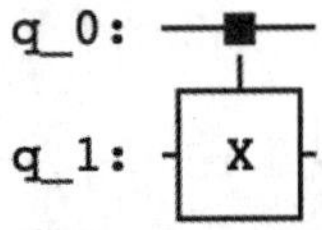

图 9-5　控制位为 0 号量子比特、受控位为 1 号量子比特的 CX 门（受控非门）

该逻辑门的幺正矩阵表示如下：

$$\text{CX:}\begin{bmatrix} 1 & 0 & 0 & 0 \\ 0 & 0 & 0 & 1 \\ 0 & 0 & 1 & 0 \\ 0 & 1 & 0 & 0 \end{bmatrix}$$

对于处于量子叠加态的两个量子比特，输出结果不尽如人意，得到的最终输出结果与初始状态相同：

$$\begin{bmatrix}1&0&0&0\\0&0&0&1\\0&0&1&0\\0&1&0&0\end{bmatrix}\frac{1}{2}\begin{bmatrix}1\\1\\1\\1\end{bmatrix}=\frac{1}{2}\begin{bmatrix}1\\1\\1\\1\end{bmatrix}$$

此时将受控位量子比特相移 π，即前文中的$|\psi\rangle=\frac{1}{2}(|00\rangle+|01\rangle-|10\rangle-|11\rangle)$，并再次进行运算：

$$\begin{bmatrix}1&0&0&0\\0&0&0&1\\0&0&1&0\\0&1&0&0\end{bmatrix}\frac{1}{2}\begin{bmatrix}1\\1\\-1\\-1\end{bmatrix}=\frac{1}{2}\begin{bmatrix}1\\-1\\-1\\1\end{bmatrix}$$

（7）这就是示例代码中的操作步骤。

```
qc = QuantumCircuit(2)
qc.h([0,1])
qc.z(1)
qc.cx(0,1)
```

同样，我们跳过中间步骤，关注最终结果，如图 9-6 所示。你可以自行完成中间步骤，并将其与之前的运算过程进行比较。

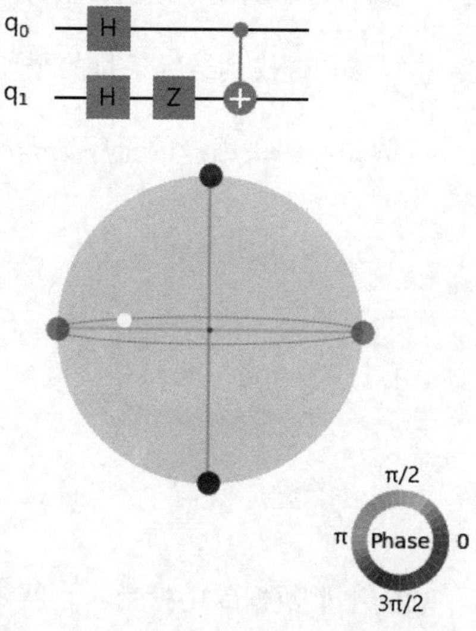

图 9-6　使用相位反冲得到的两个具有相同相位 π 的纠缠量子比特

看看这个结果，多么令人震惊！

让我解释一下：开始时，我们有两个处于叠加态的量子比特，其中一个的相位为π；然后我们将两个量子比特进行纠缠，将相位为 0 的量子比特作为控制位量子比特，而将相位为π的量子比特作为受控位量子比特。所得的结果如下：

$$|\psi\rangle = \frac{1}{2}\left(|00\rangle - |01\rangle - |10\rangle + |11\rangle\right)$$

两个处于叠加态的量子比特的相位都变为了π，就像我们之前手动创建的带有相位的量子比特一样。

这就是所谓的量子相位反冲，它是量子算法中常用的技巧之一。本章后面将详细介绍 Grover 算法，该算法利用相位反冲给问题的正确解打上相位标记，使其与不正确的解区分开来。

在双量子比特的 Grover 算法中，我们将使用 CX 门（受控非门）来实现这一目的；在 3 量子比特的 Grover 算法中，使用 CCX 门（控控非门）；在 4 量子比特的 Grover 算法中，使用 CCCX 门（控控控非门）。

9.3　经典搜索算法简介

在讨论 Grover 算法之前，我们可以简单了解一下标准的、经典的线性搜索算法。对于用于搜索无序数据库的经典算法，查找到给定条目的平均次数的数量级大约为 $\frac{N}{2}$，其中 N 是数据库中的项的数量。例如，如果用户的无序数据库中有 4 个项，那么通常查找到给定项的平均次数为 2。

9.3.1　准备工作

可以从本书 GitHub 仓库中对应第 9 章的目录中下载本节示例的 Python 文件 ch9_r2_classic_search.py。

9.3.2　操作步骤

让我们在一个包含 4 个项的小型数据库中搜索一个特定的 2 比特条目。

（1）输入一个想要搜索的 2 比特字符串，然后输入搜索次数，试着获取一些统计数据。

```
Searching in a scrambled database with 4 entries:
('00', '01', '10', '11')
Enter a two bit string for the two qubit state to search for,
 such as '10' ('Exit' to stop):
10
Number of searches to test:
20
```

本章中的 Grover 示例将再次用到这个 2 比特格式，并用该格式表示两个量子比特的态矢量，例如$|10\rangle$。本章还会用到 3 比特和 4 比特条目表示对应数量的量子比特。

（2）该脚本会打乱该数据库的初始状态，然后运行搜索函数。

```
for m in range(searches):
    database=random.sample(values,len(values))
    result=simple_search(database, oracle)
    average.append(result+1)
    search.append(m+1)
```

函数 `simple_search()`以一个数据库列表作为输入，然后遍历该列表，直到找出要搜索的条目。接着它会返回该项的位置，并将搜索次数存储在 `search` 变量中以备调用。

```
def simple_search(database, oracle):
    for position, post in enumerate(database):
        if post == oracle:
            return position
```

（3）使用函数 `plot_results()`将收集到的统计数据展示出来。

```
def plot_results(average,search,values):
    import matplotlib.pyplot as plt
    from statistics import mean
    print("Average searches to find:", mean(average))
    # Plot the search data
    plt.bar(search, average, align='center', alpha=0.5)
    plt.ylabel('Searches')
    plt.title(str(mean(average))+' average searches\nto
        find one item among '+str(len(values)))
    plt.axhline(mean(average))
    plt.show()
```

上述代码输出的结果大致如图 9-7 所示。

这个小的搜索示例解释了如何用一种经典算法在数据库中寻找一个指定项。在该示例中，我们用统计学的方法表明，在包含 4 个项的无序数据库中查找一个指定项，大约需要 2 次搜索才能实现，这与预测的$\frac{N}{2}$次搜索相符。

```
Enter a two bit string for the two qubit state to search for, such as '10' ('Exit' to stop):
10

Number of searches to test:
20
Average searches to find: 2.1
```

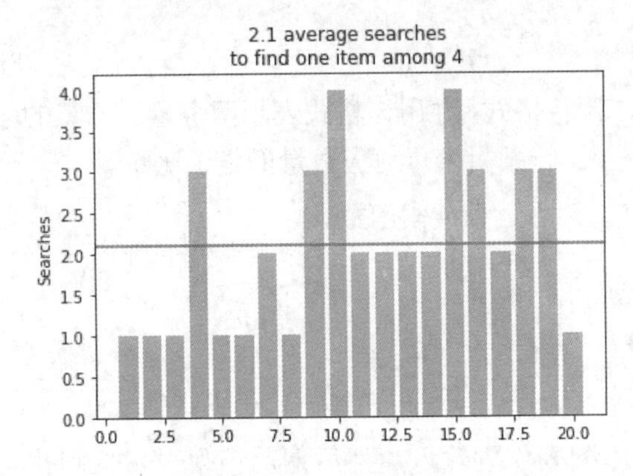

图 9-7　在 4 个未排序的项之间进行经典线性搜索而得到的典型结果

如果在该数据库中添加任意数量的项，那么你可以说服自己，这一结论对于包含 8 个项和 16 个项的数据库同样成立，它们分别对应 3 比特和 4 比特的搜索字符串。

在 Grover 搜索算法示例中，我们将学习如何使用 Grover 量子算法，用大约 $\sqrt{N}$ 次搜索查找指定项。这种算法的搜索速度实现了平方级的提升。尽管对包含 4 个项的数据库而言，所需的平均搜索次数变化不大；但对于包含成百上千项、甚至几百万项的数据库，区别就很显著了。

9.4　搭建 Grover 搜索算法

让我们先来看看 Grover 搜索算法，这是一种更直接的量子算法，用于解决使用量子计算的实际问题，即在一个有索引但未排序的数据库中查找信息。正如我们在 9.3 节中所讨论的，与对应的经典搜索算法的速度相比，Grover 算法的搜索速度预计将产生平方级的提升。

在 Qiskit Terra 中可以使用相位反冲 oracle 和**相位放大**（phase amplification）的技巧创建一个 Grover 算法实现。相位放大增加了正确的相位偏移解的振幅，从而增加了测量量子线路时得到正确结果的概率。

我们先创建一个所谓的 **oracle 函数**，其目的是将一组处于初始量子叠加态的量子比特作为输入，并将正确解的相位切换为 π，同时保持错误解的相位不变。可以将 oracle

量子线路看作一个所谓的“黑箱”（black box），它被编码为从一组输入中确定一个解。

在上述示例中，我们明确地编写 oracle 的代码，以识别特定的解，这感觉像作弊一样。你可能会好奇，如果我们已经知道了正确解，那么运行 Grover 算法寻找它的意义何在？在我们的简单示例中，的确是这样，但 oracle 黑箱可以是经典或量子混合计算程序中的任意类型的函数。

你可以这样理解：如果用户给函数的输入中包含正确解，oracle 可以识别出正确解；但它无法自己计算出正确解。

oracle 幺正矩阵本质上是一个单位矩阵，有一个表示解的负值，且这个矩阵可以切换对应状态的相位。在量子线路中，可以使用标准量子门来实现该幺正矩阵。

在本示例中，我们将搭建双量子比特的 Grover 量子线路。我们将使用量子线路的 Q 球表示和态矢量表示来展示每一步操作的过程。对于两个重要的组件——oracle 量子线路和相位放大量子线路，我们也会显示它们的幺正矩阵表示。

9.4.1 准备工作

可以从本书 GitHub 仓库中对应第 9 章的目录中下载本节示例的 Python 文件 ch9_r3_grover_main.py。

示例代码依次使用了 3 个步骤搭建 Grover 量子线路。接下来，我们会以一个双量子比特的 Grover 量子线路为例，逐一介绍这些步骤。这个示例中用到的量子线路的基本特性也适用于有更多量子比特的量子线路。

搭建 oracle 量子线路、相位放大量子线路和最终的 Grover 量子线路的示例代码 ch9_grover_functions.py 可以从本书 GitHub 仓库对应第 9 章的目录中下载。

1. 创建 oracle 量子线路

我们所需的第一个组件是 oracle 量子线路。搭建 oracle 量子线路有一种简单的方法，就是使用一个相位反冲量子线路，以相移标记正确解，就像我们在 9.2 节中所做的那样。

例如，可以创建一个相位反冲 oracle 量子线路，将特定结果（如 $|10\rangle$ ）的相位。也就是说，可能的态矢量 $|10\rangle$ 将相对于其他可能的态矢量（在本示例中，即 $|00\rangle$ 、$|01\rangle$ 和 $|11\rangle$ ）相移 π。

从 Qiskit 中输出的 oracle 量子线路如图 9-8 所示。

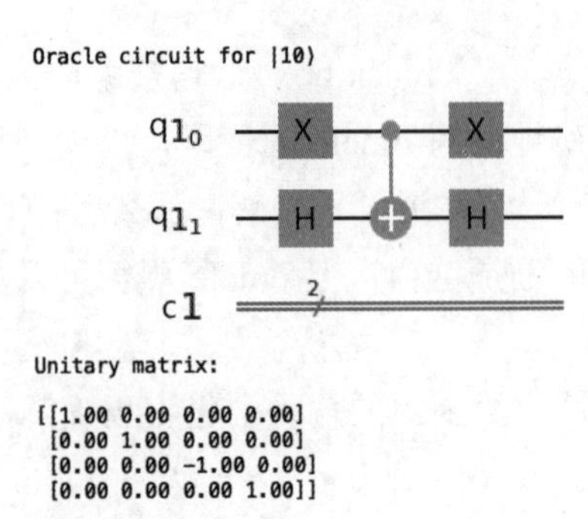

图 9-8　正确解|10⟩的相位反冲 oracle 量子线路和对应的幺正矩阵

这个量子线路是如何运行的？让我们逐一了解这个量子线路中每一部分的作用。

（1）在第一个控制位量子比特上添加一个 X 门，以确保该量子比特上的|…0⟩被翻转为|…1⟩，从而触发 CX 门。

（2）在第二个量子比特上，添加一个 H 门。

这个门的作用是什么？在本示例中，我们想给第二个量子比特添加一个相位，这样我们就可以用 CX 门反冲第一个量子比特。此处，如果第二个量子比特是不正确的|0…⟩，应用 H 门后，就会生成一个相位为 0 的叠加态|+⋯⟩。这样就没有可以用于相位反冲的状态，也没有将解标记出来。然而，如果第二个量子比特是正确的|1⋯⟩，经过 H 门后将生成相位为 π 的|−⋯⟩，就可以立刻被 CX 门标记为解。

（3）在 CX 门之后再添加一个 X 门，将第一个量子比特翻转回它的初始状态；再添加一个 H 门，对第二个量子比特进行同样的操作。

这样我们就标记出了相移 π 的 oracle 解|10⟩的态矢量。只有进行这样一系列操作才能得到相移，其他操作都无法实现这一目的。

通过幺正矩阵的形式可能会更容易理解，正确解（|10⟩）用对角线上的-1 表示，这导致了结果态矢量中的相移，而其他所有的解都用 1 表示。

在示例的 Python 代码中实现上述操作的方式如下。

```
def create_oracle(oracle_type,size):
    from qiskit import QuantumCircuit, ClassicalRegister, QuantumRegister
    global qr, cr
    qr = QuantumRegister(size)
    cr = ClassicalRegister(size)
    oracleCircuit=QuantumCircuit(qr,cr)
    oracle_type_rev=oracle_type[::-1]
    for n in range(size-1,-1,-1):
        if oracle_type_rev[n] =="0":
            oracleCircuit.x(qr[n])
    oracleCircuit.h(qr[size-1])
```

```
    if size==2:
        oracleCircuit.cx(qr[size-2],qr[size-1]);
    if size==3:
        oracleCircuit.ccx(qr[size-3],qr[size-2],qr[size-1])
    if size==4:
        oracleCircuit.mcx([qr[size-4],qr[size-3],qr[size-2]],qr[size-1])
    if size>=5:
        oracleCircuit.mcx([qr[size-5],qr[size-4],qr[size-3],qr[size-2]],
            qr[size-1])
    oracleCircuit.h(qr[size-1])
    for n in range(size-1,-1,-1):
        if oracle_type_rev[n] =="0":
            oracleCircuit.x(qr[n])
    return(oracleCircuit)
```

让我们一步一步来实现。

（1）函数 `create_oracle()`的输入是一个 oracle 类型和一个量子线路的尺寸，其中类型用于以字符串的形式指定我们正在查找的量子比特的组合，例如用 10 表示 $|10\rangle$ 组合。

（2）反向遍历 oracle 类型，根据前面的讨论，为字符串中的每个 0 添加一个 X 门，将其翻转为 1。

注意，2 比特字符串的 oracle 输入与 Qiskit 中量子比特的编号方式相反，因此在对其进行处理之前，需要将其反转为 `oracle_type_rev`。

（3）为最后一个量子比特添加一个 H 门。

（4）这是最关键的一步。根据我们正在搭建的量子线路的尺寸，添加一个用于相位反冲的量子叠加门。

- 对于双量子比特量子线路，程序会添加一个 CX 门。
- 对于 3 量子比特量子线路，程序会添加一个 CCX 门，在 9.5 节中将详细介绍。
- 对于 4 量子比特和 5 量子比特的量子线路，程序会添加一个 MCX 门，在 9.6 节中将详细讨论。

（5）按照与第（2）步、第（3）步相反的顺序，执行 H 门和 X 门，使 oracle 量子线路平衡。

此时，我们得到一个可以标记出用户传递给它的 oracle 类型的 oracle 量子线路。

2. 创建相位放大量子线路

无论 oracle 体系中有几个量子比特，搭建相位放大量子线路的步骤都是一样的。相位放大量子线路可以接收上述步骤传递进来的态矢量，并通过在所有解的平均概率中反映相移概率，将正确解出现的概率放大。

双量子比特量子线路的相位放大量子线路大致如图 9-9 所示。

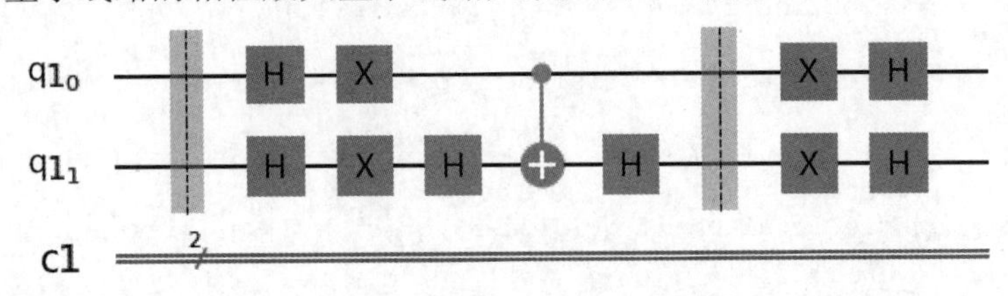


```
Unitary matrix:

[[0.50 -0.50 -0.50 -0.50]
 [-0.50 0.50 -0.50 -0.50]
 [-0.50 -0.50 0.50 -0.50]
 [-0.50 -0.50 -0.50 0.50]]
```

图 9-9　一个双量子比特量子线路的相位放大量子线路及其对应的幺正矩阵

同样，观察相位放大量子线路的幺正矩阵表示可能更容易理解这一过程。如果你对相移解做矩阵乘法，会发现相移解出现的概率被放大了，而无相移解出现的概率没有变化。事实证明，在双量子比特 Grover 量子线路这一特例中，得到正确解的概率实际上是 100%，用户仅用一次搜索就可以在 4 种可能结果中找到正确解。这真是太神奇了！

在下面的矩阵乘法中，我们将相位放大量子线路矩阵与标记了相位的量子叠加向量相乘，得到一个仅包含一种可能结果 $|10\rangle$ 的解向量，概率为 100%。

$$0.5\begin{bmatrix} 0.5 & -0.5 & -0.5 & -0.5 \\ -0.5 & 0.5 & -0.5 & -0.5 \\ -0.5 & -0.5 & 0.5 & -0.5 \\ -0.5 & -0.5 & -0.5 & 0.5 \end{bmatrix}\begin{bmatrix} 1 \\ 1 \\ -1 \\ 1 \end{bmatrix}=\begin{bmatrix} 0 \\ 0 \\ -1 \\ 0 \end{bmatrix}$$

在示例的 Python 代码中实现上述操作的方式如下。

```
def create_amplifier(size):
    from qiskit import QuantumCircuit
    # Let's create the amplifier circuit for two qubits.
    amplifierCircuit=QuantumCircuit(qr,cr)
    amplifierCircuit.barrier(qr)
    amplifierCircuit.h(qr)
    amplifierCircuit.x(qr)
    amplifierCircuit.h(qr[size-1])
    if size==2:
        amplifierCircuit.cx(qr[size-2],qr[size-1]);
    if size==3:
        amplifierCircuit.ccx(qr[size-3],qr[size-2],qr[size-1])
    if size==4:
        amplifierCircuit.mcx([qr[size-4],qr[size-3],qr[size-2]],qr[size-1])
    if size>=5:
        amplifierCircuit.mcx([qr[size-5],qr[size-4],qr[size-3],qr[size-2]],
            qr[size-1])
```

```
    amplifierCircuit.h(qr[size-1])
    amplifierCircuit.barrier(qr)
    amplifierCircuit.x(qr)
    amplifierCircuit.h(qr)
    return(amplifierCircuit)
```

create_amplifier()函数仅将量子线路尺寸作为输入。无论 oracle 量子线路是什么样的，相位放大量子线路的运行过程都是一样的。由上文可知，相位放大量子线路与 oracle 量子线路有些相似，它也是一个平衡量子线路。

（1）在所有量子比特上添加 H 门。

（2）在所有量子比特上添加 X 门。

（3）根据量子线路的尺寸添加 CX 门、CCX 门或 MCX 门，在中间一步进行相位反冲。

（4）像 oracle 量子线路一样，按照与第（1）步、第（2）步相反的顺序，执行 X 门和 H 门，以保证量子线路平衡。

此时，我们得到了 oracle 量子线路和相位放大量子线路，只需把它们联用起来，就可以得到 Grover 量子线路。

3. 创建 Grover 量子线路

Grover 量子线路将 oracle 量子线路和相位放大量子线路组合起来，在开始处添加用于创建一个量子叠加的 H 门，并在结尾处添加一个用于运行量子线路的测量量子门。

create_grover()函数以 oracle 量子线路和相位放大量子线路作为输入。它还需要一个布尔参数 showsteps。当该参数被设置为 True 时，脚本会详细地以图形化的方式创建一个 Grover 量子线路，显示创建过程中的每一步，包括量子线路图、态矢量的出现概率和相位的 Q 球表示，以及最后美化过的态矢量，以便用户看清楚。要了解美化后的态矢量，参见 9.4.2 节。将 showsteps 参数设置为 False 时，脚本仅运行 Grover 量子线路，不进行额外的可视化处理。

对应的 Python 代码如下所示。

```
def create_grover(oracleCircuit,amplifierCircuit,showstep):
    from qiskit import QuantumCircuit
    from math import sqrt, pow, pi
    groverCircuit = QuantumCircuit(qr,cr)
    # Initiate the Grover with Hadamards
    if showstep: display_circuit(groverCircuit,True,False)
    groverCircuit.h(qr)
    groverCircuit.barrier(qr)
    if showstep: display_circuit(groverCircuit,True,False)
    # Add the oracle and the inversion
    for n in range(int(pi/4*(sqrt(pow(2,oracleCircuit.num_qubits))))):
```

```
        groverCircuit+=oracleCircuit
        if showstep: display_circuit(groverCircuit,True,False)
        groverCircuit+=amplifierCircuit
        if showstep: display_circuit(groverCircuit,True,False)
    # Add measurements
    groverCircuit.measure(qr,cr)
    return(groverCircuit)
```

以下是上述代码所代表的步骤。

（1）用创建 oracle 量子线路时设置的全局量子寄存器和经典寄存器创建一个量子线路。

（2）在所有量子比特上添加 H 门，再添加一个屏障函数，使量子线路在被转译时保持完整。此处有很多彼此相连的重复的量子门，这些量子门都需要保留，只有这样量子线路才能正常工作。

（3）这是关键的一步，加入 oracle 量子线路和相位放大量子线路。为了在 Grover 量子线路上得到一个好的结果，我们需要运行合适的搜索次数，就像在 9.3 节中讨论的经典 Grover 搜索算法那样。在量子 Grover 搜索算法中，这是通过每次搜索运行一次 oracle 量子线路和相位放大量子线路来表示的。

对于一个大小为 $N=2^q$ 的数据库，可以根据如下公式设置最佳搜索次数或重复次数：$n=\pi\frac{\sqrt{N}}{4}$。在本示例中，q 是量子线路中的量子比特的数量。如果你算一下，就会发现双量子比特的 Grover 量子线路仅需一次搜索就可以得出结果（n=1.57），而 3 量子比特的 Grover 量子线路需要重复两次，4 量子比特的 Grover 量子线路需要重复 3 次。通过物理方式添加 oracle 量子线路和相位放大量子线路可以增加重复次数。

至于为什么要设置 $\pi\frac{\sqrt{N}}{4}$ 次重复，参见 9.4.4 节参考资料中的“What happens if we run Grover's algorithm for too long?”一节。

（4）在量子线路中添加测量指令，量子线路就可以运行了。

这就是搭建 Grover 量子线路所需的 3 个函数。如果你感兴趣，可以静下心来仔细研究，搭建一组 oracle 量子线路，并在模拟器或实体的 IBM Quantum 的量子计算机上测试这些 oracle 量子线路；观察减少错误对结果的影响，了解 Grover 代码到底是什么样的，以及看看将其转译为适用于 IBM Quantum 后端的格式后变得有多大。

9.4.2 操作步骤

根据如下步骤创建一个双量子比特的 Grover 量子线路。

（1）在 Python 环境中运行 ch9_r3_grover_main.py。

（2）出现提示符时，以仅含 1 和 0 的 2 位字符串的格式输入想查找的 oracle 解，例如输入 `10`。

（3）程序用 ch9_grover_functions.py 脚本中的函数 `create_oracle()`，根据用户输入的 oracle 类型搭建一个双量子比特的 oracle 量子线路，并将用户创建的量子线路显示出来。

```
…
if size==2:
        amplifierCircuit.cx(qr[size-2],qr[size-1]);
…
```

用于搜索 $|10\rangle$ 的双量子比特的 oracle 量子线路如图 9-10 所示。

```
Enter the number of qubits (2–5):
2

Input your 2-bit oracle. E.g: 10:
10
Oracle circuit for |10⟩
```

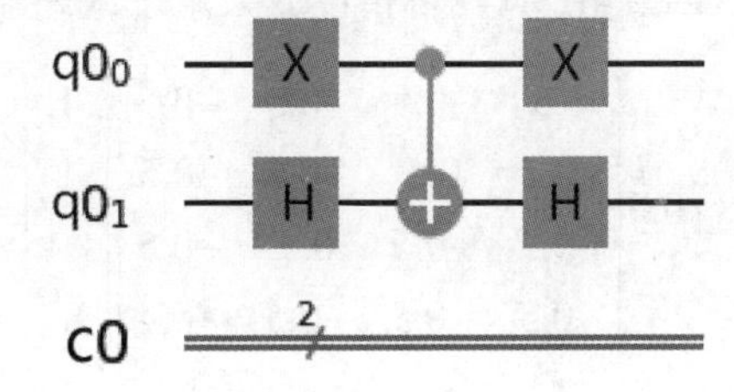


```
Unitary matrix:

[[1.00 0.00 0.00 0.00]
 [0.00 1.00 0.00 0.00]
 [0.00 0.00 -1.00 0.00]
 [0.00 0.00 0.00 1.00]]
```

图 9-10 用于搜索 $|10\rangle$ 的 oracle 量子线路，其代码为 `10 q01=0 and q00=0`

我们正在用一个 CX 门搭建一个用于处理量子相位反冲的量子线路，用第二个量子比特控制第一个量子比特。

（4）搭建双量子比特的 Grover 量子线路的相位放大量子线路。

使用函数 `create_amplifier()`（该函数仅需量子线路的尺寸作为输入）创建相位放大量子线路。此处也用一个 CX 门进行量子相位反冲。

同时，我们在此处使用量子寄存器作为输入，对所有的量子比特进行一系列线路操控。例如，使用如下代码在双量子比特 `qr` 量子寄存器中的所有量子比特上添加一个阿达马门：`amplifierCircuit.h(qr)`。

所有双量子比特的 Grover 量子线路的相位放大量子线路及其对应的幺正矩阵看起来都是一样的，如图 9-11 所示。

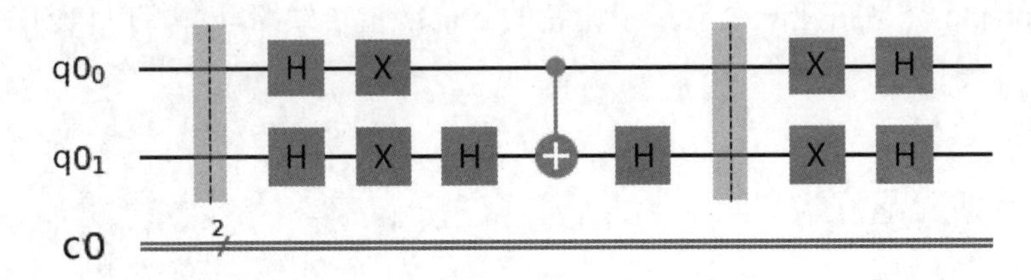


```
Unitary matrix:

[[0.50 -0.50 -0.50 -0.50]
 [-0.50 0.50 -0.50 -0.50]
 [-0.50 -0.50 0.50 -0.50]
 [-0.50 -0.50 -0.50 0.50]]
```

图 9-11　双量子比特的 Grover 量子线路相位放大量子线路及其对应的幺正矩阵

如有需要，可以返回 9.4.1 节复习相位放大量子线路矩阵的乘法：

$$0.5\begin{bmatrix} 0.5 & -0.5 & -0.5 & -0.5 \\ -0.5 & 0.5 & -0.5 & -0.5 \\ -0.5 & -0.5 & 0.5 & -0.5 \\ -0.5 & -0.5 & -0.5 & 0.5 \end{bmatrix}\begin{bmatrix} 1 \\ 1 \\ -1 \\ 1 \end{bmatrix}=\begin{bmatrix} 0 \\ 0 \\ -1 \\ 0 \end{bmatrix}$$

由上式可知，相移状态 10 已经被放大到`-1`。当我们像在 2.2 节中一样，将结果的状态参数进行平方运算，计算结果的概率时，我们就可以得到可能的结果。结果是 10 的概率为 100%，而得到所有其他结果的概率为 0。得到放大后的正确结果的概率为 100%。

（5）一步一步地创建 Grover 量子线路。

接下来，程序会创建带有 oracle 量子线路和相位放大量子线路的 Grover 量子线路，并添加测量量子门。我们依然使用 `create_grover()` 函数完成上述操作。

通过详细的量子线路创建过程，我们可以快速地得到以下输出的量子线路。让我们一起逐一观察这些量子线路。

创建一个空的双量子比特量子线路，如图 9-12 所示。

将两个量子比特的状态设置为量子叠加态，如图 9-13 所示。

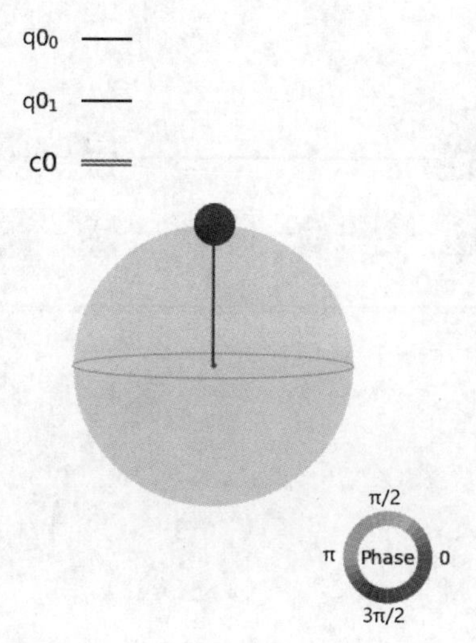

图 9-12　一个 100%会得到结果 $|00\rangle$ 的空的双量子比特量子线路

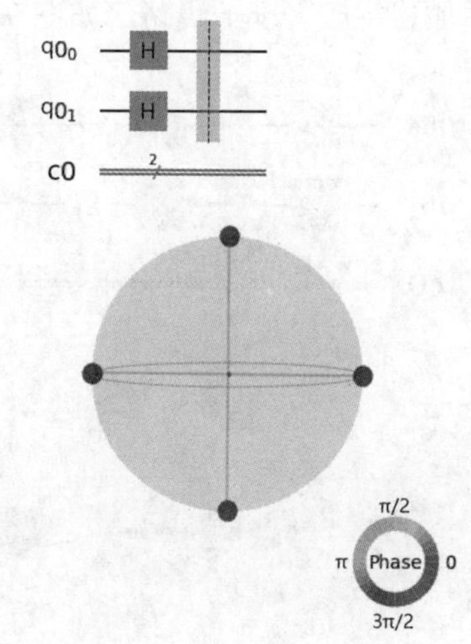

图 9-13　一个包含两个处于叠加态的量子比特的量子线路。得到结果 $|00\rangle$ 、$|01\rangle$ 、$|10\rangle$ 和 $|11\rangle$ 的概率相等，均为 25%

添加 oracle 量子线路，如图 9-14 所示。

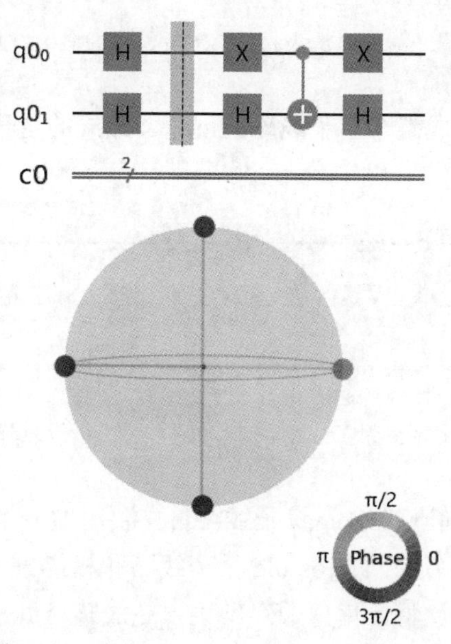

图 9-14　添加 $|10\rangle$ 的 oracle 量子线路。得到结果 $|00\rangle$ 、$|01\rangle$ 、$|10\rangle$ 和 $|11\rangle$ 的概率仍然相等，为 25%，但此时 $|10\rangle$ 的相位移动了 π

添加相位放大量子线路，如图 9-15 所示。

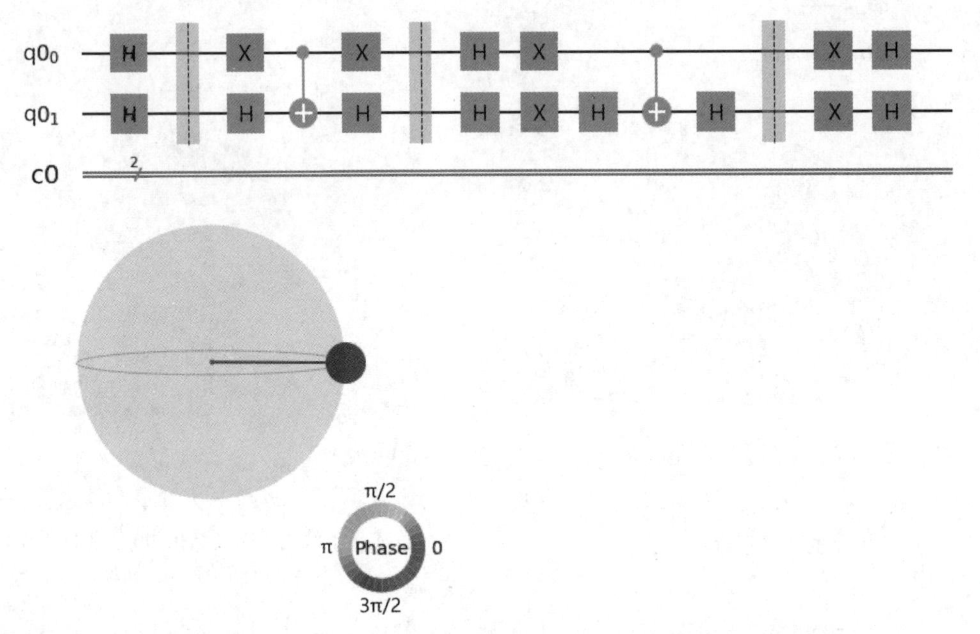

图 9-15　添加相位放大量子线路，放大相位移动的结果的概率。此时，得到 $|10\rangle$ 的概率为 100%

添加测量组件，完成整个量子线路的创建。最终的量子线路如图 9-16 所示。

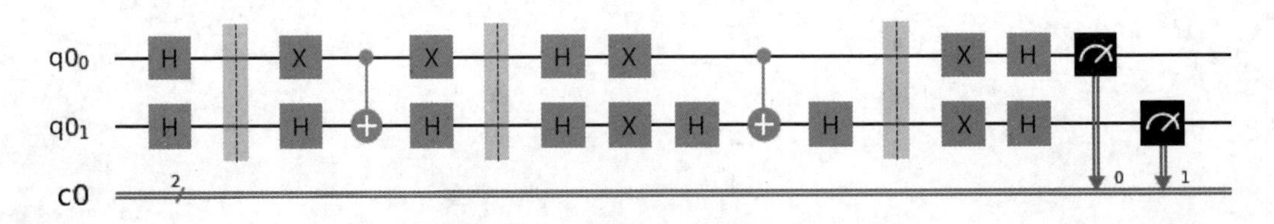

图 9-16　带有一个 $|10\rangle$ 的 oracle 量子线路和一个相位放大量子线路的双量子比特的 Grover 量子线路

如图 9-16 所示，创建 Grover 量子线路首先要用 H 门将所有量子比特的状态设置为相同的量子叠加态。然后，创建 oracle 量子线路和相位放大量子线路。最后，添加测量组件，测量所有的量子比特，读出最终结果，完成整个量子线路的创建。

（6）运行该量子线路，观察所得的结果，如图 9-17 所示。

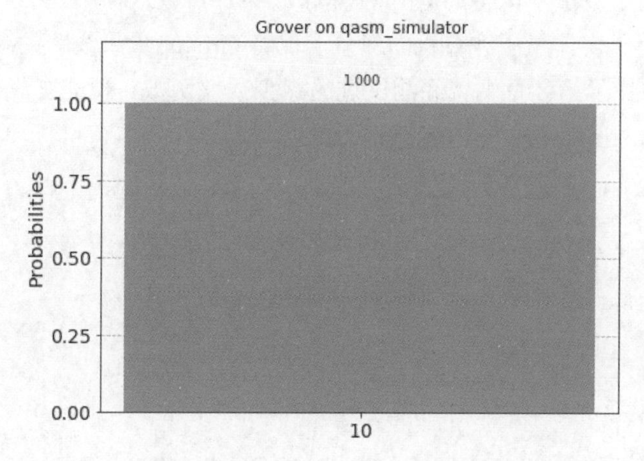

图 9-17 在 Aer 模拟器上进行带有|10⟩的 oracle 量子线路的双量子比特 Grover 搜索，得到的输出结果

（7）输入 Y，在最空闲的 5 量子比特 IBM Quantum 后端 ibmqx2 上运行该 Grover 量子线路，输出结果如图 9-18 所示。

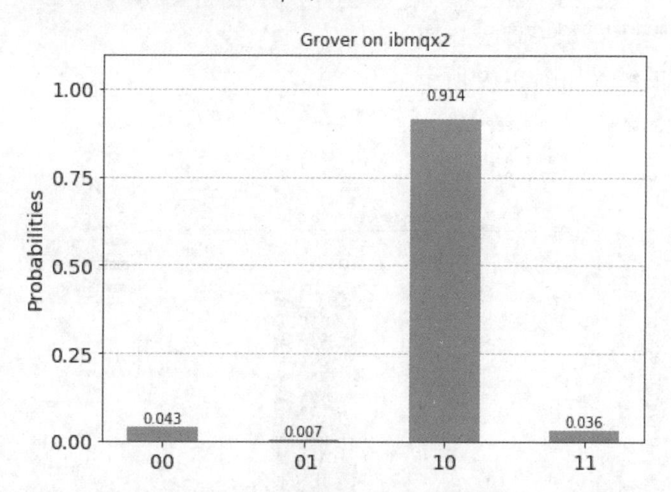

图 9-18 在 IBM Quantum 后端上进行带有|10⟩的 oracle 量子线路的双量子比特 Grover 搜索，得到的输出结果

因此，这里发生了什么？为什么我们没得到 oracle 量子线路和相位放大量子线路所“承诺”的非常精确的结果？在模拟器上运行时，我们得到正确结果的概率为 100%。但

此处下降至 91%左右。我们是否可以通过减少量子设备所产生的误差来提高结果的准确性？事实证明，对于双量子比特的 Grover 量子线路，可以这样做。

（8）运行适用于实体量子计算机的双量子比特 Grover 量子线路的减少误差程序。

此处，我们添加了第 8 章中曾经测试过的减少误差函数，即 `mitigated_results(backend,circuit,results)`函数：

```
def mitigated_results(backend,circuit,results,results_sim):
    # Import the required classes
    from qiskit.providers.aer.noise import NoiseModel
    from qiskit.ignis.mitigation.measurement import
        (complete_meas_cal,CompleteMeasFitter)
    # Get noise model for backend
    noise_model = NoiseModel.from_backend(backend)
    # Create the measurement fitter
    qr = QuantumRegister(circuit.num_qubits)
    meas_calibs, state_labels = complete_meas_cal(qr=qr, circlabel='mcal')
    job = execute(meas_calibs,backend=Aer.get_backend('qasm_simulator'),
        shots=8192, noise_model=noise_model)
    cal_results = job.result()
    meas_fitter = CompleteMeasFitter(cal_results,state_labels, circlabel='mcal')
    print(meas_fitter.cal_matrix)
    # Get the filter object
    meas_filter = meas_fitter.filter
    # Results with mitigation
    mitigated_results = meas_filter.apply(results)
    mitigated_counts = mitigated_results.get_counts(0)
    return(mitigated_counts)
```

减少误差后的结果如图 9-19 所示。

```
[[0.98 0.04 0.03 0.00]
 [0.01 0.96 0.00 0.03]
 [0.01 0.00 0.96 0.03]
 [0.00 0.01 0.01 0.94]]
```

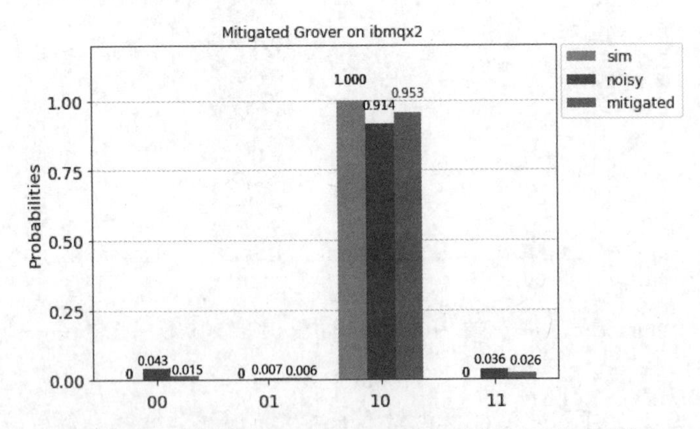

图 9-19　在 IBM Quantum 后端上运行带有|10⟩的 oracle 量子线路的双量子比特 Grover 搜索，得到的减少误差后的输出结果

是的，这个结果好一些。此时我们看到，有 95%左右的概率得到正确的结果！对该量子线路减少误差在一定程度上提高了结果的准确性，降低了得到错误解的概率。当用户创建的量子线路相对较小时，减少误差是有效的。

（9）观察转译后的量子线路。

为了进一步理解双量子比特的 Grover 量子线路，我们还需要观察一下转译后的、能在量子计算机上运行的量子线路。为此，我们再次用到 6.10 节中的函数 `transpile(circuit,backend)`。

```
def transpile(circuit,backend):
    from qiskit.compiler import transpile
    trans_circ = transpile(circuit, backend)
    display(trans_circ.draw(output="mpl"))
    print("Circuit data\n\nDepth: ",trans_circ.depth(),"\
    nWidth: ",trans_circ.width(),"\nSize: ",trans_circ.size())
```

转译结果如图 9-20 所示。

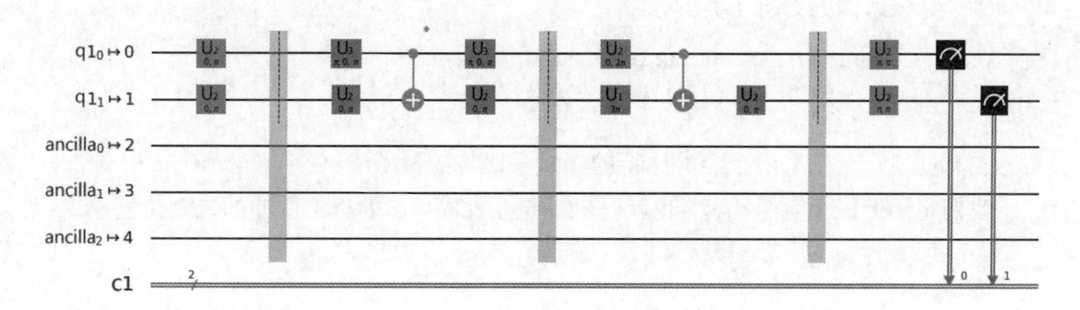

图 9-20　双量子比特的 Grover 量子线路转译为最终可以在后端上运行的量子线路

此外，还有一些关于我们所创建的 Grover 量子线路的统计数据。

```
Depth: 9
Width: 7
Size: 15
```

在本示例中创建的 Grover 量子线路的深度为 9 个量子门操控，共使用了 15 个独立的量子门。

事实证明，对于双量子比特的 Grover 量子线路，我们可以完全使用后端的基础量子门，所以转译后的量子线路和我们编写的量子线路几乎一样大。但在 3 量子比特、4 量子比特或更多量子比特的 Grover 量子线路中，我们将用到 CCX 门和 MCX 门等非基础量子门，这在 9.5 节和 9.6 节中将进一步介绍。

9.4.3 知识拓展

对于我们最先了解的双量子比特 Grover 算法，最后还需要再简单说明一下。上述示例中所搭建的双量子比特量子线路仅仅只是 Grover 算法的多种不同的实现方法之一。我们有意选择该方法是为了减少示例中所用到的量子比特的数量。上述示例中的第二个量子比特起到了两种作用：它不仅是 oracle 量子线路的一部分，还是相位反冲的组件。

另一种搭建 Grover 量子线路的方法是使用一个辅助量子比特，严格地进行相位反冲。这样在进行相位反冲时无须用到 oracle 量子比特，但需要在体系中增加一个量子比特，使量子线路变得稍微复杂一些。此时就需要用到 CCX 门进行相位反冲，而非 CX 门。

用于查找$|10\rangle$的、带有一个辅助量子比特的 Grover 量子线路可参见本书 GitHub 仓库中对应第 9 章目录中的 ch9_grover_ancilla.py。

以下是该 Python 示例的实现步骤。

（1）导入所需的 Qiskit 类。

```
from qiskit import QuantumCircuit, Aer, execute
from IPython.core.display import display
from qiskit.tools.visualization import plot_histogram
```

（2）创建一个带有两个经典比特的 3 量子比特的量子线路。

我们将用第三个量子比特，也就是辅助量子比特，作为相位反冲的控制位量子比特。

```
qc=QuantumCircuit(3,2)
qc.h([0,1])
qc.x(2)
```

（3）添加 oracle 量子线路相关的代码。

```
qc.barrier([0,1,2])
qc.x(0)
qc.barrier([0,1,2])
```

（4）使用辅助量子比特进行相位反冲。

```
qc.h(2)
qc.ccx(0,1,2)
qc.h(2)
```

（5）完成创建 oracle 量子线路的代码。

```
qc.barrier([0,1,2])
qc.x(0)
qc.barrier([0,1,2])
```

（6）创建相位放大量子线路。

```
qc.h([0,1])
qc.x([0,1])
qc.h(1)
qc.cx(0,1)
qc.h(1)
qc.barrier([0,1,2])
qc.x([0,1])
qc.h([0,1])
```

（7）添加测量量子门，对前两个量子比特进行测量。

因为辅助量子比特只是我们在量子线路中所使用到的一个工具，所以无须对其进行测量。

```
qc.measure([0,1],[0,1])
```

（8）显示该量子线路，在模拟器上运行它，并显示结果。

```
display(qc.draw('mpl'))
backend = Aer.get_backend('qasm_simulator')
job = execute(qc, backend, shots=1)
result = job.result()
counts = result.get_counts(qc)
display(plot_histogram(counts))
```

带有 $|10\rangle$ 的 oracle 量子线路的 Grover 量子线路如图 9-21 所示。

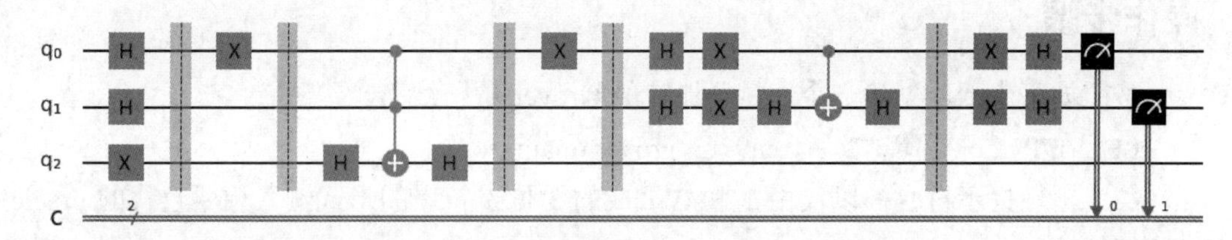

图 9-21　包含 3 个量子比特的带有 $|10\rangle$ 的 oracle 量子线路的 Grover 量子线路，其中 1 个是辅助量子比特

注意，如果想用更多量子比特扩展 oracle 量子线路，只需添加新的量子比特，扩展 CCX 门和 CX 门，以满足额外的相位反冲的要求。

9.4.4　参考资料

如需更深入地理解 Grover 算法，可以学习 Scott Aaronson 的系列文章“Lecture 22, Tues April 11: Grover”。Scott Aaronson 是得克萨斯大学奥斯汀分校的计算机科学 Schlumberger 百年纪念讲席教授。

9.5　使用 3 量子比特 Grover 算法进行搜索

3 量子比特 Grover 算法与我们在 9.4 节中所学习的双量子比特 Grover 算法非常类似。它们的主要差别在于 oracle 量子线路中量子比特的数量从 2 个变为了 3 个，而搭建相位反冲时需要改变相位的量子比特从 1 个变为了 2 个。

为了实现这一目的，我们需要使用以两个量子比特作为输入的受控非门，将第三个量子比特进行翻转，来使其产生纠缠，并为正确解标记上相位 π。本示例中不再使用 CX 门，而是使用 Toffoli 门（CCX 门）。

在本示例中，以两个量子比特作为输入的 Toffoli 门有两个控制位量子比特和一个受控位量子比特。在进行相位反冲时，如果这 3 个量子比特的值与正确解吻合，该量子门就会将该状态的相位移动 π（−1），如图 9-22 所示。

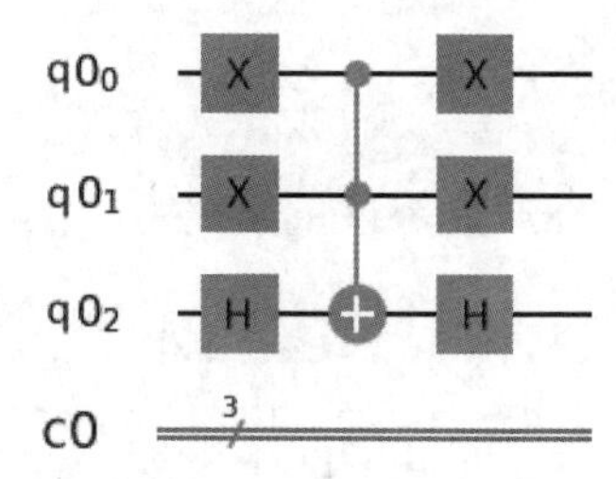

图 9-22　一个用于搜索|100⟩的 CCX 门控制的 oracle 量子线路

我们将用到 9.4 节中的函数。

操作步骤

按照如下步骤，创建一个 3 量子比特的 Grover 量子线路。

（1）在 Python 环境中运行 ch9_r3_grover_main.py。

（2）出现提示符时，以仅由 1 和 0 组成的 3 位字符串的形式输入想要查找的 oracle 解，例如输入 `100`。

（3）程序开始搭建 3 量子比特的 Grover 量子线路，像在之前的示例中创建双量子比特的 Grover 量子线路一样，逐步完成搭建过程。本示例将着重强调重要的步骤，不再介绍过程中的细节。

（4）创建 Grover 量子线路。

由 9.4 节中的示例可知，当体系中有 3 个量子比特时，共有 $N=8$（2^3）种可能的输出结果。

对于一个大小为 $N=2^q$ 的数据库，最少搜索次数或重复次数符合以下公式：$n=\pi\frac{\sqrt{N}}{4}$。对 3 量子比特的体系而言，可得 $n\approx2.22$。我们将其四舍五入为 2，所以需要 2 组重复的 oracle 量子线路和相位放大量子线路。

最终的量子线路如图 9-23 所示。

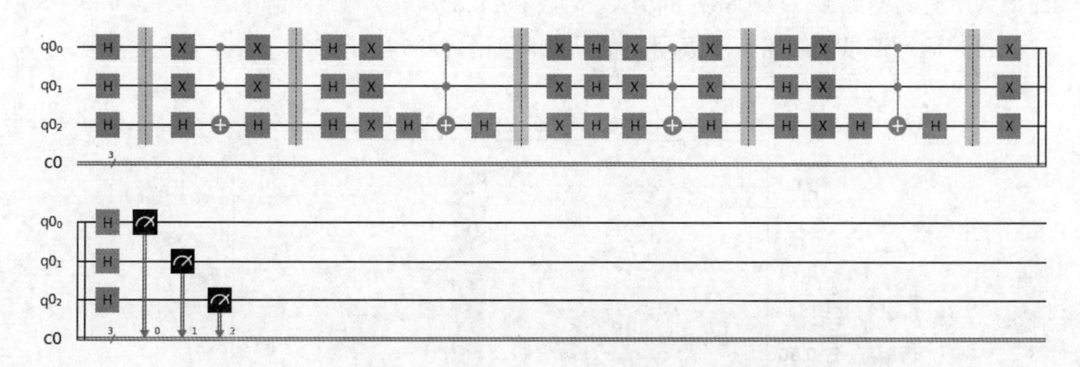

图 9-23 用于搜索 oracle 解为|100⟩的 3 量子比特的 Grover 量子线路，包含 2 组重复的 oracle 量子线路和相位放大量子线路

如你所见，搭建 Grover 量子线路时，首先需要用 H 门将所有量子比特的状态都变为相同的量子叠加态。然后，在电路中加入 2 组重复的 oracle 量子线路和相位放大量子线路。最后，在量子线路中加入测量组件，测量所有的量子比特并输出结果，完成整个量子线路的搭建。

如果你将布尔参数 `showsteps` 设置为 True，就会看到这个 Grover 量子线路的每个步骤和中间结果，最后一步的结果如图 9-24 所示。

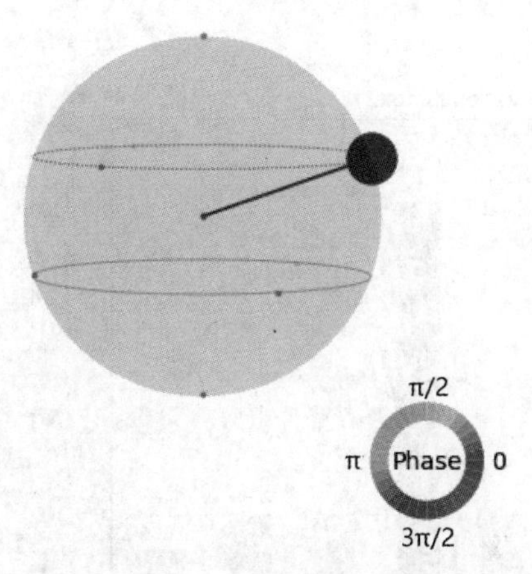


```
Statevector:
 -0.088 |000⟩  -0.088 |001⟩  -0.088 |010⟩  -0.088 |011⟩  0.972 |100⟩  -0.088 |101⟩  -0.088 |110⟩  -0.088 |111⟩
```

图 9-24 3 量子比特的 Grover 量子线路，其 oracle 解被编码为|100⟩

在最后一步中，可以看到正确解|100⟩ 被放大了（0.972），得到它的概率为 94%左右，而得到所有其他结果（-0.088）的概率都大约为 0.8%。

（5）运行该量子线路，观察所得的结果，如图 9-25 所示。

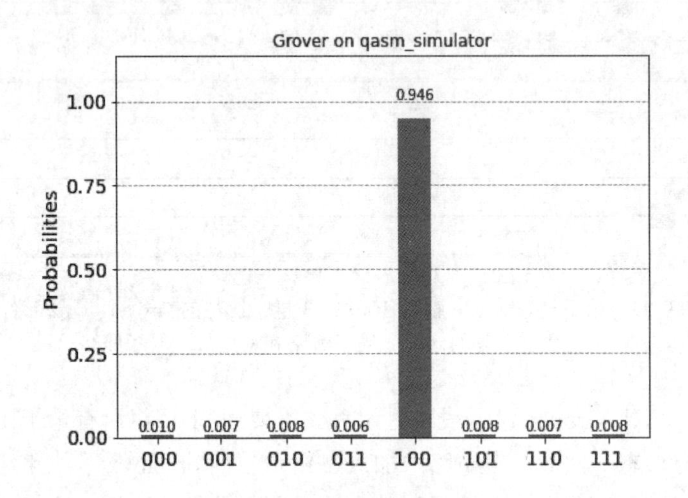

图 9-25　在模拟器上运行 oracle 解为|100⟩ 的 3 量子比特的 Grover 搜索算法，得到的输出结果

注意，该结果与我们根据最终的态矢量预测的结果非常吻合。

（6）输入 Y，在最空闲的 5 量子比特的 IBM Quantum 后端上运行该 Grover 量子线路，结果如图 9-26 所示。

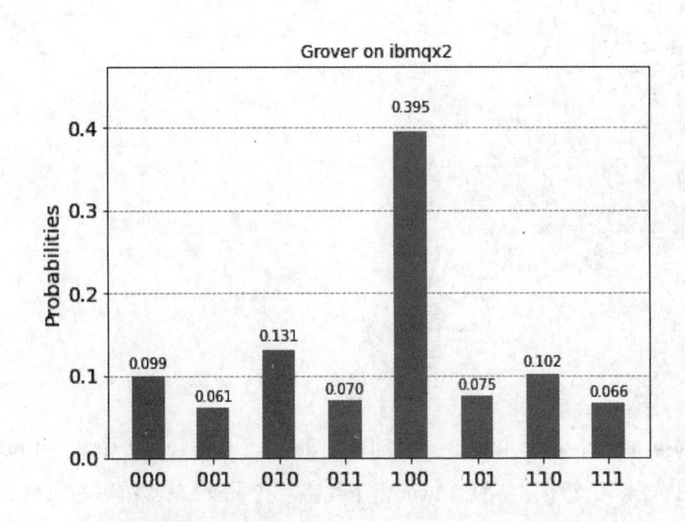

图 9-26　在 IBM Quantum 后端上运行 oracle 解为|100⟩ 的 3 量子比特的 Grover 搜索算法，得到的输出结果

那么，此处发生了什么？为什么我们没有得到 oracle 量子线路和相位放大量子线路所“承诺”的非常精确的输出结果？在模拟器上，我们得到正确解的概率大约为 94%。而此处，显然得到正确解的概率降至了 40%左右。减少误差可以提高准确率吗？

（7）观察减少误差后的结果，如图 9-27 所示。

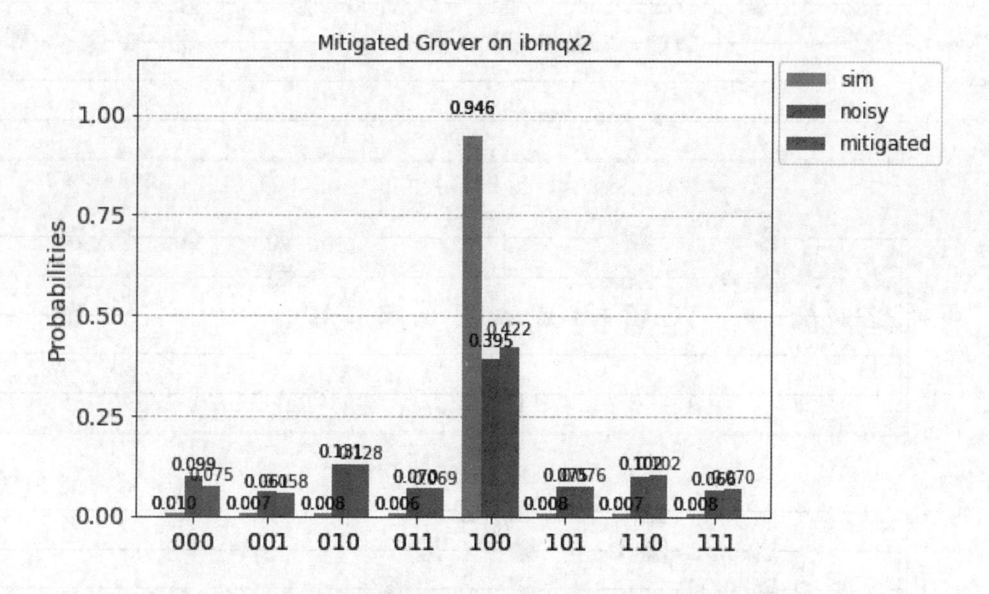

图 9-27　减少误差后，在 IBM Quantum 后端上运行 oracle 解为|100⟩的 3 量子比特的 Grover 搜索算法，得到的输出结果

不，减少误差并不能提高准确率。尽管减少误差后的输出结果稍微准确了一些，但并没有完全修正结果。为什么呢？回想一下，减少误差主要是减少测量误差，并未考虑组成量子线路的量子门所导致的误差。

Grover 量子线路最终的尺寸证明了这一点。让我们一起运行程序的最后一步，将最终的量子线路进行转译，输出实际在后端上运行的量子线路的深度和尺寸。

（8）按回车键查看最终转译后的量子线路，如图 9-28 所示。

（9）程序输出量子线路的深度和尺寸。

```
Circuit data
Depth: 49
Size: 76
```

我们所搭建的 Grover 量子线路的深度为 49 个量子门操控，体系中共有 76 个独立的量子门。如果你快速回顾一下第 8 章，就会记起来我们罗列出了每个量子比特的基础量子门的量子门误差。尽管这些误差非常小，大约在千分之几或更小，但当用户在量子线路中运行 100 个左右的量子门时，有一定的概率出现大的误差。

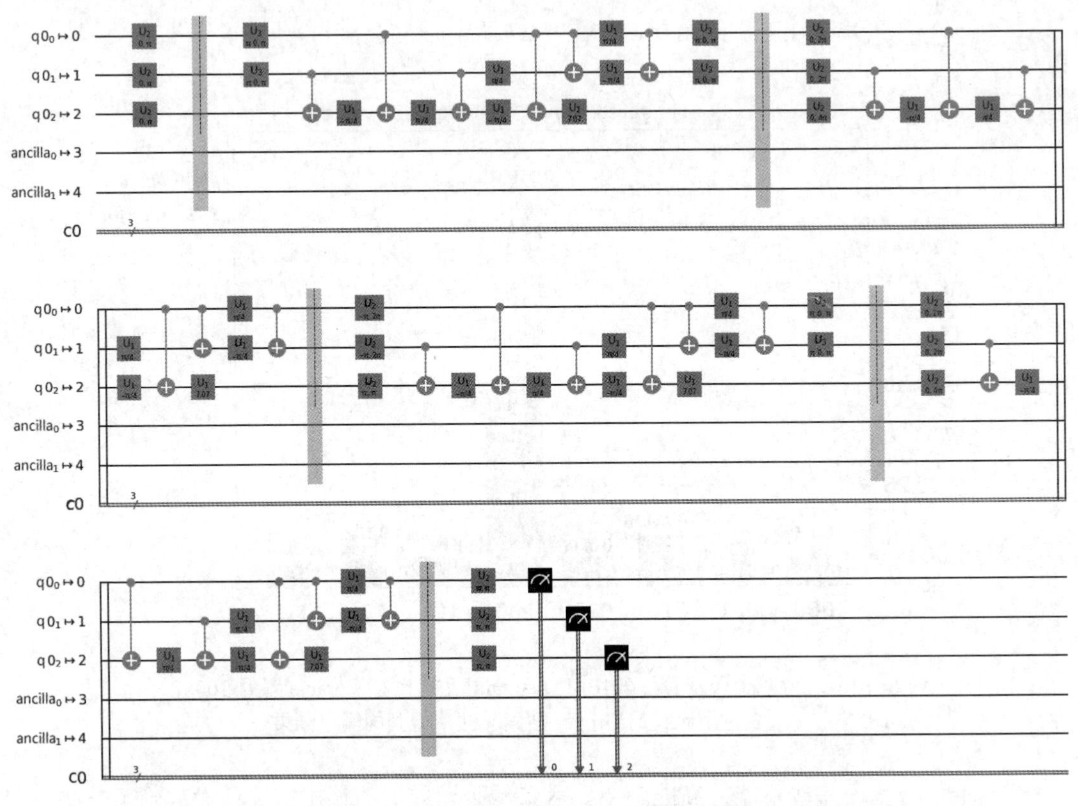

图 9-28　3 量子比特的 Grover 量子线路转译为最终可以在后端上运行的量子线路

因此，归根结底，得到预期的 $|100\rangle$ 以外的结果的概率略高主要是因为量子门误差，而非测量误差。

9.6　在 Grover 搜索过程中加入更多量子比特

到目前为止，我们编写的 Grover 代码相当好。我们根据量子线路中的量子比特的数量，使用独特的 Qiskit 量子门——CX 门和 CCX 门，搭建了双量子比特和 3 量子比特的量子线路。对于 4 量子比特及以上的 Grover 搜索算法，我们将用到多控制位量子比特受控非门，即 MCX 门，动态地创建合适数量的输入控制。

9.6.1 准备工作

我们将用到 9.4 节中的函数。

对于双量子比特和 3 量子比特的 Grover 搜索算法，我们可以使用 CX 门和 CCX 门创建 oracle 量子线路和相位放大量子线路。但我们会用同一个模型搭建 4 量子比特及以上的 Grover 搜索算法，在量子线路中使用 MCX 门，而非 CCCX 门、CCCCX 门或更多控制位的非门，以便 Qiskit 实现量子门的逻辑。

> **注意**
>
> 要理解此处的操作，可以回顾第 6 章，尤其是与 CX 门和 CCX 门相关的内容。

CX 门的对应的幺正矩阵（参见 9.4 节）如下所示：

$$\text{CX:}\begin{bmatrix}1&0&0&0\\0&1&0&0\\0&0&0&1\\0&0&1&0\end{bmatrix}$$

CCX 门对应的幺正矩阵（参见 9.5 节）如下所示：

$$\text{CCX:}\begin{bmatrix}1&0&0&0&0&0&0&0\\0&1&0&0&0&0&0&0\\0&0&1&0&0&0&0&0\\0&0&0&1&0&0&0&0\\0&0&0&0&1&0&0&0\\0&0&0&0&0&1&0&0\\0&0&0&0&0&0&0&1\\0&0&0&0&0&0&1&0\end{bmatrix}$$

这里的神奇之处在于矩阵右下角的“1”已经离开了对角线，在另一边形成了一个小“对角线”。这种互换使得最后一个量子比特的值发生了翻转。从线性代数的角度来看，这是一种对初始的单位对角矩阵的简单操控，只是交换了矩阵的最后两行。

控控控非门（controlled-controlled-controlled NOT gate，CCCX 门）对应的幺正矩阵如下所示：

$$
\text{CCCX:}\begin{bmatrix}
1&0&0&0&0&0&0&0&0&0&0&0&0&0&0&0\\
0&1&0&0&0&0&0&0&0&0&0&0&0&0&0&0\\
0&0&1&0&0&0&0&0&0&0&0&0&0&0&0&0\\
0&0&0&1&0&0&0&0&0&0&0&0&0&0&0&0\\
0&0&0&0&1&0&0&0&0&0&0&0&0&0&0&0\\
0&0&0&0&0&1&0&0&0&0&0&0&0&0&0&0\\
0&0&0&0&0&0&1&0&0&0&0&0&0&0&0&0\\
0&0&0&0&0&0&0&1&0&0&0&0&0&0&0&0\\
0&0&0&0&0&0&0&0&1&0&0&0&0&0&0&0\\
0&0&0&0&0&0&0&0&0&1&0&0&0&0&0&0\\
0&0&0&0&0&0&0&0&0&0&1&0&0&0&0&0\\
0&0&0&0&0&0&0&0&0&0&0&1&0&0&0&0\\
0&0&0&0&0&0&0&0&0&0&0&0&1&0&0&0\\
0&0&0&0&0&0&0&0&0&0&0&0&0&1&0&0\\
0&0&0&0&0&0&0&0&0&0&0&0&0&0&0&1\\
0&0&0&0&0&0&0&0&0&0&0&0&0&0&1&0
\end{bmatrix}
$$

事实证明，创建一个表示 CCCX 门的幺正矩阵并不难，仅需几个量子比特，但矩阵的尺寸会随着量子比特数量的增长而呈指数级（2^n）增长，因此 CCCCX 门的幺正矩阵将相当大。

虽然这个矩阵看起来并不复杂，但我们该如何处理这个巨大的矩阵呢？答案是使用 Qiskit 将其编码为 MCX 门。MCX 门需要一组控制位量子比特和一个目标量子比特作为输入。你也可以指定用辅助量子比特处理量子相位反冲，但在本示例中并不这样做。可以回顾 9.4.3 节辅助量子比特的例子。

在 Python 中使用 MCX 门的命令如下：

```
quantum_circuit.mcx([control qubits], target qubit)
```

可以使用 Python 中的 `help` 功能，查看 MCX 门的使用方法：

```
>> help(QuantumCircuit.mcx)
```

在实现了 CCCX 门所涉及的重要细节后，我们就可以像搭建双量子比特或 3 量子比特的 Grover 量子线路一样，搭建 4 量子比特及以上的 Grover 量子线路了。

9.6.2　操作步骤

本示例不再完整地列出所有相关的步骤，因为需要比之前更大的版面才能写得下。如有需要，可以回看之前的示例，了解更多操作细节，并将其运用到本示例中所搭建的 Grover 量子线路上。

按照如下步骤，创建 4 量子比特的 Grover 量子线路。

（1）在 Python 环境中运行 ch9_r3_grover_main.py。

（2）出现提示符时，以仅由 1 和 0 组成的 4 位字符串的形式输入想要查找的 oracle 解，例如输入 `1000`。

（3）创建 Grover 量子线路。

此时，程序会逐步完成 4 量子比特的 Grover 量子线路的创建，与之前示例中创建 3 量子比特的 Grover 量子线路的过程类似。我们会强调重要的步骤，但不再探讨其中的细节。正如我们在 9.4 节中所讨论的，4 量子比特的量子线路一共会生成 $N=16$（2^4）种可能的输出结果，量子线路的理想重复次数为 $n=\pi\frac{\sqrt{N}}{4}$，$N=2^q$。对于 4 量子比特的量子线路，解得 $n\approx3.14$。我们将其四舍五入为 3，所以体系中需要包含 3 组重复的 oracle 量子线路和相位放大量子线路。

最终的量子线路大致如图 9-29 所示。

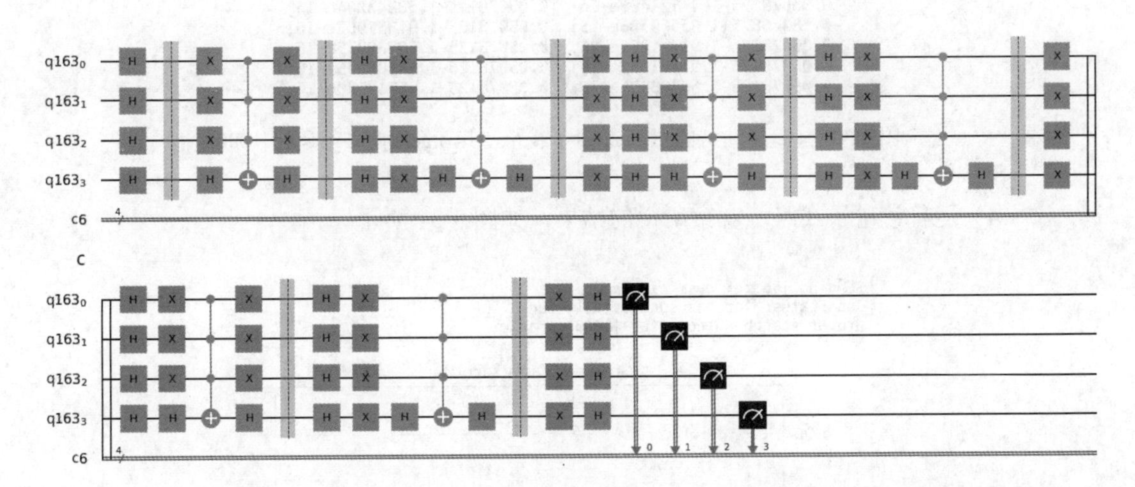

图 9-29 用于搜索 oracle 解为$|1000\rangle$的 4 量子比特的 Grover 量子线路，包含 3 组重复的量子线路

如果将布尔参数 `showsteps` 设置为 True，就会看到这个 Grover 量子线路的每个步骤和中间结果，最后一步的结果如图 9-30 所示。

在最后一步中，可以看到（在经过一些挖掘后）正确解$|1000\rangle$被放大了（−0.98046875），得到它的概率为 96%左右，而得到所有其他结果（0.05078125）的概率都大约为 0.2%。

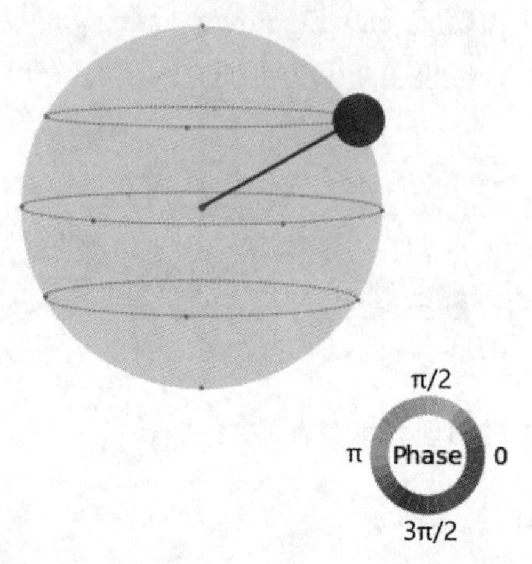


```
Statevector:
 [ 0.05078125-1.46861940e-16j  0.05078125-1.23899813e-16j
  0.05078125-1.23899813e-16j  0.05078125-1.41121408e-16j
  0.05078125-1.23899813e-16j  0.05078125-1.41121408e-16j
  0.05078125-1.41121408e-16j  0.05078125-1.58343004e-16j
 -0.98046875+1.95560786e-15j  0.05078125-1.91351062e-16j
  0.05078125-1.91351062e-16j  0.05078125-1.68388935e-16j
  0.05078125-1.91351062e-16j  0.05078125-1.68388935e-16j
  0.05078125-1.68388935e-16j  0.05078125-1.85610530e-16j]
```

图 9-30　4 量子比特的 Grover 量子线路，其 oracle 解被编码为|1000⟩

（4）运行该量子线路，观察所得的结果，如图 9-31 所示。

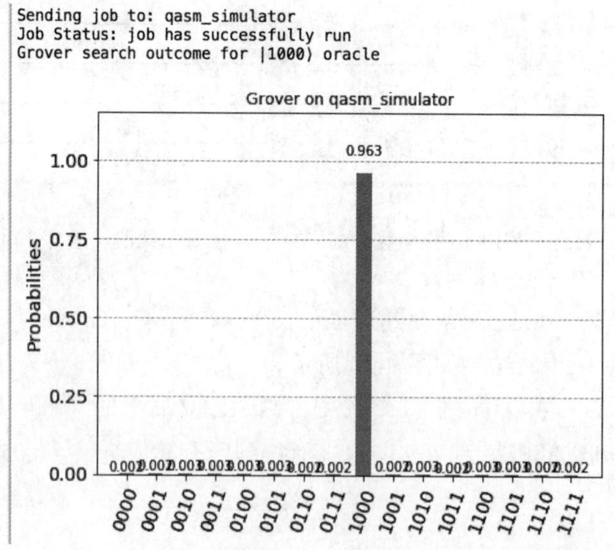

图 9-31　在模拟器上运行 oracle 解为|1000⟩ 的 4 量子比特 Grover 量子线路，得到的输出结果

(5)输入 Y,在最空闲的 5 量子比特的 IBM Quantum 后端上运行该 Grover 量子线路,结果如图 9-32 所示。

```
Loading IBMQ account...
Getting least busy backend...
Sending job to: ibmqx2
Job Status: job has successfully run
Grover search outcome for |1000) oracle
```

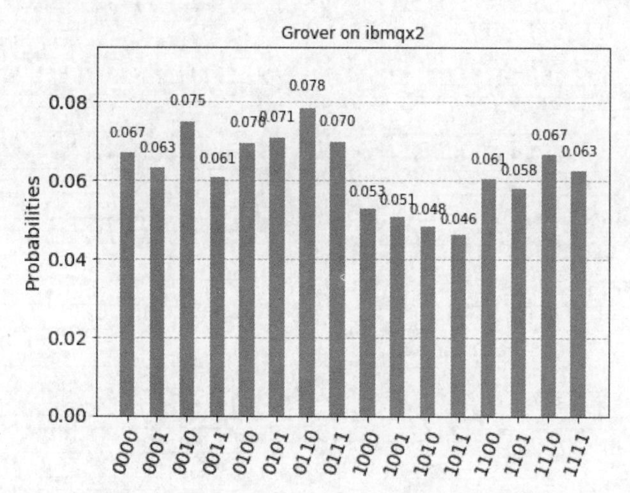

图 9-32　在 IBM Quantum 后端上运行 oracle 解为 $|1000\rangle$ 的 4 量子比特 Grover 量子线路，得到的输出结果

此时，我们得到的输出结果中似乎只有噪声。显然在这些随机分布的数据中没有明确的答案。正确解远没有排在该列表的首位。让我们来看一下减少误差后的结果。

该现象的产生是由于最终的 Grover 量子线路过大。运行该程序，可以得到转译后的量子线路。

(6) 按回车键查看最终转译后的量子线路。这次得到的量子线路相当庞大，如图 9-33 所示。

我们也会得到确切的结果，程序输出了量子线路的深度和尺寸。

```
Circuit data
Depth: 311
Size: 409
```

我们所搭建的 Grover 量子线路的深度为 311 个量子门操控，共有 409 个独立的量子门。同 9.5 节中的一样，输出结果中的噪声主要是由量子门误差导致的，而非测量误差。整个量子线路变得非常大，难以在 NISQ 设备上有效地运行。这不是因为我们所搭建的 Grover 量子线路有问题，而是因为 4 量子比特的量子线路的确太大了！

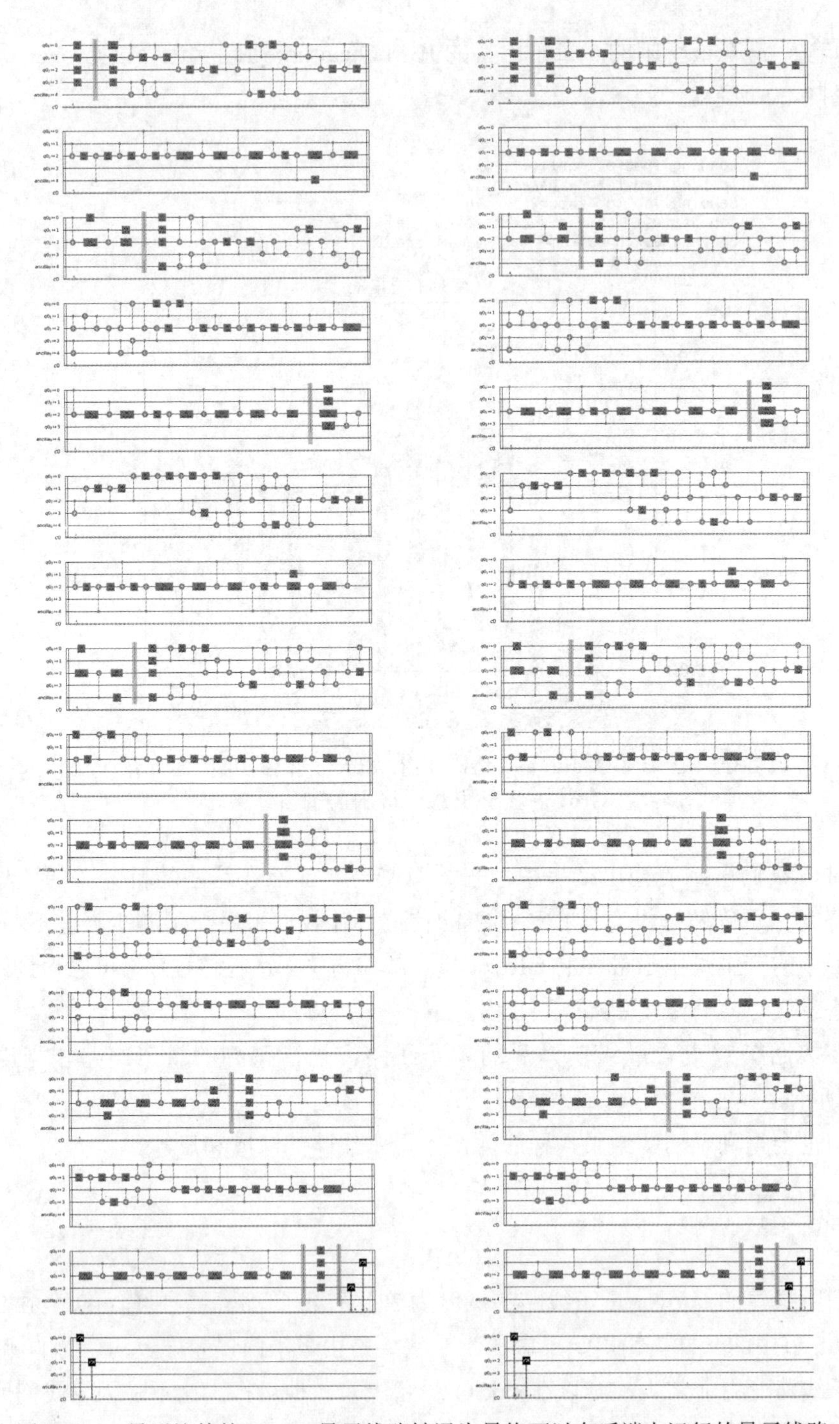

图 9-33　4 量子比特的 Grover 量子线路转译为最终可以在后端上运行的量子线路

9.6.3 知识拓展

继续创建一个 5 量子比特的 Grover 量子线路，观察其输出结果。模拟器应该可以很好地处理它，其输出结果与预期结果相符，例如 oracle 解为|10000⟩的情况（如图 9-34 所示）。

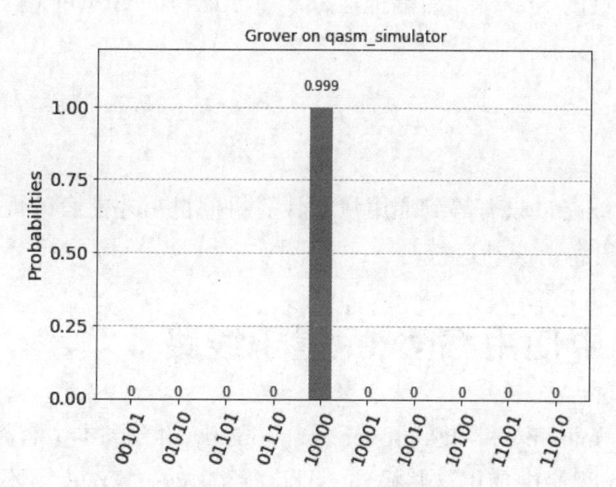

图 9-34 在模拟器上运行 oracle 解为|10000⟩的 5 量子比特 Grover 量子线路，得到的输出结果

但是在实体量子计算机上运行该程序，只会得到噪声。在实体量子计算机上运行 5 量子比特的 Grover 量子线路，最终输出结果如图 9-35 所示。

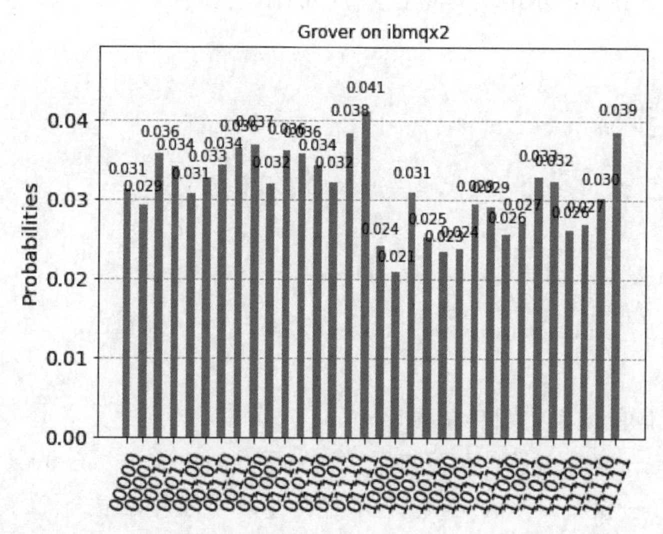

图 9-35 在 IBM Quantum 后端上运行 oracle 解为|10000⟩的 5 量子比特 Grover 量子线路，得到的输出结果

观察最终转译后的量子线路。转译后的量子线路的尺寸和深度取决于用于运行该量子线路的 IBM Quantum 设备的拓扑。在量子计算机上（使用 MCX 门）创建一个用于 5 个量子比特的 CCCCX 门都需要进行大量的量子门交换，更不用说创建 4 组重复的 oracle 量子线路和相位放大量子线路了。

在 5 个量子比特的 ibmqx2 后端上运行 5 量子比特的 Grover 量子线路，所得的示例电路的深度和尺寸为：

```
Circuit data
Depth: 830
Size: 1024
```

这么大的量子线路，只有等到通用量子计算机问世后才能有效地运行，因为它太大了，很难在 NISQ 设备上成功运行。

9.7　在代码中使用 Grover 量子线路

ch9_r3_grover_main.py 和 ch9_grover_functions.py 组合脚本中有相当多的代码。如果你想在其他 Python 程序中使用这些操作，只运行 Grover 算法，就不需要交互式的主程序。

9.7.1　准备工作

所需的 Grover 函数的示例代码参见本书 GitHub 仓库中对应第 9 章目录中的 ch9_grover_functions.py。

9.7.2　操作步骤

（1）从技术上来讲，仅需在代码中加入如下代码片段。

```
from ch9_grover_functions import *
oracle=create_oracle("01",2)
amplifier=create_amplifier(2)
grover=create_grover(oracle,amplifier,False)
print(grover)
```

（2）上述代码的结果如图 9-36 所示。

从 Qiskit Terra 量子线路的角度来看，我们已经创建了一个 Grover 量子线路，你可以把这个 grover 量子线路添加到自己的经典搜索/量子搜索混合代码中，生成 Grover 搜索的结果。

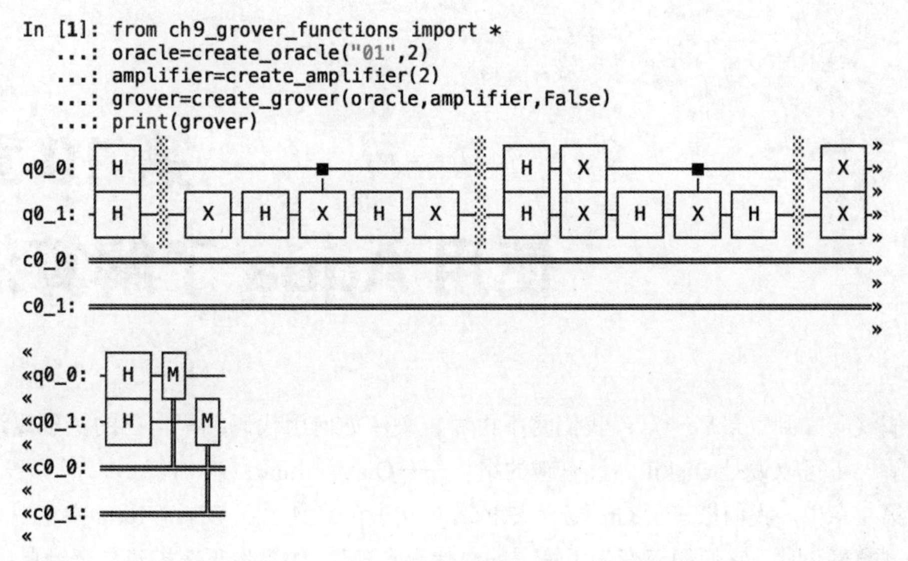

图 9-36　在一个简单的脚本中使用 Grover 函数创建一个用于搜索 $|10\rangle$ 的 Grover 量子线路

9.7.3　知识拓展

还有更简单的方式！实际上，Qiskit Aqua 内置了用户可以直接使用的 `Grover()` 函数，无须编写代码。详情参见 10.2 节。

第 10 章 使用 Aqua 了解算法

我们终于来到了最后一章：我们将不再着重关注如何用代码编写自己的量子线路，而是了解一下可以说是 Qiskit 中最有趣的组件——Qiskit Aqua。

在第 9 章中，我们搭建了 Grover 算法的各种实现，看到了在 Qiskit Terra 中实现那些看似简单的算法时，它们如何变为了笨重的“代码野兽”。如果你正在搭建一个经典/量子混合程序（只是想使用 Grover 搜索函数），直接导入并运行 Grover 算法或其他量子算法的 Qiskit 实现会简单得多，不必从头开始编写代码。

让我们来初步了解一下 Qiskit Aqua 中可以直接调用的一些算法（Grover 算法和 Shor 算法）。

本章主要包含以下内容：

- 以 Aqua 函数的形式运行 Grover 算法；
- 以 Aqua 函数的形式运行 Shor 算法；
- 了解 Aqua 中的更多算法。

当我们做完这些，你将了解如何将 Qiskit Aqua 算法融入自己的代码，并知道在哪里可以找到更多的算法进行测试，以及如何开始探索在 Qiskit 代码中使用 Python 实际地构建算法的方式。

10.1 技术要求

本章中探讨的量子程序参见本书 GitHub 仓库中对应第 10 章的目录。

10.2 以 Aqua 函数的形式运行 Grover 算法

在第 9 章的结尾，我们提到过用一种更简单的方法，可以在量子线路中添加 Grover

搜索算法。在本示例中，我们将获得相同的结果，但不必从头搭建量子线路。Qiskit Aqua 会为我们设置 oracle、搭建 Grover 量子线路，并运行它。

就像通过 `from math import pi` 导入 `pi` 可以得到 π 的数字表示一样，导入并调用 Python 的类和方法可以实现不同的功能，而使用 Qiskit 组件也可以实现类似的效果。如果 Qiskit 已经内置了 Grover 搜索算法，为什么还要“重新发明轮子”，自己搭建它的实现呢？

10.2.1 准备工作

可以从本书 GitHub 仓库中对应第 10 章的目录中下载本节示例的 Python 文件 ch10_r1_grover_aqua.py。

在开始之前，让我们来了解一下 Aqua Grover 算法能够接收的两种输入形式（用以定义 oracle）：

- **逻辑表达式**使用 `LogicalExpressionOracle` 输入类型；
- **比特字符串**使用 `TruthTableOracle` 输入类型。

1. 逻辑表达式

这里有一个我们在 9.4 节中曾经用到过的 $|10\rangle$ oracle 的逻辑表达式 oracle 的例子。在逻辑表达式中，左边是最低有效位：

```
'~A & B'
```

该表达式从字面上可以翻译为“非 A 与 B”，用狄拉克右矢符号可表示为第一个量子比特（A）为 0 且第二个量子比特（B）为 1，或表示为 $|10\rangle$ 。

2. 比特字符串

如果你使用真值表 oracle 作为输入，可以创建一个表示 oracle 的预期输出结果的比特字符串。例如 $|10\rangle$ 对应的比特字符串如下所示：

```
'0010'
```

2.4 节简要介绍了单量子比特和双量子比特的符号表示。

10.2.2 操作步骤

我们在 ch10_r1_gover_aqua.py 脚本中创建了 4 个函数，用于实现 Grover 算法的创建和运行。在继续测试该脚本之前，让我们先来学习一下这些函数。

1. 示例代码

（1）导入所需的 Qiskit 类和方法，并设置一些全局变量。

```
from qiskit import Aer, IBMQ
from qiskit.aqua.algorithms import Grover
from qiskit.aqua.components.oracles import
LogicalExpressionOracle, TruthTableOracle
from qiskit.tools.visualization import plot_histogram
from IPython.core.display import display
global oracle_method, oracle_type
```

（2）`log_length(oracle_input,oracle_method)` 函数以 oracle 输入（逻辑表达式或比特字符串）（log 或 bit）和 oracle 方法作为输入，并返回 Grover 量子线路需要的理想迭代次数。如果 oracle 输入是逻辑表达式，我们就先通过表达式中除按位非（~）、按位与（&）和空格外的字母的数量来计算量子比特的数量。

```
def log_length(oracle_input,oracle_method):
    from math import sqrt, pow, pi, log
    if oracle_method=="log":
        filtered = [c.lower() for c in oracle_input if c.isalpha()]
        result = len(filtered)
        num_iterations=int(pi/4*(sqrt(pow(2,result))))
    else:
        num_iterations = int(pi/4*(sqrt(pow(2,log(len(oracle_input),2)))))
    print("Iterations: ", num_iterations)
    return num_iterations
```

（3）`create_oracle(oracle_method)` 函数以 oracle 方法作为输入，并提示输入 oracle 输入的逻辑表达式或比特字符串。该函数会根据输入调用 `log_length(oracle_input, oracle_method)` 函数，该函数根据公式“迭代次数（num_iterations）$=\pi\frac{\sqrt{N}}{4}$”来计算所需的迭代次数。

在 Python 中，对应的代码如下所示。

```
def create_oracle(oracle_method):
    oracle_text={"log":"~A & ~B & C","bit":"00001000"}
    # set the input
    global num_iterations
    print("Enter the oracle input string, such
        as:"+oracle_text[oracle_method]+"\nor enter 'def'
        for a default string.")
    oracle_input=input('\nOracle input:\n ')
    if oracle_input=="def":
        oracle_type=oracle_text[oracle_method]
    else:
        oracle_type = oracle_input
    num_iterations=log_length(oracle_type, oracle_method)
```

```
    return(oracle_type)
```

（4）create_grover(oracle_type)函数以 oracle_type 字符串（如~A&B）作为输入，并使用 Grover(LogicalExpressionOracle(oracle_type),num_iterations=num_iterations)函数创建具有适当迭代次数的算法。

在 Python 中，上述操作对应的代码如下所示。

```
def create_grover(oracle_type, oracle_method):
    # Build the circuit
    if oracle_method=="log":
        algorithm = Grover(LogicalExpressionOracle(
            oracle_type),num_iterations=num_iterations)
        oracle_circuit = Grover(LogicalExpressionOracle(
            oracle_type)).construct_circuit()
    else:
        algorithm = Grover(TruthTableOracle(
            oracle_type),num_iterations=num_iterations)
        oracle_circuit = Grover(TruthTableOracle(oracle_type)).construct_circuit()

    display(oracle_circuit.draw(output="mpl"))
    display(algorithm)
    return(algorithm)
```

（5）run_grover(algorithm,oracle_type)函数以上一步中创建的算法作为输入，先在本地 Aer 模拟器上运行该算法，然后在最空闲的 5 量子比特的 IBM Quantum 后端上运行它。

在 Python 中对应的代码如下所示。

```
def run_grover(algorithm,oracle_type,oracle_method):
    # Run the algorithm on a simulator, printing the most
    # frequently occurring result
    backend = Aer.get_backend('qasm_simulator')
    result = algorithm.run(backend)
    print("Oracle method:",oracle_method)
    print("Oracle for:", oracle_type)
    print("Aer Result:",result['top_measurement'])
    display(plot_histogram(result['measurement']))
    # Run the algorithm on an IBM Q backend, printing the
    # most frequently occurring result
    print("Getting provider...")
    if not IBMQ.active_account():
        IBMQ.load_account()
    provider = IBMQ.get_provider()
    from qiskit.providers.ibmq import least_busy
    filtered_backend = least_busy(provider.backends(
        n_qubits=5,, operational=True, simulator=False))
    result = algorithm.run(filtered_backend)
    print("Oracle method:",oracle_method)
    print("Oracle for:", oracle_type)
    print("IBMQ "+filtered_backend.name()+" Result:",,result['top_measurement'])
```

```
    display(plot_histogram(result['measurement']))
    print(result)
```

（6）main() 函数用于提示用户输入 oracle 方法，创建 oracle 量子线路并运行 Grover 算法。

```
def main():
    oracle_method="log"
    while oracle_method!=0:
        print("Ch 10: Grover search with Aqua")
        print("------------------------------")
        # set the oracle method: "Log" for logical
        # expression or "Bit" for bit string.
        oracle_method = input("Select oracle method (log or bit):\n")
        type=create_oracle(oracle_method)
        algorithm=create_grover(type, oracle_method)
        run_grover(algorithm,type, oracle_method)
```

2. 运行示例代码

进行如下操作，创建并运行 Aqua 生成的、以逻辑表达式作为输入的 Grover 量子线路。

（1）在 Python 环境中运行 ch10_r1_grover_aqua.py。

（2）出现提示符时，输入 log，选择逻辑表达式的 oracle 方法。

也可以试着输入 bit，以比特字符串的形式作为 oracle 输入。

（3）输入一个逻辑表达式。

```
~A & B
```

如果读出该逻辑表达式，就是 NOT A AND B，对应于$|10\rangle$。记住，A 是最低有效位，在 Qiskit 中对应于狄拉克右矢符号表示中最右边的数字。

该逻辑表达式对应的比特字符串形式的 oracle 的输入为 0010。

（4）屏幕上会显示 oracle 输入和最优迭代次数，还会显示 Aqua 创建的 oracle 量子线路，如图 10-1 所示。

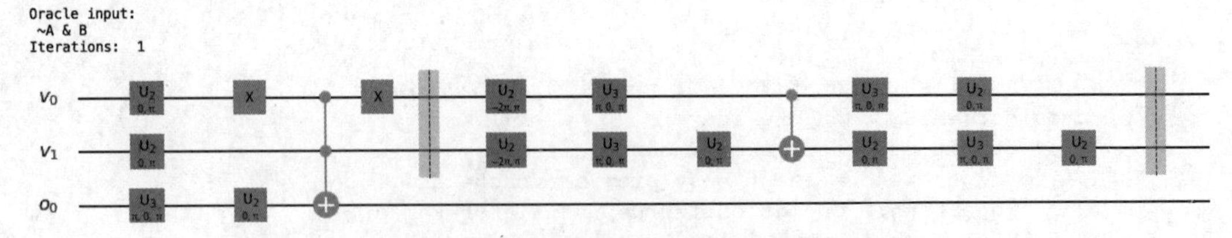

图 10-1　Aqua 创建的$|10\rangle$ oracle 量子线路

（5）程序会在本地 Aer 模拟器上运行该 oracle 量子线路，并显示图 10-2 所示的结果。

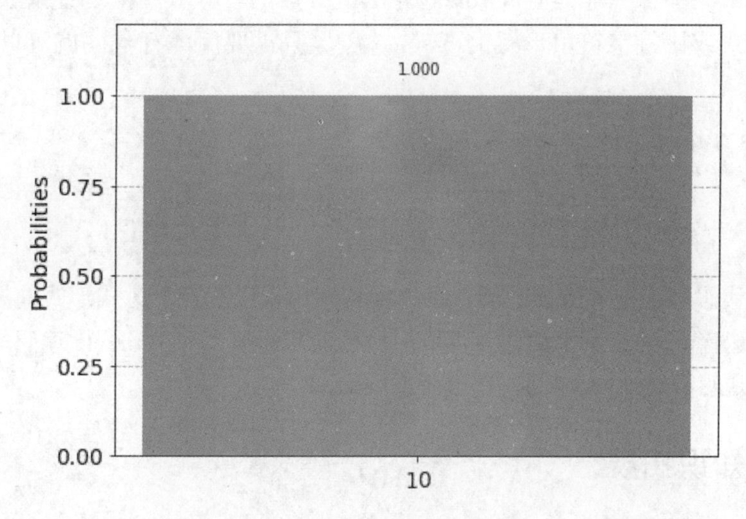

图 10-2　在本地 Aer 模拟器上运行 |10⟩ oracle 量子线路，得到的输出结果

（6）程序会在最空闲的 IBM Quantum 后端上运行该 oracle 量子线路，结果如图 10-3 所示。

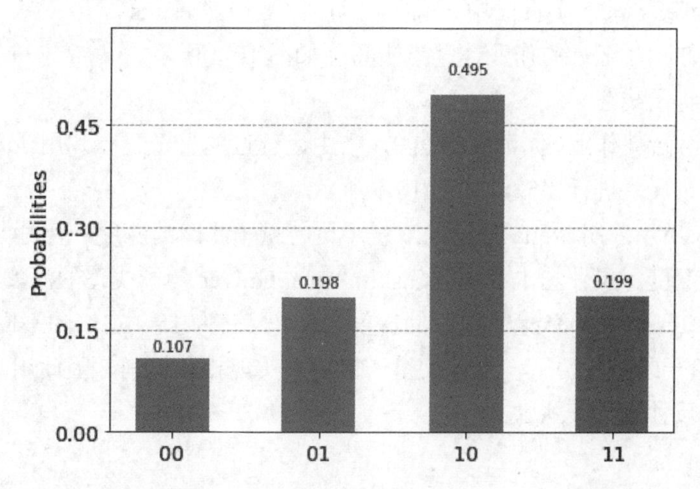

图 10-3　在 IBM Quantum 后端上运行 |10⟩ oracle 量子线路，得到的输出结果

10.2.3　运行原理

如果你快速浏览一下 ch10_r1_grover_aqua.py 脚本，就会发现里面大约只有 100 行代码。其中大部分并非运行 Grover 算法所必需的。假设用户已经从其他地方得到了逻辑表达式或比特字符串形式的 oracle 输入，只需要用 4 行代码就可以运行 Grover 算法。

```
In [1]: from qiskit import Aer
In [2]: from qiskit.aqua.algorithms import Grover
In [3]: from qiskit.aqua.components.oracles import LogicalExpressionOracle
In [4]: Grover(LogicalExpressionOracle("~A&B")).run(backend) ["top_measurement"]
Out[5]: '10'
```

前 3 行代码用于导入所需的类。第 4 行代码用于以逻辑表达式形式的 oracle 作为输入，创建并运行 Grover 量子线路，提取出首位的测量值，即由 oracle 编码的正确解。在本示例中，逻辑表达式`~A&B`是 $|10\rangle$ 的代码表示。

10.2.4　知识拓展

就像用 Terra 搭建的量子线路一样，在 Aqua 中，从双量子比特体系拓展到 3 量子比特体系时，会发生一些变化，让我们一起来看一下。你可以登录 IBM Quantum Experience，观察最终转译后的（用于在 IBM Quantum 后端上运行的）量子线路是什么样的，查看自己运行过的程序结果的所有细节。

（1）访问 IBM Quantum 官方网站，登录自己的 IBM Quantum Experience 账号。

（2）在“Welcome”主页面中，向下滚动到“Latest results”。

（3）找到你刚才运行的作业，并点击它，如图 10-4 所示。

（4）比较量子线路。

为观察并分析此作业，你可以将在 9.4 节中运行过的量子线路和用 Aqua 新搭建的量子线路的深度、尺寸进行比较，如图 10-5 所示。

如图 10-5 所示，用 Aqua 搭建的双量子比特量子线路的深度、尺寸与用 Terra 搭建的量子线路的深度、尺寸基本相同。Qiskit Aqua Grover 量子线路的深度为 15，尺寸为 24；而 Qiskit Terra Grover 量子线路的深度为 9，尺寸为 15。它们的不同之处在于，用 Aqua 创建的量子线路使用了一个辅助量子比特来实现相移机制。因此用 Auqa 创建的量子线路深度和尺寸更大一些。

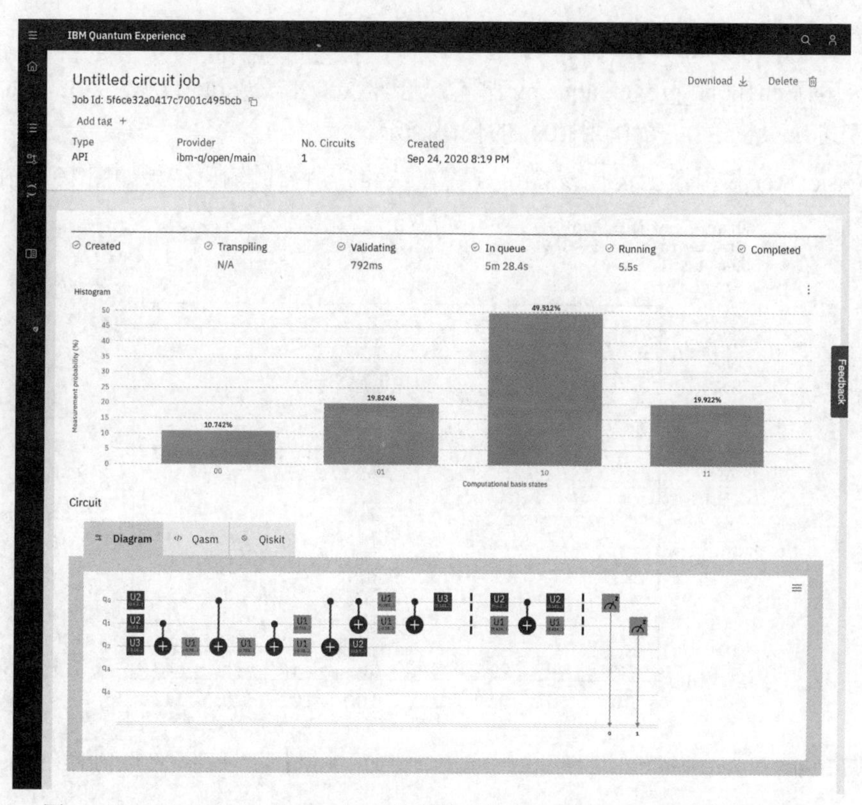

图 10-4　IBM Quantum Experience 中所显示的在 IBM Quantum 后端上运行的 |10⟩ oracle 量子线路的作业的结果

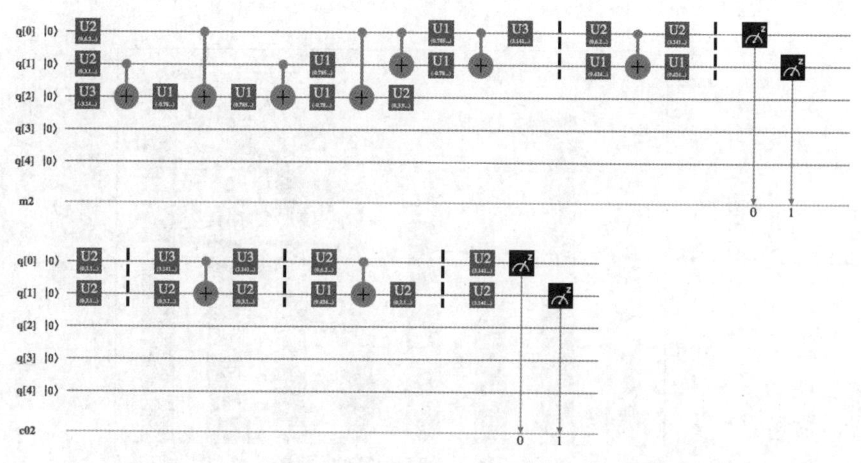

图 10-5　用 Aqua 创建的双量子比特 |10⟩ Grover 量子线路和用 Terra 创建的双量子比特 |10⟩ Grover 量子线路

（5）运行一个用 Qiskit Aqua 创建的 3 量子比特 Grover 量子线路，观察结果。

再次运行 ch10_r1_grover_aqua.py 脚本，选择 `log` 作为 oracle 方法类型，然后使用逻辑表达式`~A & ~B & C`作为|100⟩ 的代码表示。

在 Qiskit Aer 模拟器上运行该 Grover 量子线路，所得的输出结果如图 10-6 所示。

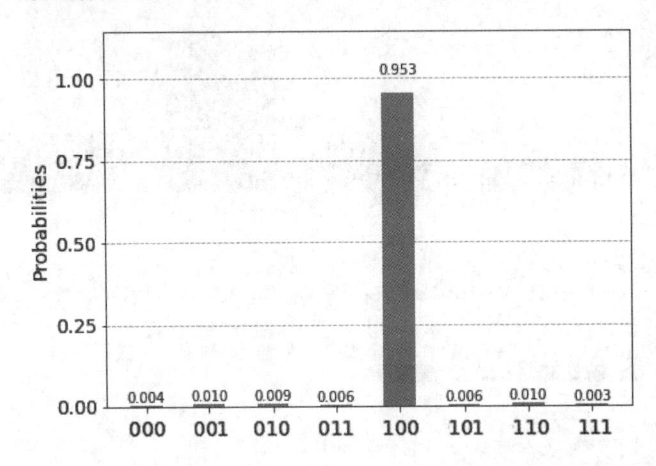

图 10-6　在 Aer 模拟器上运行用 Auqa 创建的|100⟩ Grover 量子线路，得到的输出结果

此外，在 IBM Quantum 后端上运行该 Grover 量子线路，输出结果大致如图 10-7 所示。

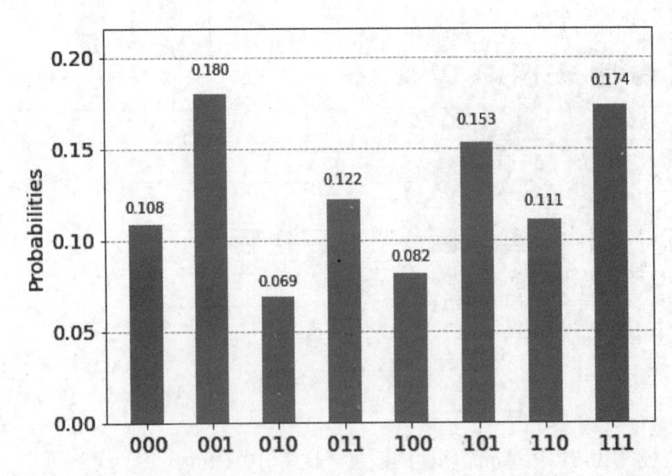

图 10-7　在 IBM Quantum 后端上运行用 Auqa 创建的|100⟩ Grover 量子线路，得到的输出结果

观察这些输出结果。它们与 9.5 节中的 3 量子比特量子线路的输出结果并不相同，反而更像 9.6 节中的混乱的 4 量子比特及更多量子比特的量子线路输出结果。正如我们在那个示例中所讨论过的，该量子线路的深度和尺寸显然已经超过了 NISQ 设备的处理极限，从实验中得到的噪声比信号还多。

你是否觉得上述内容很有趣呢？我们已经看到 Qiskit Aqua 是如何对我们在第 9 章中花费大量时间整合在一起的算法进行编码的。但 Qiskit Aqua 还内置了许多其他功能。

我们仅仅触及了皮毛。如果你花一些时间浏览量子信息史，可能会挑出一些自己最喜欢的算法，Grover 算法可能是其中之一，但最有名的算法可能是 Shor 算法。我们接下来就来一起了解 Shor 算法。继续读下去吧！

10.3　以 Aqua 函数的形式运行 Shor 算法

量子计算中的另一个非常有名的算法是 Peter Shor 在 1984 年提出的算法，该算法证明了用一台性能足够强大的量子计算机可以对非常大的整数进行素数分解。它的重要性不仅限于学术领域，在应用领域也很重要，例如如今的 RSA 加密的核心就是将非常大的数（几千位数字）分解为素数因子，而 RSA 加密被广泛用于保护银行、社交媒体、车载计算机等在线数据交换的安全。

从这一点来说，当位数足够多的量子计算机被应用到这一领域，仅需几分钟就可以破译理论上需要数周、数月、数年，甚至更长时间才能被破译的密钥。

不要对本示例期望太高。在如今的 NISQ 设备上运行 Shor 算法，更多是出于学术兴趣。正如你所注意到的，即使对于相对小规模的素数分解实验，Shor 量子线路也会变得非常大；而正如第 9 章中的结果所示，当量子线路变大时，误差也随之变大。

在 IBM Quantum Experience 中，你可以使用最多包含 15 个量子比特的量子计算机和最多包含 32 个量子比特的模拟器。正如你将看到的，量子比特的数量会限制素数分解的数的大小。

还有一个需要考虑的问题是模拟的规模非常大。使用量子计算机的理论优势在于，它们求解特定问题的速度可能会呈指数级加快。另外，这一特性也导致了每增加一个量子比特，模拟量子计算机的难度也会呈指数级增加。

在运行 Shor 算法分解更大（此处更大指的是大于 63）的数时，用户的本地模拟器就会开始出问题，需要切换到提供的 IBM Quantum 模拟器。

观察表 10-1，试一下这些推荐数。

表 10-1　小于 40 的数的素数分解

数	素数分解
1	非合数
3、5、7	素数
9	3×3
11、13	素数
15	3×5
17、19	素数
21	3×7
23	素数
25	5×5
27	3×3×3
29、31	素数
33	3×11
35	5×7
37	素数
39	3×13

提示

更多关于素数分解的有趣内容，参见 Math is Fun 网站的“Prime Factorization”页面。

所有大于 1 的奇数都可以作为 Qiskit Aqua Shor 算法的输入，但表 10-1 的第 1 列中只列举了小于 40 的奇数。标为素数的数本身不能再被分解，但其余的奇数都可以试着分解。

10.3.1　准备工作

可以从本书 GitHub 仓库中对应第 10 章的目录中下载本节示例的 Python 文件 ch10_r2_shor_aqua.py。

10.3.2　操作步骤

在 ch10_r2_shor_aqua.py 脚本中创建 3 个函数，用于处理 Shor 算法的创建和运行。先检查一下代码再运行。

1. 示例代码

（1）导入所需的 Qiskit 类和方法。

```
from qiskit import Aer, IBMQ
from qiskit.aqua.algorithms import Shor
import time
```

（2）`display_shor(N)`函数以一个整数作为输入，使用 `Shor()`方法构造并显示 Shor 量子线路及其相关数据。

```
def display_shor(N):
    print("Building Shor circuit...")
    shor_circuit = Shor(N=N).construct_circuit()
    print(shor_circuit)
    print("Circuit data\n\nDepth: ",shor_circuit.
        depth(),"\nWidth: ",shor_circuit.width(),"\nSize:",shor_circuit.size())
```

（3）`run_shor(N)`函数以一个整数作为输入，创建 Shor 量子线路，在本地模拟器上运行该量子线路，并显示运行所得的结果。

```
def run_shor(N):
    if N<=64: #Arbitrarily set upper limit for local
              #simulator
        print("Getting local simulator backend...")
        backend = Aer.get_backend('qasm_simulator')
    else:
        print("Getting provider...")
        if not IBMQ.active_account():
            IBMQ.load_account()
        provider = IBMQ.get_provider()
        print("Getting IBM Q simulator backend...")
        backend = provider.get_backend('ibmq_qasm_simulator')
    print("Running Shor's algorithm for",str(N),"on",backend,"...")
    results=Shor(N=N).run(backend)
    print("\nResults:")
    if results['factors']==[]:
        print("No prime factors: ",str(N),"=",str(N))
    elif isinstance(results['factors'][0],int):
        print("Prime factors: ",str(N),"=",results['factors'][0],"^ 2")
    else:
        print("Prime factors: ",str(N),"=",
            results['factors'][0][0],"*",results['factors'][0][1])
```

（4）`main()`函数用于进程提示，并验证输入是一个大于 1 的奇数，然后运行上述步骤中提及的函数。开始时间和结束时间用于测量构造该量子线路所需的时间和运行它所需的时间。

```
def main():
    number=1
    print("\nCh 10: Shor's algorithm with Aqua")
    print("----------------------------------")
    while number!=0:
        number=int(input("\nEnter an odd number N >1 (0 to exit):\n"))
        if number>1 and number % 2>0:
            type=input("Enter R to run the Shor
               algorithm, D to display the circuit.\n")
            start_time=time.time()
            if type.upper()=="D":
                display_shor(number)
            elif type.upper()=="R":
                run_shor(number)
            elif type.upper() in ["RD","DR"]:
                display_shor(number)
                run_shor(number)
            end_time=time.time()
            print("Elapsed time: ","%.2f" % (end_time-start_time), "s")
        else:
            print("The number must be odd and larger than 1.")
```

2. 运行示例代码

（1）在 Python 环境中运行 ch10_r2_shor_aqua.py。

（2）出现提示符时，输入一个大于 1 的奇数 *N*。

我们要对这个数进行素数分解。初学者可以试试这 3 个数：5、9、15。

（3）算法会返回以下 3 种结果之一。

没有素数因子：如果用户输入的数是一个无法被分解的素数，输出结果如图 10-8 所示。

```
Enter an odd number N >1 (0 to exit):
5

Enter R to run the Shor algorithm, D to display the circuit.
r
Getting local simulator backend...
Running Shor's algorithm for 5 on qasm_simulator ...

Results:
No prime factors:  5 = 5
Elapsed time:  0.66 s
```

图 10-8　输入为 5 时，Shor 算法的输出结果

素数的平方：如果这个数可以被表示为一个素数的平方，输出结果如图 10-9 所示。

```
Enter an odd number N >1 (0 to exit):
9

Enter R to run the Shor algorithm, D to display the circuit.
r
Getting local simulator backend...
Running Shor's algorithm for 9 on qasm_simulator ...

Results:
Prime factors:  9 = 3 ^ 2
Elapsed time:  0.00 s
```

图 10-9　输入为 9 时，Shor 算法的输出结果

两个素数的因式分解：如果这个数可以被表示为两个不同的素数的乘积，输出结果如图 10-10 所示。

```
Enter an odd number N >1 (0 to exit):
15

Enter R to run the Shor algorithm, D to display the circuit.
r
Getting local simulator backend...
Running Shor's algorithm for 15 on qasm_simulator ...

Results:
Prime factors:  15 = 3 * 5
Elapsed time:  1.43 s
```

图 10-10　输入为 15 时，Shor 算法的输出结果

（4）用更大的数测试一下这个算法，观察搭建量子线路的实耗时间和运行量子线路的实耗时间如何增长。

你会注意到，当数越来越大的时候，本地模拟器也越来越难处理素数分解。在我的工作站（苹果 iMac 计算机，有 16 GB 的内存）上，如果需要分解的数大于 63，内存就不够用于搭建量子线路了。`run_shor(N)` 函数有一个内置的断点，当输入为 64 时，程序会切换到 IBM Quantum 模拟器后端上。

如果你想测试本地设备的性能，也可以随意移动这个本地/IBM Quantum 断点。记住，IBM Quantum 模拟器后端是在 IBM POWER9 服务器上运行的，性能相当强大！

10.3.3　知识拓展

就像我们在 10.2 节中所探讨的 Grover 算法一样，你也可以仅用几行代码运行 Shor 函数。

```
In [1]: from qiskit import Aer
In [2]: from qiskit.aqua.algorithms import Shor
In [3]: backend = Aer.get_backend('qasm_simulator')
In [4]: results=Shor(N=15).run(backend)
In [5]: results['factors']
```

在本示例中，我们用 Shor 算法分解 15。运行上述示例代码，输出结果如下：

```
Out[5] [[3, 5]]
```

到目前为止，我们所做的仅仅是输入一个想要素数分解的整数参数 N 来运行 Shor 算法。如果运行 Shor()，不提供输入，默认情况下，程序会自动将其设置为 15——因为 15 是可以分解的最小的非平凡整数（non-trivial integer）。表 10-1 可以证明这一结论。

Shor 函数还有另一个可选输入参数，即 a，它是一个比 N 小且与 N 的最大公约数为 1 的 N 的互素（co-prime）：

```
In [4]: results=Shor(N=15, a=2).run(backend)
```

a 默认设置为 2。对于本示例中这些较小的数，是否输入 a 可能没什么区别，但你可以尝试一下。

10.3.4　参考资料

- Scott Aaronson 有一篇关于 Shor 算法的有趣的博客文章“Shor. I'll do it”。
- Christine Corbett Moran 博士的 *Shor's Algorithm in Mastering Quantum Computing with IBM QX*（Packt 出版社出版）中的第 12 章概述了基于 Python 和 Qiskit 的 Shor 算法。
- 可以直接通过 Qiskit 的教程详细学习 Python 和 Qiskit 中的 Shor 算法，参见 Qiskit 官方网站的“Shor's Algorithm”页面。

10.4　了解 Aqua 中的更多算法

本书即将进入尾声，我们的 Qiskit 探索之旅也即将结束。我们在探索过程中学习了一些量子编程的基础知识，了解了 IBM Quantum 后端——实体的量子计算机！我们在这些后端上运行了自己的程序，并得到了量子结果。

本书也涉及了量子计算中最核心的内容——量子算法。本书并非一本算法书，我们只是触及了量子算法的皮毛，了解到了一些非常基本的概念，懂得了量子算法与经典算法的不同之处，并体验了一下编写量子代码的过程。

在接触了如何编写算法、了解到了量子算法（与经典算法相比）的求解方式有时是反直觉的之后，我们还研究了 Qiskit Aqua 内置的算法：Grover 算法和 Shor 算法。笔者喜欢把 Qiskit 中的这一部分看作量子计算的应用商店。

如果读者以后遇到了一个可能需要用量子计算来求解的问题，可以直接使用 Qiskit

内置的算法，无须自己编写算法，就像大多数人不会自己编写程序来获取天气预报，他们只需要使用一个现成的天气预报应用程序。

10.4.1 准备工作

除了 Grover 算法和 Shor 算法，Qiskit Aqua 中还有很多其他算法。IBM Quantum 团队和世界各地的合作者在 Aqua 中加入了许多算法实现和纯算法，不仅针对近期有前景的领域，还随着量子计算机的实力和性能的增长，为稍远的实现做准备。

Qiskit Aqua 组件中的 `qiskit.aqua.algorithms` 算法包内置了一组**纯算法**。其中有我们已经测试过的 Grover 算法和 Shor 算法，也有一些其他的特定算法，如 QSVM（量子支持向量机，quantum support vector machine）、VQE（变分量子本征求解器，variational quantum eigensolver）算法等。试着探索这个算法包，了解如何在目前可用的后端上运用各种算法，理解如何扩展这些算法，以便在未来的通用量子计算机上使用它们。

- **化学**：Qiskit Aqua 中也包含专门用于化学的算法，因为这是未来量子计算的一个非常有发展前景的应用领域。用户可以在 Qiskit 化学模块（`qiskit.chemistry`）中，使用自己喜欢的建模工具，在分子尺度上进行能量计算实验。
- **金融**：如果你对金融感兴趣，并对股票市场的量子力学行为感到好奇，可以使用 Qiskit 金融模块（`qiskit.finance`）开始研究，该模块包含一组适用于金融模型的、以伊辛-哈密顿量（Ising-Hamiltonian）形式构造的函数。
- **机器学习**：要探索机器学习，可以看一下 Qiskit 机器学习模块（`qiskit.ml`），该模块包含一组示例。你可以使用 Aqua 分类器和 SVM（支持向量机）。
- **最优化**：这是量子计算的一个备受关注的应用领域，你现在可以在 Qiskit 最优化模块（`qiskit.optimization`）的帮助下，轻松探索这一领域。该模块包含一些内置的特定算法、特定应用、问题或其他内容的子模块。

10.4.2 操作步骤

本书不会深入探讨特定的 Qiskit Aqua 模块，但要探索算法，你可以按照以下步骤进行操作。

（1）导入你感兴趣的领域的模块，例如，如果你想了解化学，导入 `qiskit. chemistry`：

```
import qiskit
from qiskit.chemistry import *
```

（2）阅读内置的文档。Qiskit 提供了非常好的 Python 帮助文档，以供初学者学习。

```
help(qiskit.chemistry)
```

（3）探索通用的 Qiskit 资源，进一步了解自己感兴趣的领域。

例如，可通过搜索“Qiskit Nature Tutorials”找到 Qiskit 教程。

此外，还有使用 Qiskit 学习量子计算的教程，例如“Simulating Molecules using VQE”。

（4）动手尝试一下吧！

根据自己想要求解的问题，在各种各样的算法中选择一些，并将其整合到自己的经典/量子混合 Python 代码中，就像我们在本书的许多示例中的做法一样。

Qiskit 中还有许多我们没有接触过的功能，例如在自己搭建的量子线路中使用布尔逻辑、使用 OpenPulse 直接对量子比特进行编程、更复杂的误差模拟等。对于所有功能以及其他扩展功能，你都可以进行探索。如果你不想独自探索，可以打听一下周围是否有量子计算相关的聚会或研讨会。

Slack 网站上的“Qiskit Slack”栏目非常适用于与他人探讨量子相关的问题，还可以在 IBM Quantum Experience 的“Support”页面上获得帮助。

10.4.3　知识拓展

Qiskit Aqua 中的算法不是凭空出现的，有人编写了这些算法并将其加入算法集合中。Qiskit 是一个由开源贡献者搭建的开源软件，并且越来越多的开源贡献者正在不断地对其进行补充和完善。你想参与进来吗？

即使你目前还不打算成为一名 Qiskit 的开源贡献者，也可以去看一看，了解源代码。如果你在本地安装了 Qiskit，那么这些源代码就在你“手边”。如果你用本书建议的 Anaconda 安装了 Qiskit，那么这些源代码可能在一个类似如下位置的地方（以 macOS 系统为例）：

```
/Users/<your_user_name>/opt/anaconda3/envs/<your_environment>/lib/python3.7/
site-packages/qiskit/
```

浏览一下本书中用到过的功能及其底层函数和类。也许你能想出一个更好的方法（或者想出一个全新的算法）来展示量子比特的状态，然后把这个方法贡献给 Qiskit。

关于如何成为 Qiskit 贡献者的信息，参见 Qiskit 官方网站的“Contributing to Qiskit”页面。

10.4.4　参考资料

如今的算法开发很大程度上是“纸上谈兵”，因为即使我们可以在可用的 NISQ 设备和量子模拟器上成功地运行这些算法，但目前这些设备和模拟器的性能有限，我们无法使用包含成百上千个量子比特的后端。记住，模拟器的尺寸随体系中量子比特数目的增长而呈指数级增长，研究人员已经证明在模拟器上运行如此大规模的量子线路是一件极具挑战的任务。

IBM Quantum 计划如果发展顺利的话，很快就会改变这一现状。2020 年 9 月初，IBM 量子团队的 Jay Gambetta 在 IBM 量子年度峰会展示了 IBM 的研发路线图。他们的计划是一个大胆的计划，预计在 2023 年底实现 1121 个物理量子比特的后端。一旦有了如此大规模的物理量子比特的后端，我们就有可能开始真正地探索纠错量子比特，就像我们在 8.2 节中讨论的那样。因此，请关注这个领域。[①]

路线图文件为“IBM’s Roadmap For Scaling Quantum Technology”（2020 年 9 月 15 日，Jay Gambetta 发布）。

① 2023 年 12 月 4 日，IBM 公司发布了包含 1121 个量子比特的 Condor 量子处理器。——编者注

感谢阅读

亲爱的读者，既然你已经随笔者了解了这么多，或者至少你已经翻到了本书的最后一页，想要了解“故事”的结尾……剧透警告：我留了一个悬念！

量子计算在很大程度上仍处于起步阶段，你在本书中参与搭建的示例虽然可以使你走上进一步探索量子计算的轨道，但并不足以让你成为一名量子计算程序员。要成为专业的程序员还需要很长时间的积累和坚持不懈的努力。

就像 C 语言的基础编程课可能会让你走上一条通过创建新型现象级社交媒体而构建的“致富之路”，你在本书中所体验到的这种基础的、沉浸式的量子计算示例可能也会起到类似的效果。带着你现有的知识，继续学习，大胆尝试，成为一名 Qiskit 的倡导者。找一找你所在的学院或大学有没有相关课程和项目，规划自己的职业生涯，成为一名量子计算开发人员或研究人员，或者在自己的车库里创办量子领域的下一个“独角兽”公司？

祝你学有所成，乐在其中！